Rolf-Ulrich Kramer

Lebenserfolg!
Vision und Organisation

Für Leben, Familie, Unternehmen, Zukunft

W0408064

Jtb

Die Ratschläge in diesem Buch sind vom Autor und dem Verlag sorgfältig erwogen und geprüft. Dennoch kann keine Garantie übernommen werden. Eine Haftung des Autors bzw. des Verlags und seiner Beauftragten für Personen-, Sach- und Vermögensschäden ist ausgeschlossen.

Die Deutsche Nationalbibliothek – CIP-Einheitsaufnahme
Kramer, Rolf-Ulrich:
Lebenserfolg! – Vision und Organisation
[Lebenserfolg, Organisationspsychologie, Management, Visionen]
1. Auflage 2006
2. Auflage 2015

ISBN: 978-3-933874-43-6

Zeichnungen: Heidelinde Pachl

© Copyright Verlag Peter Jentschura 2006
Alle Rechte, insbesondere das der Übersetzung in fremde Sprachen, der Vertreibung durch Presse, Rundfunk, Fernsehen und Internet, Fotokopie, Mikrokopie, der Aufnahme auf Tonband, CD oder andere Tonträger, auch auszugsweise, sowie der Veröffentlichung in Buchform sind ausschließlich dem Verlag Peter Jentschura vorbehalten.

Inhalt

Rolf-Ulrich Kramer, Jahrgang 1948, Dipl.-Psychologe, ist seit 1985 mit Einzelsitzungen, Coachings und Seminaren in den Bereichen Persönlichkeitsentwicklung und Unternehmensentwicklung tätig und hat neben Fachartikeln folgende Bücher verfasst: „Der schmale Pfad – Handbuch für gutes Management", 1994. „Im Internet der Seelen" und „Aus fernen Welten", 2003. „Lebenserfolg visionär organisiert", 2006. „MindWalking – Unbelastet in die Zukunft", 2008. „Emotionen meistern – Bestimme selbst, wie du dich fühlst", 2013. „The Future is Yours!", 2013.

Der Autor freut sich über Zuschriften. Sie erreichen ihn über www.mindwalking.de.

Ein Dankeschön

Meinen Sitzungs- und Coachingspartnern gebührt Dank, denn ohne den jahrzehntelangen Erfahrungsaustausch mit ihnen hätte dieses Buch nicht zustande kommen können. Insbesondere bin ich für ihre Mithilfe verbunden: Josef-Peter Heger, Markus Novak, Bernd Schiemann, Peter Kürsteiner und Kurt Burg.

Mein weiterer Dank gilt den vielen Quellen, aus denen zu schöpfen ich im Laufe der Jahre Gelegenheit hatte. Wir reiten auf den Schultern von Riesen, wie es so richtig heißt, weswegen dieses Werk keineswegs den Anspruch erheben darf, eine Neuschöpfung zu sein.

Liebe Leserin, lieber Leser,

Erfolg mögen wir alle, doch Organisation und Management mag keiner. Das ist schon seltsam, denn schließlich will auch der Weg zum Erfolg organisiert und gemanagt sein. Es liegt an uns selbst, den leidigen Alltag zu verändern und ihn zu einer interessanten, erfüllenden Spielwiese zu machen.

Menschen sind lebendige Potenziale. Sie sind wie Sprungfedern, die nach oben schnellen möchten. Doch handelt es sich bei den meisten um zusammengepresste Sprungfedern, um gedrosselte, unausgelebte Potenziale. Sie alle sehnen sich nach der Freiheit und Erfüllung, für die sie unterwegs sind. Den Weg dorthin will dieses Buch ebnen helfen.

Als Psychotherapeut und MindWalking-Persönlichkeitstrainer unterstütze ich seit über dreißig Jahren Menschen dabei, sich dorthin zu entwickeln, wo sie ihre Bestimmung fühlen. Obwohl der Blick bei dieser Tätigkeit eigentlich in die Zukunft gerichtet ist, stößt man dennoch immer wieder auf leidvolle Erfahrungen aus der Vergangenheit. Sie sind es, die die Sprungfeder zusammenpressen und das Potenzial gedrosselt halten. Nach Bewältigung solcher Erlebnisse verspürt man eine gewaltige Erleichterung. Wieder ein Bündel weniger auf dem Buckel! Nur – was dann?

Wie hebt man sein Leben wieder auf die richtige Schiene? Wie macht man andere Menschen zu verlässlichen Mitspielern? Von selbst geschieht hier nichts. Denn Lebenserfolg will geschmiedet sein. Der Schmied, der sind wir, jeder für sich selbst und wir alle füreinander.

Sie möchten für sich selbst, Ihre Familie, Ihren Verein oder Ihr Unternehmen eine bessere Zukunft realisieren? Gut so. Das Rezept ist einfach. Sie brauchen eine mitreißende Vision davon, wie es sein soll, wenn es fertig ist. Sie brauchen Planung und Organisation. Und Sie brauchen Führung! Denn emotionale Widerstände wollen aufgefangen werden; zwischen richtig und falsch ist zu unterscheiden;

Werte, Moral und Ethik sind zu berücksichtigen. Ein ganzer Sack voller Komponenten will beachtet werden.

Erfolg ist kein Zufall, sondern beruht auf Gesetzmäßigkeiten. Wer sie kennt, kann die Herausforderungen des Lebens aktiv und ursächlich angehen. Über Leichen braucht man dabei keineswegs zu gehen, denn tatsächlich geht es miteinander besser als gegeneinander.

Es liegt in der Macht der Menschen, sich ihr Paradies selbst zu erschaffen. Gutes Management und gute Organisation in allen Lebensbereichen sind die Mittel dazu. Es gibt keine anderen.

Ich wünsche Ihnen viel Erfolg bei der Realisierung Ihrer Visionen!

Rolf-Ulrich Kramer

1
Lebensqualität

Hören wir das Wort „Manager“, so denken wir unwillkürlich an Maßanzüge, zwölfzylindrige Limousinen, krokodillederne Aktentaschen und glitzernde Vorstandsetagen. Wir denken an ein von Filmen und Managementmagazinen präsentiertes Image, an eine Sonderklasse von Mensch sozusagen. Damit jedoch sehen wir nur einen kleinen Ausschnitt des Gesamtbildes, denn nicht nur auf höchster administrativer Ebene findet Management statt, sondern überall im Leben. Bis hinunter zum untersten Arbeitsplatz managen Menschen ihre Jobs und nach Feierabend managen sie ihre Familien und ihre Vereine. Das ganze Leben will gemanagt sein. Glückt dieses Management, so entsteht mehr als nur finanzieller Reichtum. Es entsteht Lebensqualität. So gesehen, ist Lebensqualität ein Ausdruck von gekonntem Management. Mangelt es an Lebensqualität, so hat das Management versagt. Es liegt nie am Wetter oder an Gottes Fügung, sondern vielmehr an der Kompetenz des Managements.

> Gutes Management schafft Lebensqualität.

Lebensqualität ist gegeben, wenn wir uns wohl und geborgen fühlen, uns angstfrei und sicher wissen und eine Zukunft erkennen, in die hinein wir uns entfalten möchten. Über diese grundlegende Vision von Geborgenheit und Entfaltung sind wir Menschen uns einig. Darüber hinaus hat jeder seine eigenen Wünsche und Sehnsüchte und strebt nach deren Verwirklichung. Jeder Mensch, solange er lebendig ist, hat Visionen und hofft auf deren Erfüllung. Ohne Visionen, ohne Träume, ist ein Mensch geistig tot.

In unseren Visionen und Idealen liegt die Antriebskraft für all unser Tun. Sie sind der Motor, die wahre und einzige Motivation. Wer Visionen vermitteln kann oder es versteht, vorhandene, aber vielleicht verdeckte Visionen und Idealvorstellungen zu erspüren, der vermag Menschen zu begeistern und zu führen.

Das Reservoir, von dem wir zehren

Für Betriebswirtschaft und Verwaltungskunde, für „Business Administration" gibt es vorgeschriebene Studiengänge, für das Management hingegen nicht, wie sich beim Durchblättern der gängigen Managementliteratur leicht feststellen lässt. Die Themen Führung und Motivation werden als eine Kunst beschrieben, bei der es auf alle möglichen Tricks und Kniffe ankommt. Eine begreifbare, grundlegende Systematik scheint jedoch nicht gegeben zu sein. So wirkt es, als sei der konstruktive Umgang mit Menschen kaum erlernbar.

Tatsächlich sind Verwaltungskunde und Management zweierlei. In kaufmännischer Lehre, Betriebs- und Volkswirtschaft wird nach rein sachlichen Gesichtspunkten mit bewährten Formeln und Verfahrensweisen vorgegangen. Geschäftliche Abläufe werden berechnet, Kosten kalkuliert und Risiken auf der Grundlage mathematisch fundierter Wahrscheinlichkeitsmodelle eingeschätzt. Die Welt des Ökonomen wirkt beruhigend überschaubar und vorausberechenbar. Nicht ohne Grund bestimmen Betriebswirte, Kaufleute und Juristen das politische und wirtschaftliche Leben, denn von ihnen erhofft man sich eine nüchterne und analytische Beurteilung von Sachzusammenhängen. Beim Management von Menschen hingegen – Beispiel Politik! – hat man es mit psychischen Regungen zu tun statt mit standardisierten Prozessen, mit Vorurteilen und Emotionen statt mit Statistiken. Hieran scheitern Kaufmann und Verwaltungskundler häufig, denn für die Behandlung von Menschen wurden ihnen keinerlei Formeln und Verfahrensweisen an die Hand gegeben.

Was also stört bei der Verwaltung am meisten? Die Faktoren Mensch und Psyche. Menschen sind schwer einzuschätzen und vorauszuberechnen. Sie haben Wünsche und Launen, Lust oder Frust, Laschheit oder Beharrlichkeit. Trotzdem muss man mit ihnen auskommen, mit ihnen Geschäfte machen, mit ihnen gemeinsam etwas produzieren. Er liebt und hasst, dieser Mensch, wird rot und blass, leidet an Krankheit, Alter und Tod, existiert in einer männlichen wie auch einer weiblichen Version, ist zu allem Überfluss ausgestattet mit einem unbändigen Sexualtrieb, alles Dinge, die ihn vom Arbeiten abhalten. Kurz, der Mensch ist unbequem. Mit einem ordentlichen Roboter wäre man besser bedient, meint der Betriebswirt.

Doch wir wissen es alle: Menschen sind keine Roboter und werden auch nie welche sein. Trotz unserer angeblichen Unberechenbarkeit bringen wir es fertig, etwas zu leisten und gut miteinander auszukommen, selbst ohne die väterliche Anleitung von Verwaltung, Staat und Kirche. Wir haben es schon immer geschafft, uns einigermaßen vernünftig zu organisieren. Es scheint, als verfüge die Menschheit über ein naturgegebenes Reservoir von Intelligenz und Ethik. Tatsächlich zanken wir Menschen uns nicht ständig, sondern verstehen uns die meiste Zeit. Mit Selbstverständlichkeit suchen und finden wir friedliche Lösungen. Wieso? Weil wir alle an dieses kollektive Reservoir von Intelligenz und Ethik angeschlossen sind und es nutzen, der eine mehr, der andere weniger.

Obwohl die Menschheitsgeschichte das Gegenteil zu beweisen scheint, sucht der Mensch eher die Liebe als den Hass. Schließlich wird nicht andauernd und überall gleichzeitig Krieg geführt, sondern immer nur dort, wo ihn gerade jemand anzettelt. Niemand verlässt gerne freiwillig Tisch und Bett, um in den Krieg zu ziehen. Es braucht immer einen, der die Menschen dazu aufhetzt und das Ganze organisiert. Gutwilligkeit und Hilfsbereitschaft sind eher die Norm als die Ausnahme. Der gesunde Menschenverstand funktioniert auch ohne ein Universitätsdiplom in Psychologie.

Worauf beruht diese uns allen gemeinsame Intelligenz und Ethik? Darauf, dass wir mit Bewusstsein ausgestattete Wesen sind, die denken, fühlen und lieben können. Wir sind von Natur aus – sozusagen von der Bauart her – geistige Wesen. Wir verfügen über Vernunft, Verstand, Gefühl, Erinnerungs- und Vorstellungsvermögen, über einen Geist eben. Wir selbst sind es, die darüber verfügen

– und nicht etwa unsere Körper. Wen meinen wir denn, wenn wir „ich" sagen? Unser Hirn oder uns selbst? Machen Sie ruhig einmal den Test dazu. Achten Sie beim nächsten Gespräch oder Telefonat einfach darauf, ob Ihr Gehirn mit dem Gehirn des Gesprächspartners spricht, oder ob Sie selbst als geistiges Wesen mit ihm oder ihr als geistigem Wesen in Verbindung stehen.

Manchen Leser mag dieses Experiment erstaunen. Doch bestätigen neuere Forschungen auf den Gebieten der Neurologie, Physik und Psychologie, was wir schon immer geahnt haben: Weder sind unsere Gedanken eine Ausgeburt unseres Gehirns noch unsere Gefühle ein Produkt unserer Hormondrüsen. Unser Wissen um Ethik und Ehre wird nicht von unseren Genen dominiert, sondern von uns selbst eingerichtet und aufrechterhalten. Wäre dem nicht so, wären wir tatsächlich nichts weiter als programmierte Bioroboter, so wären religiöses Streben, Juristerei und Strafvollzug unangebracht und sinnlos.*

Wenn wir im geistigen Sinn des Wortes miteinander kommunizieren, so nicht von Hirn zu Hirn, Konto zu Konto oder Computer zu Computer, sondern von Wesen zu Wesen. Diese Art der Kommunikation beschränkt sich nicht auf „reinen Informationsaustausch", sondern berücksichtigt darüber hinaus die Dimensionen Gefühl, Liebe, Verantwortung und Intuition.

Mit diesem Gedanken sind wir unversehens im Bereich der Geistigkeit gelandet, der Spiritualität. Spiritualität hat nichts mit Fantasterei, religiöser Verzückung oder „Esoterik" zu tun, sondern beruht ganz einfach darauf, dass man einen Unterschied zwischen Geist und Körper erlebt und anerkennt.

Ein spirituell ausgerichtetes Management würde den Menschen als geistiges Wesen ansprechen statt lediglich als betriebswirtschaftlichen Faktor. Es würde eine Form von Lebensqualität herstellen wollen, die sich vielleicht nicht in Zahlen ausdrücken lässt, dafür aber zu erspüren ist: als Glücklichsein, als Offenheit für die Zukunft, als Vorfreude auf das Leben als Spiel, als geistiges Heimatgefühl. Dies sollte zutiefst die Vision eines guten Managements sein.

* Fritjof Capra: The Tao of Physics, Wildwood House 1975 / Rupert Sheldrake: The Presence of The Past, Fontana 1989 / Brian L. Lancaster: Approaches to Consciousness, Palgrave McMillan 2004.

Jeder ein Manager seines Lebens

Den Begriffen „Management" und „Manager" gibt man in ihren Herkunftsländern eine weit nüchternere Bedeutung als im deutschen Sprachraum. Dort, in England und den USA, heißt „to manage" nichts weiter als „etwas durchführen, etwas zustande bringen". Ein Manager ist ein „Zustandebringer".

Beispiele: „Susan managed her household", Susanne besorgte den Haushalt. „Tom manages a corner shop", Thomas führt einen Zeitungskiosk. „I managed to climb the tree", ich schaffte es, den Baum zu erklettern. „Rosie managed to get home before the rain", Rosi brachte es fertig, noch vor dem Regen nach Hause zu kommen. Zweifellos alles begnadete Manager.

> Ein Manager ist jemand, der es versteht,
> Ideen in die Tat umzusetzen.

Ein Manager sorgt dafür, dass die Arbeit getan wird. Entweder indem er sie selbst tut oder indem er andere dazu anleitet. Wer eine Idee hat und sie nicht in die Tat umsetzen kann, ist kein Manager. Zumindest kein guter.

Wäre dann jeder Arbeiter ein Manager? Jeder Angestellte? Jede Hausfrau? Wenn sie Ideen selbstständig in die Tat umzusetzen vermögen, dann ja. Wenn sie nur auf Anweisungen hin reagieren, dann nicht.

Auf zwei Dinge kommt es hier an: Erstens, dass einer Ideen hat. Zweitens, dass er bereit ist, für deren Umsetzung Verantwortung zu übernehmen. Ist beides der Fall, so haben wir es mit einem echten Manager zu tun.

Ein guter Manager, ob Vater, Mutter, Vereinsvorsitzender oder Unternehmensleiter, fühlt sich den Zielen, Idealen und Plänen seiner Gruppe verpflichtet. Er begreift sich als Diener der Sache und Diener der Gruppe. Er setzt Freundlichkeit ein, um Mitspieler zu motivieren. Er setzt Kompetenz ein, um Lösungen zu finden. Er gibt nie auf. Es liegt in seiner Verantwortung, die Ausgangsidee zu einem guten Endresultat zu bringen, und das weiß er. Es liegt an allen, aber vor allem liegt es an ihm. Wenn er den Kopf hängen lässt, lassen alle den Kopf hängen, und dann ist das Spiel vorbei. Also lässt er den Kopf nicht hängen. Egal, wie es in ihm aussehen mag, er bewahrt Haltung.

> Ein guter Manager verbindet Kompetenz mit emotionalem Verständnis.

Kompetenz bedeutet:

- Sachkenntnis besitzen. Nicht nur Bücher gelesen haben, sondern über ausgereifte praktische Erfahrung verfügen.
- Verantwortung übernehmen für die Konsequenzen einer Entscheidung. Nicht nur in Worten, sondern auch in Taten, bis hin zur Wiedergutmachung.
- Kontrollfähigkeit demonstrieren, d. h. Aktionsabläufe bewusst und ursächlich beginnen, durchführen und sie erfolgreich beenden.

Emotionales Verständnis bedeutet:

- Zuhören können, immer ein offenes Ohr haben. Ein guter Manager hat nie „keine Zeit" für seine Leute.
- Begreifen, in welcher Klemme ein Gesprächspartner steckt. Dessen Schwierigkeiten von seinem Standpunkt aus verstehen. Nicht verfrüht mit guten Ratschlägen daherkommen.
- Die emotionale Lage des Gesprächspartners respektieren. Dessen Gefühle nicht abwürgen oder verniedlichen, sondern angemessen auf sie eingehen.

Das Handwerkszeug des Lebensmanagers

Ohne verständnisvolle Kommunikation, souveräne Kontrolle und verantwortungsvoll geführte Aktionsabläufe ist ein Management von Menschen, Leben und Zukunft nicht machbar. Allein von diesen Faktoren hängt es ab, ob es mit der Lebensqualität auf- oder abwärts geht. Nur hieran erweist sich humanitäre Kompetenz.

Kommunikation, Kontrolle und Verantwortung – das Handwerkszeug des Lebensmanagers, zumindest in der Basisausstattung, besteht tatsächlich aus nichts anderem als aus diesen drei Faktoren. Die Sonderausführung für Spezialeinsätze findet sich in den späteren Kapiteln. Wer dieses hier gelesen hat, kann sich die folgenden in beliebiger Reihenfolge vornehmen. Es ist also nicht nötig, das ganze Buch von der ersten bis zur letzten Seite durchzulesen. Auch kapitelweise geht es, ganz nach Interesse.

Selbstverständlich spielen die Absichten eine gewaltige Rolle, mit denen kommuniziert, kontrolliert und agiert wird. Es erhebt sich also die Frage nach „gut oder böse“, nach „richtig oder falsch“. Im Kapitel „Ethik“ werden wir darauf zu sprechen kommen.

Der Aktionsablauf: Von der Vorstellung zur Realität

Wie wichtig die gute Kontrolle von Aktionsabläufen ist, wird uns oft erst dann bewusst, wenn wir einmal versagt haben. Haben wir etwas nicht zu Ende geführt, ein erwünschtes Ergebnis nicht erreicht, dann sind wir frustriert, ärgerlich oder traurig. „In Kontrolle sein“ bedeutet daher: einen Aktionsablauf sicher im Griff haben.

Bekanntlich fährt das Auto nicht von alleine. Es braucht einen Fahrer, der es startet, steuert und stoppt. So banal dies klingen mag, steckt hierin doch etwas ganz Wichtiges, nämlich die Idee der Verantwortung: Ein Aktionsablauf hat einen Verursacher. Die Dinge ereignen sich nie „von selbst“.

Der Verursacher wiederum, in diesem Fall der Fahrer des Autos, verfolgt eine Absicht, sonst wäre er nicht losgefahren. Hinter jeder Tat steht eine Absicht und hinter jeder Absicht ein Verursacher.

Und dieser trägt die Verantwortung für das Starten, Durchführen und Stoppen der Aktion.

> Kontrolle bedeutet: einen Aktionsablauf bewusst starten, durchführen und stoppen.

Indem wir über den Aktionsablauf sprechen, sind wir unvermeidbar beim Thema Kontrolle angelangt. Kontrolle hat einen schlechten Ruf, weil die meisten Menschen im Lauf ihrer Erziehung irgendwann einmal ein Übermaß an Kontrolle erlitten. Trotzdem ist Kontrolle nichts Schlechtes. Ohne sie geht es nicht. Wer ein Fahrzeug nicht starten, lenken oder stoppen kann, hat keine Kontrolle darüber. Entsprechend mangelhaft fällt der Aktionsablauf aus.

Betrachten wir die drei Schritte des Aktionsablaufes nun genauer: Er beginnt im Geist als zielgerichteter Gedanke. Bei seiner Durchführung verbraucht er Energie. Als materiell greifbares Ergebnis endet er. Ein Beispiel: Ich will einen Kuchen backen. Dieser zielgerichtete Gedanke markiert den Start. Nun mache ich mich am Backofen ans Werk. Hier, bei der Durchführung, wird Energie verbraucht. Am Ende steht der materiell existierende Kuchen vor mir. Das Ergebnis ist erreicht, daher Stopp und Ende der Aktion.

Aus einem Wunsch wurde Wirklichkeit. Der Aktionsablauf hat sich im besten Sinn erfüllt. Gute Kontrolle, hohe Verantwortung und alles hat wunschgemäß geklappt.

Im Geist beginnt es, in der Materie endet es. Dies trifft nicht nur für das Herstellen von Dingen zu, sondern auch für rein geistige Leistungen.

Selbst eine philosophische Arbeit, die sich zunächst im Kopf des Philosophen vollzieht, liegt am Ende als Dissertation auf dem Tisch, als reale Materie also. Ein Musikstück entsteht im Geist des Komponisten, liegt anschließend als Notenblatt vor, als reale Materie, und wird zu guter Letzt von realen Musikern auf realen Musikinstrumenten aufgeführt. Geist, Energie, Materie, das ist der Ablauf. Ausgangspunkt ist eine geistige Vorstellung, Endpunkt die materielle Realität. Dazwischen wird mentale wie auch physische Energie verheizt.

Wer Aktionsabläufe ausführt, die er nicht kontrollieren kann, handelt unverantwortlich, selbst wenn er über gewaltige theoretische Kenntnisse verfügen sollte. Angesichts dieser seiner schwachen Kontrollfähigkeit wäre ein solcher Mensch inkompetent zu nennen. Denn Kompetenz besteht aus den Komponenten Kenntnis, Verantwortung und Kontrolle, wie wir weiter oben gesehen haben. Aus allen dreien, nicht nur aus einer.

Die selbst gemachte Realität

Die Realitäten, die als Ergebnis von Aktionsabläufen erschaffen werden, sind die Realitäten der Gesellschaft, in der wir leben. Ein Gesetz, eine Verordnung, ein Vertrag, ein Abkommen, eine Sitte, eine Gewohnheit, all die Übereinkünfte, die in den Köpfen der Menschen existieren, sind durch Erfahrungen und Gespräche entstanden, durch Aktionsabläufe also. Auch Gespräche sind Aktionsabläufe.

Die so geschaffenen Übereinkünfte sind es, die zu hoher oder niedriger Lebensqualität führen. Weil wir sagen, „So soll es sein", ist es am Ende tatsächlich so. Philosophische Dissertationen sollen sein, Komponisten, Musiker und Notenblätter sollen sein. Also gibt es sie. Aber auch Prostitution gibt es, Alkoholismus, Drogenmissbrauch, Umweltzerstörung, Arbeitslosigkeit und Staus auf der Autobahn. Auch diese Realitäten sind entstanden aus Übereinkünften. Auch sie sollen sein. Ihrer ethischen Qualität – wieso sie „gut" oder „schlecht" sind – wenden wir uns im Kapitel „Ethik" zu. Aber unabhängig von gut oder schlecht gibt es diese Realitäten nun mal. Es sind von uns geschaffene Tatsachen.

Fazit: Wir leben in einer von uns selbst erschaffenen Welt. Die Dinge sind, wie sie sind, weil wir das so wollen. Oder weil wir nichts dagegen unternehmen. Oder weil wir glauben, wir könnten oder dürften nichts dagegen unternehmen, obwohl wir es eigentlich gerne täten. Unsere Überzeugungen und diesbezüglichen Übereinkünfte erschaffen die Welt, in der wir leben. Die herrschenden Zustände liegen damit ausschließlich in unserer Verantwortung.

Realitäten entstehen aus Übereinkünften.

Was hat das alles mit Management, Lebenskunst und Spiritualität zu tun? Dies: Man sollte sich davor hüten, mit seiner Übereinstimmung zu Realitäten beizutragen, die man nicht gutheißen kann. Ja sagen fällt leicht. Sich jedoch hinterher von der so geschaffenen Übereinkunft wieder zu lösen und den eventuell angerichteten Schaden wiedergutzumachen, das fällt schwer.

Ohne Kommunikation kein Management

Übereinkünfte sind das Ergebnis von Kommunikation. Einfach gesprochen, besteht eine Kommunikation aus einem Kommunikationspartikel (etwa einem Brief), das entlang einer Kommunikationslinie (dem Postweg) von Sender zu Empfänger geschickt wird.

Im Unterschied zu Kommunikation wäre „Interaktion“ das mehrfache Hin und Her eines Kommunikationspartikels zwischen zwei Kommunikationspartnern.

Was ist das, ein „Kommunikationspartikel“? Beim Sprechen ist es das Wort, beim Fußball der Ball, im Verkehr das Hupen oder das Rot der Ampel. Auch Licht- oder Schallimpulse sind Kommunikationspartikel. Briefe und Blumensträuße sind es, Bomben und Granaten auch. Was immer auf der Verbindungslinie zwischen Sender und Empfänger entlanggleitet, ist ein Kommunikationspartikel.

Ob Blumensträuße, Briefe oder Bomben, alle Kommunikationspartikel tragen einen Inhalt, eine Emotion und eine Absicht mit sich. Sie sagen uns etwas, sie enthalten Gefühle, sie haben eine Bedeutung. Aus dem Austausch von Kommunikationspartikeln entstehen Übereinkünfte – und damit Realitäten.

Wie sehr dies mit Management zu tun hat, liegt auf der Hand. Denn Management ist das Steuern menschlicher Aktivitäten. Ständig geht es dabei um Kommunikation und Führung. Signale, Hinweise, Aufforderungen und Anfragen müssen erkannt und optimal bedient werden; Kommunikationspartikel müssen empfangen, zugeordnet und weitergeleitet werden.

Unser ganzer Globus ist umhüllt von miteinander vernetzten Kommunikationslinien, auf denen milliardenfach Partikel strömen. All diese Partikel werden von Menschen hergestellt, verpackt, versandt, ausgepackt, neu bearbeitet und weitergeleitet. Ohne Ende. Auf den Bauernhöfen und in den Fabriken werden Lebensmittel und Geräte hergestellt, per Bahn oder Lkw zum Hafen oder Flughafen gebracht, in Container geladen, verschifft, auf den Ladentischen ausgebreitet, eingekauft, im Kühlschrank verstaut oder auf den Schreibtisch gestellt – milliardenfach. Jedem Partikel wird seine Bestimmung, sein Weg und sein Platz zugewiesen und jeder, der an diesem Prozess teilhat, ist ein Manager. Im weitesten Sinn ist jeder Mensch ein Manager.

Werden einströmende Kommunikationspartikel frühzeitig erkannt, korrekt zugeordnet und sinngemäß gehandhabt, so stellen sich Erfolge ein. Wenn nicht, so kommt es zu Misserfolgen und Katastrophen.

> Management ist das Erkennen,
> Zuordnen und sinngemäße Handhaben
> von Kommunikationspartikeln.

Ein Beispiel: Leuchtet das Ölstandwarnzeichen am Armaturenbrett auf und der Fahrer ignoriert das Signal, so hat das eine Überhitzung des Motors und einen Kolbenfresser zur Folge. Drei Fehler könnten hier gemacht worden sein. Erster möglicher Fehler: Ein Kommunikationspartikel, das Aufleuchten des Warnzeichens, wurde nicht erkannt und deswegen erfolgte keinerlei Handhabung. Zweiter möglicher Fehler: Zwar erkannte der Fahrer das Aufleuchten eines

Warnzeichens, ordnete es aber falsch zu. Er glaubte irrtümlich, das Zeichen wolle ihm sagen, seine Handbremse sei noch angezogen. Er prüfte sie; alles in Ordnung. Daraus schloss er, dass sein Armaturenbrett „spinnt" und das Warnzeichen nichts bedeutet. Dritter möglicher Fehler: Der Fahrer erkannte das Signal korrekt und ordnete es korrekt zu, ergriff aber nicht rechtzeitig die nötigen Maßnahmen. Zwar wusste er, dass dem Motor Öl fehlt, glaubte aber, es genüge, „irgendwann mal" etwas hineinzukippen. Er übersah damit, dass dies relativ bald hätte geschehen müssen.

Fazit: Der Fahrer als „Manager des Wagens" hat einen Mangel an Kompetenz demonstriert. Er hat im Hinblick auf Kommunikation und Kontrolle versagt, unverantwortlich gehandelt und dadurch einen Aktionsablauf zu einem unguten Ende geführt. Er hatte als Manager sein Basishandwerkszeug nicht parat.

Die Weisheit der Wechselwirkung

Das Geheimnis der Triade

Den Begriff „Triade“ werden wir in diesem Buch häufig antreffen. Triade bedeutet „Dreiheit“ oder „Dreiecksbeziehung“. Man stelle sich ein Dreieck vor: Seine drei Ecken formen eine Dreiheit, denn ein Dreieck mit nur zwei Ecken, das gibt es nicht. Weil keine Ecke ohne die beiden andern existieren kann, stehen sie miteinander in dynamischer Verbindung. Man kann keine Ecke ändern, ohne die beiden anderen nicht auch zu tangieren. Beim geometrischen Dreieck heißt das: Ändert sich ein Winkel, so verändern sich zwangsläufig die beiden anderen Winkel mit.

Kurz gesagt: Eine Triade (Dreiheit) besteht aus drei Komponenten, die miteinander in dynamischer Wechselwirkung stehen. Es ist weise, diese zu beachten.

Die Kompetenz-Triade

Wenden wir diese Gesetzmäßigkeit auf die Definition von Kompetenz an, so entdecken wir, dass Kompetenz eine Triade ist. Auch der Aktionsablauf ist eine. Später werden wir noch auf weitere Triaden stoßen. Es lohnt sich, ihre Funktionsweise zu verstehen, denn so kann man sein Management-Handwerkszeug bedeutend erfolgreicher einsetzen.

Wie zuvor schon gesagt, besteht Kompetenz aus Kenntnis, Kontrollvermögen und Verantwortungsbereitschaft. Keine der drei Komponenten kann für sich allein gedacht werden, denn sie stehen in innerer Verbindung miteinander. Beispiel: Wer sich Kenntnisse über große Hunderassen aneignet, weil er sich einen Rottweiler anschaffen will, sollte sich rechtzeitig fragen, ob er einen solchen Hund unter Kontrolle halten kann und die Verantwortung dafür übernehmen will, wenn das Tier jemanden attackiert. Wer sich hierüber keine Gedanken macht, wird zum inkompetenten Hundehalter.

Ein weiteres Beispiel: Wenn eine Brücke zusammenbricht, so war der Ingenieur offensichtlich inkompetent. Woran lag es? An seiner Erfahrung? Seiner Kontrolle der Arbeitstrupps? Seinem Verantwortungsbewusstsein? Das sollte man wissen, wollte man das Kompetenzniveau dieses Ingenieurs mithilfe konstruktiver Kritik gezielt steigern. Ihn in Bausch und Bogen zu verurteilen, würde keinen besseren Ingenieur aus ihm machen.

Will man bei einem Mitarbeiter oder Mitspieler Kompetenz herausbilden, so ist die Komponente „Kenntnisse" das geringste Problem, denn Kenntnisse kann man sich vermittelst Lehrbüchern und Kursen leicht aneignen. Erfahrungen sind auch kein Problem. Sie lassen sich unter guter Anleitung schnell machen. Verantwortungsbereitschaft und Kontrollvermögen hingegen – das sind die wirklich schwierigen Komponenten.

Hierzu zwei Beispiele: Herr Wilhelm verfügt zwar über große Kenntnisse auf seinem Gebiet, ist aber gleichzeitig ein ängstlicher Mensch. Zwar vermag er Abläufe verlässlich zu kontrollieren, solange sie sich im gewohnten Rahmen halten. Wird es aber kritisch, so schreckt er vor Entscheidungen zurück. Aus Ängstlichkeit scheut er Verantwortung. Demzufolge ist er nicht so kompetent, wie er beim Stand seiner Kenntnisse eigentlich sein könnte. Seine Emotionen sind ihm im Weg. Bekäme er diesbezüglich eine Schulung, so ließe sich seine Verantwortungsbereitschaft, und damit seine Kompetenz, steigern.

Zweites Beispiel: Frau Erika verfügt über große Erfahrung und ausgeprägtes Verantwortungsbewusstsein, hat aber mit Zeitzielen ihre Schwierigkeiten. Zumeist klappt es nur mit Hängen und Würgen in allerletzter Minute, oft auch zu spät. Ihr Schreibtisch ist übersät mit Papier. Man erblickt überquellende Eingangskörbe und Aktentürme. Jeden Abend macht Frau Erika Überstunden. Für alles und jedes übernimmt sie willig die Verantwortung – nur fertig wird sie mit nichts! Weil es ihr an Kontrolle mangelt, wirkt sie inkompetent.

Sowohl Herr Wilhelm als auch Frau Erika demonstrieren Inkompetenz, doch aus ganz unterschiedlichen Gründen. Macht man sich die Mühe, den jeweils richtigen Grund für eine vorliegende Inkompetenz zu finden, so fühlen sich Mitarbeiter und Mitspieler an der richtigen Stelle angepackt und lassen sich mit starker Eigenmotivation schulen und effektiver machen.

Der Aktionsablauf: eine Triade

Nehmen wir uns nun den Aktionsablauf vor, um die triadische Wechselwirkung seiner drei Komponenten Absicht, Durchführung, Ergebnis zu untersuchen. Was auf den ersten Blick wie die Abfolge von zwei Schritten erscheint: „Absicht führt zu Durchführung, diese zum Ergebnis", ist in Wirklichkeit eine dreifache Wechselwirkung. Richtiger müsste es heißen: „In der Absicht stecken bereits die spätere Durchführung wie auch ihr Ergebnis. In der Durchführung stecken sowohl die ursprüngliche Absicht als auch das angestrebte Endergebnis. Im Ergebnis stecken sowohl die vorherige Durchführung als auch die zugrundeliegende Absicht.“

Der Aktionsablauf

In den Augen der Welt erscheint der Aktionsablauf als zeitliches Nacheinander. Im Bewusstsein jedoch ist er eine Gleichzeitigkeit. Das ist keine philosophische Spielerei, sondern hat direkte Auswirkungen auf unser Verhalten. Habe ich nämlich im Bewusstsein einen wirklich klaren Begriff von dem, was ich erreichen will, so ist mir dies in allen Phasen des Aktionsablaufes deutlich. Absicht, Aktion und Ergebnis stehen mir während des gesamten Aktionsablaufes gleichzeitig vor dem geistigen Auge und danach richte ich mein Denken und Handeln aus.

Beispiel: Wenn ich mein Auto starte, so gehe ich davon aus, dass ich die Fahrt ordentlich durchführen und am Ziel stoppen werde. Während ich dann fahre, ist mir nach wie vor bewusst, wann, wo und warum ich losgefahren bin, was mein Ziel ist und dass ich dort anhalten werde. Stoppe ich schließlich am Ziel, so habe ich die eben durchgeführte Fahrt noch genauso gut in Erinnerung wie die Absicht, die mich zu der Fahrt bewegt hat.

Demnach existieren Start, Aktion und Stopp gleichzeitig im Bewusstsein, während man sie in der Welt als ein Nacheinander abwickelt. Dieses übergreifende, umfassende Bewusstsein ist die einzige Garantie für souveräne Kontrolle und verantwortungsvolles Handeln. Wird Bewusstsein reduziert, z. B. durch Alkohol, Drogen oder Schockzustände, so ist unsere Kontrolle von Aktionsabläufen bekanntlich eingeschränkt. Wir vergessen dann leicht das Woher, das Wohin und das Wozu. Wir „kommen aus dem Konzept", wie es so richtig heißt. Das Konzept ist das A und O. Ihm muss man unter allen Umständen treu bleiben, sonst entgleist uns der Aktionsablauf.

> Nur ein klares Spielkonzept im Geist
> garantiert Erfolg in der Welt.

Management mithilfe von Triaden

Für das Management von Leben und Beruf bedeuten Triaden zweierlei. Erstens sollte man generell auf jeden Gedanken achten, den man denkt, auf dessen ethische Qualität, denn in der Absicht stecken bereits Durchführung und Ergebnis, wie wir ja gesehen haben.

Je mehr böse Gedanken wir in die Welt setzen, desto mehr gehen wir in Übereinstimmung mit anderen bösen Gedanken und desto böser wird die Welt. (Zum Glück gilt das auch für die guten Gedanken!)

Zweitens sollte man bei Problemsituationen genügend Geduld und Achtsamkeit walten lassen, um herauszufinden, um welche Komponenten einer Triade es wirklich geht, wenn etwas schief lief. Das ist besser, als voreilig am offensichtlichsten Schwachpunkt anzusetzen. Es könnte ja auch an etwas ganz anderem gelegen haben, als man beim ersten Hinschauen vermutete. Denken wir an die oben erwähnte Frau Erika: Weil sie ihre Zeitziele nicht schafft, wirft man ihr vor, sie trage keine Verantwortung. Tatsächlich verhält sich der Fall aber so, dass sie gerade wegen ihrer übermäßig hohen Verantwortung alles und jedes übernimmt, dadurch den Überblick verliert und schließlich mit nichts fertig wird. Kontrolle ist ihr Problem, nicht Verantwortung. Wollte man ihr helfen, so müsste man da ansetzen. Alles andere würde nichts fruchten. Sie würde sich zudem falsch behandelt fühlen.

Tipps für den Alltag:

Hin und wieder wird dem Autor vorgeworfen, es sei doch alles ganz selbstverständlich, was in diesem Buch steht. Nichts Neues. Nun, vielleicht liest es sich ja leicht, aber wenden Sie es mal an! Dann ist auf einmal gar nichts mehr selbstverständlich. Daher diese kleinen Tipps zur Anwendung jeweils am Ende eines Kapitels.

- Führen Sie sich einen gelungenen Aktionsablauf vor Augen, ob groß oder klein: Welche Absicht markierte den Start? Welche Art von Energie wurde bei der Durchführung verbraucht? War es mentale, physikalische oder beides? Welches Ergebnis war am Ende materiell vorhanden?
- Erinnern Sie sich nun an einen misslungenen Aktionsablauf. Wie kam es zum schlechten Ergebnis? Lag es schon am Gedanken oder erst an der eingesetzten Energie?

- Werfen Sie einen Blick auf Ihre Wohnung oder Ihr Büro: Sie schauen auf eine bestimmte Ordnung, auf eine von Ihnen und anderen gemeinsam erschaffene Realität. Sie ist aus den Übereinkünften der Beteiligten entstanden. Welche Übereinkünfte sind das? Wer hat sie getroffen?
- Wählen Sie einen beliebigen Aktionsbereich in Ihrem Leben aus, sei es Küche, Garten, Arbeitsplatz oder Verein: Sind Sie sich über die Vielzahl der Kommunikationspartikel im Klaren, die durch Sie hindurchströmen und von Ihnen verwaltet werden? In welchem Lebensbereich haben Sie das Gefühl, Sie seien gut ausgelastet? Bei welchem ist es Ihnen zu viel und Sie fühlen sich überlastet?
- Versuchen Sie festzustellen, wodurch Ihre Überlastung zustande kommt. Sind es einfach zu viele Partikel? Sind welche dabei, mit denen sie nicht kompetent umzugehen verstehen? Oder welche, die mit Ihnen gar nichts zu tun haben? Um das zu lösen: Könnten Sie einen Teil an andere delegieren? Ihre Kompetenz steigern? Oder den Sender der unerwünschten Partikel zur Ordnung rufen?

2

Arbeit oder Spiel?

Ziele, Hindernisse und Freiheiten

Arbeit, so heißt es oft, bedeute so viel wie Zwang, Willkür, schlechte Laune, Überforderung und Undankbarkeit. Ein Spiel dagegen zeichne sich aus durch Fairness, Spaß und Selbstverwirklichung. Arbeiten täte man, weil man muss, spielen aber, weil man will. Auf den ersten Blick wirkt das einleuchtend. Aber stimmt es denn wirklich? Könnte die Arbeit nicht genauso viel Spaß machen wie das Spiel? Könnte ein Spiel nicht ähnlich frustrierend sein wie die Arbeit?

Die Profi-Fußballer, so meint man, die haben's gut, die spielen dauernd. Oder arbeiten sie in Wirklichkeit? Acht Stunden Training jeden Tag – ist das Arbeit oder Spiel?

„Ich bin erster Geiger im Sinfonieorchester. Immer wieder Beethoven spielen, das nervt." – „Ich bin Filmschauspielerin mit Spitzengagen. Aber ich sage Ihnen, so manchem Regisseur würde ich am liebsten an die Gurgel springen." – „Ich bin bei der Post am Schalter. Da treffe ich jeden Tag eine Menge Leute aus meinem Stadtviertel. Man bekommt alles mit, was so los ist." – „Ich bin professioneller Tennisspieler. Trotzdem, seit ich in Wimbledon verloren habe, würde ich am liebsten alles hinschmeißen." – „Ich sitze im Großmarkt an der Kasse. Wir sind ein tolles Team hier." – „Ich bin im Planungsteam für die nächsten Olympischen Spiele. Das ist vielleicht ein Stress!"

Was ist Arbeit, was Spiel? Worauf kommt es dabei an? Ist Ihnen Ihr Ehepartner ein Mitarbeiter oder ein Mitspieler? Die Mitglieder Ihres Vereins, sind sie Mitarbeiter oder Mitspieler? Ihr Geschäftspartner, mit dem Sie Pläne schmieden, ist er Ihnen lediglich ein Mitarbeiter oder nicht viel eher ein Mitspieler?

Ob in der Werkshalle, bei den Konzertproben oder beim Tennisturnier – jeder hat persönliche Ziele, jeder will Wünsche verwirklichen. Man leistet seinen Einsatz an Kraft, Geschicklichkeit und Klugheit, denn man will gewinnen oder zumindest gut bestehen, bei der Arbeit nicht anders als im Spiel.

Wenn das so ist, warum schimpft man dann auf die Arbeit, lobt aber das Spiel? Ganz einfach: Weil beim Spiel Ziele, Hindernisse und Freiheiten in ausgewogenem Verhältnis zueinander stehen, bei der Arbeit hingegen nicht.

Ohne ein Ziel ist das Tun sinnlos. Zu hoch gesteckte Ziele hingegen führen zur Enttäuschung. Hindernisse sind wichtig, denn ohne sie fehlt es an Herausforderungen und Langeweile kommt auf. Zu hohe Hindernisse hingegen wirken entmutigend. Große Freiheit ohne Ziele und Hindernisse ist fade und führt zu Übermut. Ein Mangel an Freiheit hingegen führt zur Resignation. Sie ahnen es bereits: Es handelt sich um eine Triade.

Nur wenn Ziele, Hindernisse und Freiheiten ausgewogen sind, lässt sich eine menschliche Aktivität im wahren Sinne des Wortes als „Spiel" bezeichnen. Ohne Ausgewogenheit haben wir es mit Arbeit, Mühsal oder gar Sklaverei zu tun, mit einem „schlechten Spiel" eben.

> Bei einem guten Spiel stehen Ziele, Hindernisse und Freiheiten in ausgewogenem Verhältnis zueinander.

Freiheit und Freiwilligkeit:

- Ziele müssen bekannt, realistisch und erreichbar sein. Man muss ihnen freiwillig zugestimmt haben.
- Hindernisse müssen so bemessen sein, dass sie eine sportliche Herausforderung darstellen, d. h. sich bei genügend Einsatz als überwindbar erweisen.
- Freiheiten müssen echt sein. Das bedeutet, sie dürfen nicht nur auf dem Papier stehen, sondern müssen persönliche Entfaltung tatsächlich ermöglichen.

Ein ausgewogenes Spiel

Wer Hindernisse erfolgreich überwindet, dessen Einsatz kennt keine Grenzen. Er bringt ungeahnte Energien auf, ist stolz auf sich und blickt erwartungsvoll in die Zukunft. Er fühlt sich froh und glücklich. Seine Motivation ist hoch. Werden aber die Hindernisse unüberwindlich, bleiben die Erfolge aus und nehmen die Verlusterlebnisse überhand, so fühlt man sich niedergeschlagen und unglücklich. Demotivation setzt ein.

Zu den gleichen Symptomen kommt es, wenn einem von einer Autorität Ziele verordnet oder aufgezwungen werden, hinter denen man persönlich nicht stehen kann. Dann macht der Einsatz keinen Spaß. Hindernisse zeigen sich in zwei Varianten: Es gibt die subjektiven wie auch die objektiven. Die objektiven heißen: keine Zeit, kein Geld, keine Energie, kein Raum, kein Material. So massiv diese objektiven Hindernisse auch erscheinen mögen, wird man doch oft leichter mit ihnen fertig als mit den subjektiven. Die subjektiven Hindernisse sind die schlimmeren, denn hier stößt man an seine inneren Grenzen in Form von Selbstzweifeln, Minderwertigkeitsgefühlen, Mutlosigkeit, Verzagtheit.

Ein ganz besonderes Hindernis ist der Mangel an Freiheit. Freiheit drückt sich aus als Entscheidungs- und Aktionsbefugnis, als Handlungsspielraum. Innerhalb welcher Grenzen darf man entscheiden? Was darf man von sich aus tun, ohne erst nachfragen zu müssen? Darauf kommt es an. Je mehr Spielraum jemandem gewährt wird, desto größer sein Freiheitsgefühl.

Frei sein ist jedoch nicht immer ein Zuckerschlecken. Große Freiheit bringt zwar gewaltige Erfolgserlebnisse mit sich, aber auch hohe Verantwortung und schonungslosen Einsatz. Berauschend, aber ungemütlich. Ein geringer Freiheitsgrad dagegen bedeutet einen ruhigen Job mit wenig Verantwortung und eher bescheidenen Erfolgserlebnissen. Gemütlich, aber nicht berauschend.

Wie viel Freiheit ein Mensch vertragen kann, kommt ganz auf das Individuum an. Es hängt ab von der Kraft seiner Vision, seiner Willensstärke und seiner Kompetenz.

Kein Spiel ohne Regeln

Jedes Spiel hat seine Regeln. Je nach Umfeld sind das Gesetze, Verordnungen, Richtlinien, Vorschriften, Erlasse, Satzungen, Vereinbarungen, usw. Sie haben die Form von Geboten („Du musst immer so-und-so tun“), Verboten („Du darfst nie das-und-das machen“) oder, etwas lockerer, Hinweisen („Du solltest darauf achten, dass ...“).

Spielregeln legen die Ziele, Hindernisse und Freiheiten in einem Spiel fest. Sie legen die Bedingungen fest, unter denen ein Spiel stattfindet. Ohne verbindliche Spielregeln herrscht Willkür. Heute so, morgen anders. Spielregeln geben Antwort auf die Frage: „Wonach sollen wir uns in unserem Tun richten?“ Sie definieren das Spielfeld in den Köpfen der Mitspieler. Ist das Spielfeld nicht fest im

Denken der Mitspieler verankert, so nutzt ein auf den grünen Rasen gemaltes Rechteck mit zwei Toren links und rechts auch nichts. Das materiell existierende Spielfeld setzt das geistig kapierte voraus. Sonst predigen Trainer, Anführer oder Spielleiter tauben Ohren.

„Was muss unbedingt sein? Was sollte idealerweise sein? Was darf auf keinen Fall sein? Was darf man tun? Was darf man nicht tun? Wann darf man es tun und wie?" In dieser Art sind Spielregeln formuliert. Wer sie kennt, weiß, was er zu tun und zu lassen hat. Er fühlt sich sicher.

Für ein Spiel ist deswegen dreierlei wichtig: Erstens, dass Regeln existieren. Zweitens, dass es vernünftige Regeln sind. Drittens, dass alle diese Regeln kennen. Dass sich alle an sie halten werden, ist nur dann zu erwarten, wenn die Regeln von den Mitspielern als vernünftig anerkannt werden. Freiwillig hält man sich nämlich nur an Regeln, die einem einleuchten.

Vernünftig sind Regeln, wenn man ihren Sinn begreift und sie einem zum Erreichen bestimmter Idealvorstellungen beitragen. Bekanntes Beispiel: Sie fahren bei klarer Sicht, sonnigem Wetter und geringem Verkehr die Autobahn entlang. Urplötzlich und ohne erkennbaren Grund heißt es „100 km/h"! Was tun Sie? Sie bleiben bei Ihren 160 km/h. Wie alle anderen auch. Warum? Weil Sie, ähnlich wie die meisten Autofahrer, sich einer Idealvorstellung verpflichtet fühlen, die da lautet: „Schnell, sicher und ohne Behinderung anderer ans Ziel kommen." Die Beschränkung auf 100 km/h kommt dieser Idealvorstellung nicht entgegen. Sie entspricht nicht dem gefühlten Wert, den der Autofahrer vertritt. Also hält er sich nicht an diese ihm unbegreifliche Regelung.

Wird eine Geschwindigkeitsbeschränkung auf 100 km/h nicht begründet, so wirkt sie, gerade bei günstiger Verkehrs- und Wetterlage, unvernünftig. Und prompt wird sie missachtet! „Wenn ich mit 160 km/h sicher und ohne Behinderung anderer ans Ziel komme, warum soll ich dann Tempo 100 fahren?", denkt man sich.

Ganz anders sieht die Sache bei schlechtem Wetter, bei Nacht und Nebel aus. Hier ist man dankbar für den Hinweis auf mögliche Gefahren und drosselt das Tempo. Denn weil man schnell, sicher und ohne Behinderung anderer ans Ziel kommen möchte, kommt die Geschwindigkeitsregelung hier der gefühlten Idealvorstellung entgegen. Eine Zuwiderhandlung erscheint einem unvernünftig.

Folglich werden Spielregeln als vernünftig akzeptiert, wenn sie den Mitspielern das Erreichen von Zielen und Visionen auf einsehbare Weise in Aussicht stellen. „Wenn du dich hieran hältst, mein Lieber, dann kommen wir garantiert ans Ziel!" Bekommt man ein solches Gefühl vermittelt, dann fasst man Vertrauen zu den Regeln und hält sich an sie. Jede andere Art von Spielregeln ist unvernünftig.

Unvernünftige Regeln erkennt man daran, dass sich keiner an sie hält. Man mogelt sich um sie herum oder beachtet sie gar nicht erst.

> Vernünftige Spielregeln geben dem Spiel Sicherheit und Stabilität.
> Unvernünftige Spielregeln führen zu Protesten.

Wann ein Spiel Spaß macht:

- Wenn Ziele, Hindernisse und Freiheiten in ausgewogenem Verhältnis zueinander stehen und die Mitspieler spüren, wie sie ihren Zielen näher kommen.
- Wenn die Spielregeln unmissverständlich formuliert und allen bekannt sind. Wenn die Mitspieler merken, dass sie Erfolge erzielen, solange sie sich an die Regeln halten. Wenn Übertretungen geahndet werden.
- Wenn Leistung und Gegenleistung stimmen.

Nicht nur Spaß bringen diese drei Punkte ins Spiel, sondern auch Geborgenheit. Sie schützen vor Willkür, vor den großen und kleinen Diktatoren des Alltags und sie sind ein sicheres Heilmittel gegen Mobbing. Diktatorische Willkür und Mobbing können nur existieren, wenn klare Regeln und gemeinsame Idealvorstellungen fehlen. Denn ohne verbindliche Regeln und gemeinsame Ideale kann jeder ungestraft machen, was er will, sei es als Willkürherrscher oder Mobbing-Intrigant.

Das Leben, ein Spiel

Das ganze Leben, ob es sich in den Dimensionen eines Großbankiers oder eines Schrebergärtners abspielt, lässt sich als ein großes Spiel betrachten, das sich auf unterschiedlichen Stufen ereignet. Auf welcher man steht, hängt von der Ausgewogenheit von Zielen, Hindernissen und Freiheiten ab. Beginnen wir mit der höchsten Stufe: dem Leben als Tanz.

Das Leben als Spiel, als Tanz

Hier tut jemand, was er aus tiefstem Herzen wirklich will. Er ist sich seiner Lebensaufgabe bewusst und verwirklicht sie ungehindert. Seine Ziele hat er sich selbst gesteckt. Er hat die nötige Freiheit, sie zu realisieren. Hindernisse schrecken ihn nicht. Er erlebt sie als spannend und überwindet sie. Vielleicht arbeitet er härter als mancher andere, aber das stört ihn nicht. Er lebt kompromisslos seine Träume und erhält dafür akzeptable Gegenleistungen in Form von Geld, Förderung, Unterstützung, Anerkennung und Bestätigung. Dies versetzt ihn in die glückliche Lage, sein Spiel expansiv fortsetzen zu können. Die Trennung „hier die Arbeit, da das Privatleben" existiert für ihn nicht. Er „tanzt" sein Leben. (Nicht umsonst bedeutete das Wort „Spiel" früher so viel wie „Tanz".)

Das Leben als Arbeit

Ursprünglich bedeutete das Wort „Arbeit" so viel wie „Mühsal, Plage, Anstrengung". Hier tut jemand, was er tun muss, damit er nebenher das tun kann, was er eigentlich tun will. Mit seiner Arbeit erwirtschaftet er die Freiheiten und Mittel für sein wahres Leben und sein wirkliches Spiel. Daher zerfällt sein Leben in Arbeit und „Privatsphäre". Weil ihn bestimmte Hindernisse davon abhalten, seine Träume voll auszuleben, findet er allenfalls am Wochenende und im Urlaub die Freiheit, nach der er sich sehnt. Um seine Ziele und Wünsche zu verwirklichen, muss er konfliktreiche Kompromisse eingehen, die ihn oft an die Grenzen seiner Integrität bringen.

Das Leben als Sklaverei

Hier muss einer müssen, ob er will oder nicht. Er hat keine Wahl. Seine Ziele sind ihm fremdbestimmt, eigene sind ihm nicht gestattet. Um sein Soll zu erfüllen, und nur dafür, hat er bestimmte Freiheiten. Darüber hinaus, für ihn selbst also, gibt es keine Freiheiten. Da gibt es nur Hindernisse und Grenzen. Doch immerhin darf er von persönlichen Freiräumen träumen, selbst wenn ihm keine gewährt sind. Zumindest insgeheim darf er sich vorstellen, dass das Leben anders sein könnte. Auch wenn er augenblicklich keinen gangbaren Weg dorthin sieht, lebt er von der heimlichen Hoffnung auf eine bessere Zukunft.

Das Leben als Roboter

Hier ist jemand identifiziert mit ihm suggerierten Zielen. Er hat keine eigene Fantasie mehr. Er kann sich nicht mehr vorstellen, ein eigenes Spiel zu spielen. Doch protestiert er nicht etwa gegen das ihm aufgezwungene Spiel, nein, er hält es für das eigene, so gründlich wurde er manipuliert und indoktriniert. Dass er keinerlei Freiheiten hat, bemerkt er nicht einmal. Die Hindernisse, die ihn davon abhalten, zu sich selbst zu finden, haben solche Dimensionen, dass er sie entweder als naturgegeben erachtet oder sie nicht einmal registriert. Er ist regelrecht „entselbstet". Paradoxerweise wird er immer behaupten, er sei glücklich.

Wie man nach oben steigt

Wie kommt man aus einem niedrigen Spielniveau heraus, um zu einem höheren aufzusteigen? Erstens, indem man aufwacht. Indem man das Niveau bemerkt, auf dem man lebt. Zweitens, indem man die Kraft findet, eine Alternative ins Auge zu fassen. Drittens, indem man den Mut hat, dafür zu kämpfen. Das Aufwachen aber, das ist das Erste und Wichtigste. Damit fängt es an.

> Vergiss nie, dass du größer bist
> als alles Unglück, in dem du stecken magst.

Spieler und Spielfiguren

Damit sich ein Spiel ereignen kann, bedarf es nicht nur der Spieler, sondern natürlich auch eines Spielfeldes. Das gilt gleichermaßen für Beruf, Sport oder Familienleben. Schauen wir uns zunächst die Eigenarten eines Spielfelds an und danach die der Spieler.

Das Spielfeld

Ein Spielfeld ist der Raum, in dem ein Spiel stattfindet. Dabei handelt es sich einerseits um einen materiell vorhandenen Raum, andererseits um einen geistigen. Ein Spielfeld existiert nämlich auf zwei Ebenen gleichzeitig: als konkreter Ort in der Welt und als abstraktes Konzept im Bewusstsein.

Das Wort Konzept kommt von lateinisch „conceptus" und bedeutet, dass man etwas begriffen hat. Ein Konzept ist ein Gedanke, den ich so gut begriffen habe, dass ich ohne weiteres Nachdenken in seinem Sinn handeln kann.

Das Begreifen wiederum ist ein Ergebnis von Erfahrung. Zum Beispiel hat der routinierte Autofahrer ein durch lange Erfahrung so tief verankertes Konzept von „erst kuppeln, dann schalten", dass er nicht im mindesten darüber nachzudenken braucht. Er tut es „automatisch", wie man sagt.

Das Spielfeld als Konzept existiert in den Köpfen der Spieler. Dieses Spielfeld kann man nicht sehen oder anfassen. Es ist der Spielraum, den sich die Spieler geistig vorzustellen vermögen und in dem sie kreativ agieren, ihr „geistiger Raum" eben. Von den Spielregeln wird er umrissen.

Auf dieser Grundlage gestaltet sich das real existierende, materielle, sichtbare und anfassbare Spielfeld. Das mag ein Sandkasten sein, ein Schachbrett, ein Tennisplatz, eine Vierzimmerwohnung, ein Büro, ein Nationalstaat oder ein multinationales Unternehmen samt seinen Filialen. Ein Spielfeld ist eine aus geistigen Überzeugungen und Übereinkünften geschaffene physische Realität.

> Ein Spielfeld existiert als materieller wie auch als geistiger Raum.

Wer sich vom materiellen Ort des Spielfeldes entfernt, der verlässt nicht das Spiel selbst, sondern macht lediglich eine Pause, z. B. weil er Feierabend hat, Urlaub macht oder krank ist. Im geistigen Sinne ist er nach wie vor im Spiel. Wer sich hingegen vom geistigen Raum des Spiels verabschiedet, der verlässt das Spiel insgesamt. Er gehört nicht mehr dazu. Man nennt das treffend „innere Kündigung".

Die Vereinbarungen von Ehepartnern zum Beispiel beziehen sich auf einen gemeinsamen geistigen Spielraum, nicht lediglich auf einen örtlichen. Sie befinden sich auch dann noch miteinander im Spiel, wenn sie sich außerhalb ihrer Vierzimmerwohnung aufhalten. Auch dort gelten die Regeln der Gemeinsamkeit. Wäre dem nicht so, dann müssten die Partner, kaum dass sie die Wohnungstür hinter sich geschlossen haben, problemlos fremdgehen dürfen. Weil ein solches Verhalten aber gegen vorher getroffene Absprachen verstieße, ist es nicht in Ordnung. Wer fremdgeht, hätte mit dieser Tat das gemeinsame Spielfeld im geistig-ethischen Sinn verlassen. Zu Recht wird dies deshalb als Treuebruch empfunden, als Verrat an der gemeinsamen Sache.

Gegenbeispiel: Bleibt ein Mann unangemeldet über Nacht weg und lässt nichts von sich hören, so macht sich seine Frau deswegen nicht zu Unrecht Sorgen. Sie befürchtet einen Unfall oder gar einen Seitensprung. Klärt sich aber am nächsten Tag alles auf (unvermutete Einladung auf die Jagdhütte des Geschäftspartners, unwiederbringliche Gelegenheit für wichtige Gespräche, keine Telefoniermöglichkeit, beim Handy der Akku leer, usw.), so wird offensichtlich, dass sich der Ehemann nur örtlich entfernt hat, nicht aber im ethischen Sinne, und alles ist in Ordnung.

Fazit: Der geistige Raum hat höhere Wertigkeit als der materielle. Örtlich gesehen darf man sich entfernen, geistig gesehen jedoch nicht.

Totalitäre Spiele

Wächst ein Spiel zu wahrhaft großen Dimensionen heran, so erweitert sich mit dem geografischen Zuwachs des Spielfeldes auch der Geltungsbereich seiner Spielregeln. Nimmt ein Spiel schließlich globales Format an, so decken sich im Endzustand die Kontrolle des Erdballs mit der Kontrolle des geistigen Raumes der Erdbewohner.

Wer jeden Ort eines Landes oder gar den ganzen Globus mit elektronischen und militärischen Mitteln zu kontrollieren vermag, wer die Macht über Presse und Fernsehen hat, der hat auch Kontrolle über den Geist der Menschen, die dort leben. Er kann ihnen seine Regeln gewaltsam aufzwingen oder sie im Laufe von Generationen unmerklich einsickern lassen. In diesem Augenblick entsteht totale Kontrolle, sogar totalitäre Kontrolle. Für den individuellen Spieler besteht keine Ausweich- und Rückzugsmöglichkeit mehr. Er kann nicht mehr einfach auswandern. Man kann ihm überall nachspüren, ihn überall erwischen.

Diktaturen verfahren gerne nach diesem Muster. Sie lassen die Grenzen dicht machen, verdoppeln die Mannschaftsstärke von Polizei und Geheimdienst und sagen:

„Hier bestimme ich!" Was so viel bedeutet wie: „In diesem Land gilt nur meine Vorstellung von Ethik. Jede andere wird ausgemerzt." Damit wäre ein Willkürregime geschaffen, wo nur die Meinung eines Einzelnen oder einer Clique Geltung hat.

Beispiele hierfür gibt es endlos viele. Man denke nur an den vier Jahrzehnte währenden „Kalten Krieg", bei dem zwei Spieler (USA und UdSSR) den Erdball geografisch wie auch ideologisch unter sich aufteilten. Man denke an die globalen Spiele der multinationalen Firmen unserer Tage, von denen jede ihre hauseigene Ideologie pflegt, sei es zum Thema Kommunikation (Microsoft), Mobilität (Daimler-Chrysler), Ernährung (Coca-Cola, Oetker), Gesundheit (Bayer) oder Finanzwirtschaft (Deutsche Bank, Allianz Versicherung). Im Bestreben nach alleiniger Weltherrschaft sucht jede von ihnen die Konkurrenz zu vernichten, zu schlucken oder sich notgedrungen mit ihr zu verheiraten, nicht anders, als es früher die Königshäuser taten.

Man denke an die katholische Kirche, den wohl ältesten Global Player der Weltgeschichte, die auf dem Höhepunkt ihrer Macht ihre Untertanen körperlich, geistig und seelisch voll beherrschte. Mind Control ist beileibe keine neue Erfindung.

Hier geht es um riesige Spielfelder, auf denen sich Spielgründer, Mitspieler und Spielfiguren tummeln, verschiedene Arten von Spielern also. Wodurch unterscheiden sie sich voneinander?

Spieler und Gegenspieler

Ein Spieler im besten Sinne des Wortes ist ein mündiges und kritisches Wesen. Mündige Spieler kennen und verstehen die Spielregeln, richten sich nach ihnen, streben aber auch, wenn nötig, deren Änderung an. Mündige Spieler haben das Konzept des Spiels verinnerlicht, sind diszipliniert, kreativ, entscheidungsfreudig und mutig. Sie haben das Spielfeld im Kopf, erkennen Situationen und finden Lösungen.

Auch Gegenspieler gehören zum Spiel, wie etwa beim Tennis und den Wettkampfsportarten. Zwar verkörpern sie eine andere Mannschaft, doch gehören sie genauso zum Spiel wie die Spieler selbst. Spieler wie auch Gegenspieler fühlen sich den gleichen Regeln verpflichtet. Dass sie gegeneinander spielen, ist wesentlicher Teil des Spiels und gehört dazu. Bei aller Fairness bezieht sich ihre Loyalität jedoch immer nur auf die eigene Mannschaft. Tore schießt man für das eigene Team, nicht für das gegnerische. In der Politik verhält es sich ähnlich. Alle folgen den demokratischen Grundregeln, trotzdem ist jeder seiner eigenen Partei gegenüber loyal und betrachtet die andere Partei als Opposition, als Gegenspieler also.

Mit einem völlig anderen, weil nur auf Vernichtung ausgerichteten Typ von Gegenspieler ist man konfrontiert, wenn die andere Mannschaft eine gänzlich unterschiedliche Ethik repräsentiert. Diese Situation ist gegeben in Religionskriegen, bei der Sklaverei oder beim Völkermord. Deren Grausamkeit beruht auf einer zumeist nur einseitig vertretenen Spezialregel, die da lautet: Die Spieler auf der anderen Seite sind keine Menschen. Neger sind keine Menschen.

Heiden sind keine Menschen. Also darf man sie umbringen. Nur ein toter Indianer ist ein guter Indianer. Gott ist auf unserer Seite, auf der anderen hat er nichts zu suchen.

Den Opfern wird keinerlei Spielraum gelassen. Sie erleben dies nicht als Spiel. Sie sind Spielfiguren im Spiel der Mächtigen.

Spielfiguren

Spieler sind mündig und können mitreden, Spielfiguren nicht. Ähnlich wie Schachfiguren bewegen sie nichts, sondern werden bewegt, und zwar von den Spielern. In den wenigsten Fällen wissen die Spielfiguren, was die Spieler vorhaben. Selbst wenn sie es wüssten, könnten sie nichts am Spielverlauf ändern. Zumeist überblicken sie das Spiel überhaupt nicht. Sie tun, wie ihnen geheißen. Sie stellen keine Fragen. Entweder sind sie „glückliche Roboter“, denen es nicht im Entferntesten in den Sinn käme, kritische Fragen zu stellen, oder unglückliche Sklaven, die sich aus lauter Angst nichts zu sagen trauen.

Noch eine Stufe tiefer auf der Skala finden sich die geschlagenen und zerbrochenen Spielfiguren. Sie liegen am Rand des Spielfeldes herum. Sie haben es nicht geschafft und landen in der Sozialfürsorge. Oder sie haben sich gegen das Spiel vergangen und man verstößt sie, indem man sie ins Gefängnis steckt. Oder man erachtet sie als des Spieles unwert und schiebt sie als hoffnungslose Fälle ins Altenheim oder in die Psychiatrie ab. Sowohl örtlich als auch geistig sind sie draußen.

Spielgründer

Ausgedacht, erschaffen und gegründet werden Spiele von Spielgründern. Der Spielgründer als Visionär erschaut Ideale und Ziele. Für die gesamte Dauer eines Spiels fühlen sich die Spieler von seinen Visionen inspiriert, oft weit über den Tod des Spielgründers hinaus. Ein Spielgründer weiß um die Richtigkeit und Wichtigkeit seiner Visionen. An ihnen zweifelt er keinen Augenblick. Oft fühlt er sich in Verbindung mit einer höheren geistigen Kraftquelle, die ihm die Energie zum Durchhalten und zum Überwinden aller Widerstände beschert. Er hat ein Sendungsbewusstsein und er glaubt fest an seine Mission. Liest man die Biografien großer Impulsgeber aus Wissenschaft, Politik, Musik und Kunst, so entdeckt man dort oft erstaunliche Intuition und mystische Einsicht, die man eher von Religionsgründern als von normal Sterblichen erwartet hätte.

Von dieser besonderen Kraft zehren auch die Mitspieler, sei das echt oder eingebildet. Selbst wenn der Spielgründer schon lange tot sein sollte, stellt er nach Auffassung der Mitspieler den Mittler dar zwischen ihnen und jener Kraftquelle. Besonders im religiösen Bereich ist dies der Fall.

Indem die Spieler den Spielgründer verehren, glauben sie, selbst Anteil an dessen Kraftquelle zu haben. In den Augen mancher Mitspieler mag diese Verehrung soweit gehen, dass der Spielgründer ewig für sie weiterlebt. Man errichtet ihm Tempel, Denkmäler und Hausaltäre, und sei es auch nur in Form von Fotoalben oder Postern an der Wand. Beispiele für solch charismatische Persönlichkeiten finden sich in Gestalt von Landesvätern, Firmengründern, Religionsstiftern, Heiligen, mythischen Helden und Halbgöttern, Fürsten und Königen vergangener Zeiten, aber auch unter genialen Künstlern und Wissenschaftlern. Der Alte Fritz, Cäsar, Napoleon, Simon Bolívar, Kaiser Barbarossa, Jesus Christus, Mohammed, Buddha, Zarathustra, Bhagwan, Maharishi, L. Ron Hubbard, Mutter Theresa, Benjamin Franklin, Henry Ford, Rockefeller, Vanderbilt, Mozart, Bach, Beethoven, Goethe, Lady Di, Shakespeare, Elvis Presley, Albert Einstein – sie alle dienen dem einen oder anderen Zeitgenossen als feste und unverrückbare Orientierungspunkte im Leben, als beispielhafte Vorbilder und Visionäre, denen es nachzueifern gilt.

Es steht dem Menschen frei, wen er sich zum Halbgott erwählt.

Spielführer und Manager

Seit 1945 wird das Wort „Führer“ in deutschen Landen nicht mehr gerne gehört. Als zeitgemäße, wenn auch ungeschlachte Lösung ist man schließlich auf „Führungsperson“ oder „Führungskraft“ verfallen. Im angelsächsischen Sprachraum kennt man dieses Problem nicht. Dort wird eine solche Person mit beneidenswerter Unbefangenheit nach wie vor „leader“ genannt. Wie soll man sich nun ausdrücken? Einigen wir uns zum Zwecke dieses Buchs in Anlehnung an den gut eingeführten Begriff „Geschäftsführer“ einfach auf „Spielführer“.

Spielführer, seien sie Anführer einer Räuberbande, Führungskraft eines Unternehmens oder Kapitän einer Fußballmannschaft, haben das Merkmal, das Spiel nicht erfunden zu haben, in dem sie stehen (der Spielgründer tat das), sondern es lediglich zu verwalten. Die Rede ist von Menschen, die im Management sitzen.

Zwischen dem Spielgründer und seinen Visionen einerseits und den Spielern andererseits steht das Management. Es steht dazwischen – eine leider recht spannungsreiche Position.

Zur Unterscheidung von hier „Manager“ und da „Management“ ist eine weitere Wortklärung nötig. Unter „Manager“ wollen wir eine verantwortliche Einzelperson verstehen, egal ob sie im Spiel unten oder oben steht; mit „das Management“ hingegen bezeichnen wir eine Gruppe von Spielführern, eine Körperschaft.

Das Management dient als Übersetzer. Es übersetzt die erhabene Vision des Spiels bzw. des großen Spielgründers in begreifbare Portionen, damit die kleinen Leute das auch ja richtig verstehen. Zwischen Gott und dem Gläubigen steht der Priester, zwischen Gesundheit (als einem Ideal) und dem Patienten steht der Arzt, zwischen den Wunschträumen eines Siebzehnjährigen nach Selbstverwirklichung und deren Realisierung stehen die Eltern, usw., immer nach dem gleichen Muster.

Das Management tritt auf als Leitung eines Unternehmens, Vorstand eines Vereins oder Regierung eines Staates. In einer Familie sind es Vater oder Mutter in getrennten oder kombinierten Rollen. Zwischen der Vision und den Mitspielern fungiert das Management als Brücke. Es entwickelt Spielregeln, d. h. Gesetze, Verordnungen, Richtlinien, Erlasse usw. und sorgt für deren Einhaltung. Damit ebnet es den Spielern den Weg zu der vom Spielgründer erschauten Vision hin. Zumindest sollte es das. Und da es nun mal die Funktion einer Brücke hat, steht es dazwischen, ob es will oder nicht: Hier die existierende Realität, dort die angestrebte Realität, dazwischen das Management als Antreiber der Mitspieler.

Angewendet auf beispielsweise Deutschland würde das heißen, dass die Regierung als unser Management bemüht sein sollte, Land und Volk zu den Idealen hin zu bewegen, welche 1948 von den Gründungsvätern der Bundesrepublik im Grundgesetz festgeschrieben wurden. Bezüglich der USA würde man erwarten, dass die Regierung der Verfassung von 1776 gegenüber loyal ist und ihre Politik entsprechend ausrichtet.

Bei Kirchenführern sollte man davon ausgehen dürfen, dass sie sich an den Worten und Visionen ihrer jeweiligen Begründer orientieren, z. B. am Neuen Testament oder am Koran. Tut ein Management dies nicht, so begeht es einen Verrat an der Vision wie auch an den Mitspielern.

Bei Großunternehmen wie etwa der Autoindustrie fühlt man sich weniger einem Spielgründer oder einer Verfassung verpflichtet, sondern vielmehr einer vom Zeitgeist geborenen Vision, die etwa lauten mag: „Wir bauen das sicherste, verlässlichste und preiswerteste Auto aller Zeiten“ oder aber „ein Auto der Luxusklasse für die ganz wenigen“. Je nachdem. Auch hier fällt dem Management die Rolle zu, diese unternehmerischen Vorstellungen an die Mitspieler im Betrieb zu vermitteln.

Jeder hat einen Rang

Zusammengefasst finden sich auf der administrativen Stufenleiter eines Spieles fünf Ränge:

- Spielgründer
- Spielführer
- Mitspieler
- Spielfiguren
- zerbrochene Spielfiguren

Verdeutlichen wir uns diese Skala nun anhand zweier Beispiele. Beginnen wir mit der katholischen Kirche im 16. Jahrhundert, als dieses Spiel seinen dynamischen Höhepunkt erlebte. Der zu diesem Zeitpunkt schon lange verstorbene Spielgründer ist Jesus Christus, der seinen Auftrag von Gott selbst bezieht. Das Management der Kirche besteht aus dem Papst als oberstem Spielführer und aus seinen Kardinälen, Bischöfen und Priestern als untergeordneten Spielführern. Auf dritter Ebene finden sich Mitspieler in Form gläubiger Katholiken, die von den kirchlichen Spielregeln überzeugt sind und ihr Leben danach ausrichten.

Eine Ebene darunter leben die Abergläubigen, die Ungläubigen, die Dissidenten, die Irreligiösen, die Heiden. Sie haben nichts zu sagen. Sie haben keine Chance, eine Position in diesem Spiel zu erlangen, keine Karrieremöglichkeit. Sie werden geduldet, solange sie brav mitspielen und keine ketzerischen Gegenpositionen vertreten. Verweigern sie den Glaubensgehorsam, so vernichtet man sie. Gelingt es ihnen, der Vernichtung zu entgehen, so vegetieren sie am Rande der Gesellschaft als zerbrochene Spielfiguren dahin.

Als zweites Beispiel wählen wir eines aus der Gegenwart, und zwar sinnigerweise, weil dieses Buch am Computer geschrieben wird, die Firma Microsoft. Auch hier finden wir weltumspannende Intentionen. Der in diesem Fall noch lebende Spielgründer ist gleichzeitig oberster Manager seiner Firma. Eine kleine Riege von geringeren Führungspersonen umgibt ihn, auf der Ebene darunter folgen die Mitspieler, d. h. in diesem Falle die Angestellten und Arbeitskräfte dieser Firma. Die Rolle der Spielfiguren übernehmen Leute wie Sie und ich, Kunden also, die auf Computer angewiesen sind, keine Alternativen zu Microsoft geboten bekommen, sich über die Abstürze schwarz ärgern, aber wenig am System ändern können. Wer seinen PC aus Frust auf den Müll wirft, vegetiert zur Strafe für den Rest seiner Tage als zerbrochene Spielfigur am Rande der Computergesellschaft dahin.

Die beschriebene administrative Rangskala lässt sich in praktisch allen Lebensbereichen wiederfinden. Im Bankenbereich stehen oben als Spielführer der Internationale Währungsfonds IWF und die Weltbank, darunter als Mitspieler die National- und Geschäftsbanken, darunter als Spielfiguren die Masse der Sparbuchbesitzer, Kontoinhaber und Kreditnehmer. Beim Militär: oben die Einsatzleitung als Spielführer, ein paar tausend Kilometer entfernt der Jetfighterpilot als Mitspieler, der mit seinen Kampfraketen gerade eine Stadt in Schutt und Asche legt, unten die in Panik auseinander rennenden Menschen als Spielfiguren. In der Familie, beispielsweise in einer von den Philippinen: oben der Vater als Spielführer, darunter die Mutter als Mitspielerin, darunter die beiden Töchter, die mit acht Jahren in ein thailändisches Bordell verkauft werden, als Spielfiguren.

Spielfiguren tauchen nur in Form von Statistiken auf. Weil sie nichts zu sagen haben, dürfen sie zu Tausenden entlassen, ermordet oder gedemütigt werden. Sie haben kein Gesicht.

Geld und Werte

Leistung und Gegenleistung müssen stimmen, damit ein Spiel Spaß machen kann, hieß es weiter oben. Abgesehen von Zeichen der Anerkennung wie Händedruck, Festansprache, Medaille oder Orden haben Gegenleistungen auch die Form von Geschenken, Vorteilen, Vorrechten und Privilegien. Sie sind immateriell wie auch materiell. Die gängige Form der materiellen Gegenleistung ist das Geld. Und tatsächlich ist Geld aufs Engste mit unseren Wertvorstellungen gekoppelt. Machen wir hierzu einen kleinen gedanklichen Ausflug.

Geld hat keinen Wert

Obwohl auf jedem Geldschein akkurat vermerkt ist, welche Summe er repräsentiert, hat Geld dennoch keinen Wert aus sich heraus. Nur durch das Vertrauen, das man in es setzt, bezieht Geld seinen Wert. Es ist der Ausdruck einer Übereinstimmung zwischen Handelspartnern. Wenn ich für ein bestimmtes Leistungsergebnis einen Geldschein über 50 Euro ausgehändigt bekomme, so vertraue ich darauf, dass dieser Geldschein einen Wert hat. Ich vertraue darauf, dass ein Dritter, z. B. ein Ladenbesitzer, diesen Wert akzeptiert und mir dafür einen Pullover verkauft. Ich vertraue auf eine gültige Übereinkunft. Geld ist nichts weiter als eine auf der Grundlage von Übereinkünften geschaffene Realität.

Wenn ich mir für den Geldschein etwas kaufen kann, hat er einen Wert. Wenn nicht, dann nicht. Wenn jemand mitten in der Wüste sitzt und verdurstet, hat er von dem Tausender in seinem Portemonnaie gar nichts.

Der Geldschein als solcher hat keinen Wert, denn schließlich handelt es sich um nichts weiter als ein bedrucktes Stück Papier. Einen Wert bekommt er dadurch, dass ich mir etwas dafür kaufen kann. Und weil man trotz wiederholter schlechter Erfahrungen doch immer wieder hofft, dass der Wert des Geldes lange währen möge, heißt das Ganze „Währung“.

Geld symbolisiert Vertrauen.

Eine Währung, der man nicht traut, eignet sich nicht als Zahlungsmittel. Versuchen Sie einmal, mit kolumbianischen Pesos bei Ihrem Bäcker Brötchen zu kaufen. Diese Form der Gegenleistung für seine Leistung, die Brötchen, wird der Bäcker nicht akzeptieren. Er kennt die Währung nicht. Er hat kein Vertrauen zu ihr, er akzeptiert sie nicht. Er wird Ihnen empfehlen, die Pesos bei der Bank in Euro umzutauschen. Euros kennt er; zu denen hat er Vertrauen.

Sie gehen zu Ihrer Bank und erfahren zu Ihrem Erstaunen, dass kolumbianische Pesos nicht akzeptiert werden. „Tut uns leid, diese Währung ist zu unsicher." Ihre deutsche Bank schenkt der kolumbianischen Bank, und damit der ganzen kolumbianischen Wirtschaft, kein Vertrauen. Was tun? Zurück nach Bogotá fliegen, der Hauptstadt Kolumbiens, und dort die kolumbianischen Pesos in Euro tauschen. Gesagt, getan. Bei der dortigen Bank jedoch erfahren Sie, dass man über Euros nicht verfüge. Diese Währung werde im dortigen Wirtschaftsraum nicht akzeptiert. Also hat sie dort keinen Wert. Aber Dollars habe man vorrätig. Also tauschen Sie Ihre Pesos gegen Dollars, fliegen wieder nach Deutschland und tauschen die Dollars gegen Euros. Und endlich können Sie bei Ihrem Bäcker Brötchen kaufen. Reine Vertrauenssache. (Der Begriff „Kredit" kommt übrigens aus dem Lateinischen und bedeutet: man vertraut.)

Ähnliche Schwierigkeiten bekommt man mit einer veralteten Währung. Nehmen Sie beispielsweise die 150 DM, die Ihnen jemand vor Ausbruch der Eurozeit dafür gezahlt hat, dass Sie ihm, in Ihrer Rolle als Gärtner, den Gemüsegarten umgegraben und Kartoffeln eingesät haben. Gehen Sie mit diesen 150 Mark heute einkaufen. Keine Chance! Die Mark ist out, der Euro ist in. Die Mark entspricht nicht mehr der gängigen Übereinstimmung. Niemand will sie mehr haben.

Wird Ihre damalige Leistung dadurch wertlos? Nein, denn das Kartoffelfeld wurde ja zweifelsfrei umgegraben und erbrachte im nächsten Sommer sogar eine Ernte. Die Leistung hatte einen echten

Wert, daran ist nicht zu rütteln. Nicht sie wurde wertlos, sondern lediglich das Symbol dafür, das Geld. Nur weil sie versäumt haben, Ihre 150 Mark rechtzeitig in Euro einzutauschen, nur weil Sie mit dem falschen Symbol in der Hand einkaufen gehen, hat Ihre Leistung auf einmal keine Gültigkeit mehr. Tragisch, aber wahr.

Wenn aus Geld mehr Geld wird

Leben und Überleben werden zu einem großen Problem für die Menschen, wenn ein volkswirtschaftliches System die Möglichkeit einräumt, dass man sich durch Aktiengeschäfte bereichert, statt sein Augenmerk auf das Erbringen von Leistungen zu richten. Wenn „Geld machen“ wichtiger wird als Produkte herstellen, wenn Reichtum sich ausdrückt als eine auf dem Kontoausdruck erscheinende Zahl statt als der Besitz realer Werte wie Häuser, Land und Vieh, wird das Leben irreal. Denn das Geld, eigentlich bloß Symbol für Werte, wird nun unversehens selbst zum Wert erhoben.

Zu dieser Verschiebung der Akzente kommt es zwangsläufig in einer auf dem Zins aufgebauten Volkswirtschaft. Sie beruht auf der Vorstellung, mit Geld könne man ohne dazwischengeschaltete Produktion mehr Geld „machen“.

Die Zinswirtschaft ist keine Selbstverständlichkeit, sondern war schon immer ein kontroverses Thema. Schon Aristoteles sprach sich gegen den Zins aus, Thomas von Aquin und damit die katholische Kirche schlossen sich ihm an. Weil aber spätere Ökonomen ihn befürworteten, wurde er dann doch eingeführt. In der islamischen Gesellschaft hingegen lehnt man den Zins bis heute ab, denn er gilt als unvereinbar mit den Lehren des Koran.

Eine Zinswirtschaft spitzt sich in der paradoxen Situation zu, dass die Produktion zum Stillstand kommt, weil uns, bedingt durch den Zins, das Geld zu teuer wird, das wir in die Produktion investieren müssten. Als Folge davon wird mangels Produktion kein Geld mehr verdient.

Will ich im großen Stil produzieren, so muss ich mir Geld leihen, für dieses wiederum muss ich Zinsen zahlen, hinzu kommen

Steuern und Auflagen usw. Wenn ich mir das alles durchrechne, muss ich feststellen, dass mir das Produzieren zu teuer ist. So entstehen Arbeitslosigkeit und Armut. Arbeit gibt es genug, nur bezahlen kann sie niemand.

Der Zins frisst alles auf und die mit ihrem Schuldendienst überlastete Bevölkerung müht sich ab, den Kopf über Wasser zu halten. Den Umständen entsprechend hat man verständlicherweise kaum noch Zeit oder Geld für das Schöne übrig. Wer könnte es sich heute noch leisten, ein Schiff oder ein Fachwerkhaus mit reichem Schnitzwerk und vergoldeten Schnörkeln zu versehen, wie es früher üblich war? Geht nicht. Dafür ist kein Geld mehr da.

Vermutlich wird sich das Problem dadurch von selbst lösen, dass der Kapitalismus mangels Beteiligung demnächst ausstirbt. Kommt es nämlich zu teuer, Kinder in die Welt zu setzen, selbst wenn beide Elternteile arbeiten gehen, so ist irgendwann keiner mehr übrig, um dieses System zu bedienen. Die Gesellschaft zerfällt an den Sorgen, die sie sich durch ihr Geldsystem selbst bereitet.

Selbst die Natur ist nur noch insoweit gestattet, wie sie „sich rechnet". Machen wir aus der Sumpfwiese ein Biotop oder einen Parkplatz? Ein Biotop rechnet sich nicht. Also Asphalt drauf. Ähnlich das Schicksal der überall aufsprießenden Windparks: Nicht etwa ökologischer Idealismus beflügelt den Investor, sondern der Wunsch nach Rendite. Ohne Rendite keine Windparks, Ökologie hin oder her.

Geldmaschine Kapitalismus

Kapitalismus ist nicht einfach eine Wirtschaftsform, sondern – wie die Endung „ismus" andeutet – ein ideologisches Gedankengebäude, eine Glaubenslehre, die von namhaften Volkswirtschaftlern im Verlauf der letzten zweihundert Jahre begründet wurde. Ihr Kernsatz: Ohne Zins geht es nicht. In der heutigen Praxis handelt es sich dabei um eine Übereinkunft zwischen Bankiers, deren oberster Repräsentant der Chef der Weltbank ist. Von dort aus wird per Entscheid und Beschluss die Weltwirtschaft diktiert.

Gewiss, es handelt sich hier um ein System mit gewaltiger Eigendynamik. Doch möge man nicht vergessen, dass diese nicht von alleine entsteht, sondern durch das Wollen einiger federführender Männer oder Frauen ausgelöst und gelenkt wird.

Beim Kapitalismus geht es nicht allein darum, dass arme Leute für reiche Leute schuften müssten, damit die Reichen noch reicher werden. Das wäre nichts spezifisch Kapitalistisches, denn das gab es schon immer. Es wäre simple Sklaverei.

Systeme der Sklaverei gab es zu allen Zeiten, auch schon vor der Ära des Kapitalismus, nicht nur im Griechenland und Rom der Antike oder auf den Baumwollplantagen Nordamerikas, sondern auch bis vor wenigen Jahrzehnten in Europa. Man denke nur an den Feudalismus, die Herrschaft des großgrundbesitzenden Adels, als man Bauern als rechtlose Leibeigene betrachtete. Dieses System brach in Westeuropa mit dem Ersten Weltkrieg zusammen und in Osteuropa erst nach dem Ende des stalinistischen Regimes. In China ist es noch heute vorhanden.

So grausam es dabei zugehen mag, erbringt hier jedoch immer noch die konkrete menschliche Leistung den Gewinn, nicht der anonyme Kapitalzuwachs: Arbeiter produzieren landwirtschaftliche oder handwerkliche Produkte, diese werden verkauft, das Geld fließt in die Taschen des Großgrund- oder Fabrikbesitzers und die Arbeiter bekommen wenig oder nichts. Ohne Frage herrscht hier Ungerechtigkeit, aber noch kein Kapitalismus. Im echten Kapitalismus wird das Geld „angelegt" und man lässt es „arbeiten". Das Geld gebiert auf völlig anonyme Weise mehr Geld und so wächst das Kapital. Nicht der Mensch arbeitet, sondern das Geld. Und es wird zu immer mehr Geld. Ganz von alleine?

Irgendwo muss jemand dafür geschwitzt oder geblutet haben, dass aus dem angelegten Geld mehr Geld wird. Durch Kinderarbeit? Zwangsarbeit? Drogenhandel? Waffenhandel und Kriegstreiberei? Menschenhandel? Welche Produkte an einem entfernten Punkt des Globus real erschaffen wurden, um den ersehnten Zuwachs an Kapital herbeizuführen, und ob diese Produkte ethisch vertretbar sind, das erahnen weder der Sparbuchinhaber noch der Aktienspekulant.

Möglicherweise wurden Produkte gar nicht erst erschaffen. Zum Zweck der Kapitalvermehrung ist das nicht einmal nötig. Vielleicht kommt die Rendite allein dadurch zustande, dass man eine fremde Volkswirtschaft durch Währungsspekulation zerbricht („Dollar schlägt Peso"), einer gegnerischen Nationalbank eine Auf- oder Abwertung aufzwingt oder ein armes Land durch das „Gewähren" von praktisch nicht tilgbaren Krediten im Rahmen einer selbstverständlich humanitären Entwicklungshilfe schleichend ausraubt. Als weiteres Mittel setzt man ein Gerücht in die Welt, das die Aktien des einen Unternehmens in den Keller gehen lässt, während die des anderen in den Himmel schießen. Aktienwerte entstehen nicht durch verlässliche Produktion, sondern mithilfe geschickter PR-Maßnahmen. Die Börse reagiert mehr auf Gerüchte als auf real gegebene Produktionsqualität und -quantität.

Krieg als Geschäftsmodell

Der Kapitalismus ließe sich als eine „Philosophie des schnellen Profits" bezeichnen, als die Kunst, möglichst schnell aus Geld mehr Geld zu machen. Um die dazu nötigen Investitionen zu tätigen, braucht man Kredite. Diese sind ohne ein funktionierendes Bankwesen nicht denkbar. Schnelles, renditereiches Big Business braucht Big Banking.

Die Bank will ihre Zinsen. Nichts anderes interessiert sie. Man könnte ihr keinen schlechteren Gefallen tun, als seinen Kredit zu tilgen. Denn täte man ihr solches an, so würden ihr keine Zinsen mehr ins Haus strömen. An diesen aber bereichern sich nicht nur die Bank, sondern auch der Investor und der Sparbuchbesitzer. Damit dieser Strom von Zins- und Zinseszinszahlungen nicht abbrechen möge und das Überleben der Bank nicht gefährdet sei, müssen notgedrungen Kredite in hohem Maß gegeben werden. Und wo ist dies am lukrativsten? Bei der Kriegstreiberei.

Schon immer wurde der Krieg als bewährtes Mittel der Bereicherung angesehen und im Kapitalismus ist das nicht anders. Krieg und Armut sind zwingende Begleiterscheinungen eines kapitalistischen Wirtschaftssystems. Waffen kauft man auf Kredit, und ist der Schaden erst einmal angerichtet, so erfolgt, ebenfalls auf Kredit, der Wiederaufbau. Erst das Blut, dann der Schweiß. In beiden Fällen freut sich die Bank, denn sie verdient an den Zinsen. Kriege bringen Profite, keine Frage.

Es geht auch ohne Zinsen

Geld, so sagten wir, symbolisiert Vertrauen. Man vertraut darauf, dass man Produkte dafür bekommt. Geld selbst ist daher kein Produkt, sondern lediglich ein Symbol.

Beim Tauschhandel bekommt man für seine harte Arbeit ein Produkt ausgehändigt, das einen echten Wert hat. In einer Geldwirtschaft hingegen wird man mit einem Symbol für Werte bezahlt. Wenn man Glück hat, kann man sich dafür ein Produkt kaufen. Hat man aber Pech, so wird das Geld entwertet, bevor man es ausgeben konnte. Auch das mit Nostalgie und Sentimentalität bedachte Gold ist hiervon nicht ausgenommen. Auch Gold hat keinen Wert an sich, auch Gold gewinnt Kaufkraft nur durch Übereinkünfte. Produkte hingegen, Land, Häuser, Autos, Nahrungsmittel, haben auch in Abwesenheit einer verlässlichen Währung noch einen Wert.

Ein zinswirtschaftliches System mit seinen verlockenden Börsen- und Währungsspekulationen verführt zu dem Irrglauben, man könne aus Geld mehr Geld machen, ohne dafür einen Handstreich zu tun. Doch haben Geld und Zinsgewinn keinen wirklichen Wert, wie eben ausgeführt, sondern nur einen symbolischen. Durch den Zins kommt es zu einer Häufung von Symbolen für Produkte, zu mehr Geld also, nicht aber zu einer Häufung von tatsächlichen Produkten. Denn Geld als solches ist kein Produkt. Bei einer extremen Inflation verfügt man zu guter Letzt über Körbe von Geld, kaufen aber kann man sich dafür nichts. Geld ist lediglich ein Symbol zum Zweck der Gegenleistung für erfolgte Produktion und als Basis für zukünftige Produktion.

Geld ist kein Produkt.

Eine realistische Alternative zur Zinswirtschaft wäre eine zinsfreie, produktorientierte Wirtschaft. Eine solche Wirtschaft würde nach dem Prinzip der Wertevermehrung funktionieren. Nicht um die Geldvermehrung ginge es hier, sondern um die Wertevermehrung. Der Kreditgeber, sagen wir eine Bank, müsste sich fragen, welcher Wert durch das von ihr zu unterstützende Projekt entstehen würde und welchen Nutzen die Gemeinschaft davon hätte. Von diesem durch reale Produktion geschaffenen Mehrwert würde für einen festgelegten Zeitraum ein bestimmter Prozentsatz an die Bank, und damit die Anleger, abgeführt. In einem produktorientierten Wirtschaftssystem ergäbe sich eine Rendite erst, nachdem Produkte geschaffen und verkauft wurden, nicht bereits ab dem Moment der Kreditvergabe. Was bedeutet, dass sich der Kreditgeber, die Bank, nachhaltig und langfristig um den Erfolg des Unternehmens zu kümmern hätte. Der Kreditgeber müsste das Unternehmen regelrecht in den Erfolg hinein begleiten, denn das Risiko läge in weit höherem Maß auf seiner Seite, als dies gegenwärtig in unserer Zinswirtschaft der Fall ist. Da wird verlangt, dass man seinen Zins zahlt, ob man nun produziert oder nicht. Geht etwas schief, so haftet man mit seinem Hab und Gut, selbst wenn man dadurch zum Untergang verdammt ist, als Wirtschaftsfaktor ausfällt und der Gemeinschaft nach erfolgter Verarmung zur Last fällt. Nicht der Mensch zählt, nicht das langfristige Geschick der Gemeinschaft, sondern allein die Rendite der Investoren.

Zweifellos ist es bis zur produktorientierten Wirtschaft noch ein langer Weg, doch Annäherungen gibt es schon gegenwärtig in Form alternativer Währungen. Als sogenannte „Komplementärwährungen" oder „Ergänzungswährungen" finden sie sich parallel zur Zinswirtschaft in überraschend zahlreichen Nischen der Wirtschaftswelt. Gegenwärtig gibt es weltweit rund 2000 davon, allein in Deutschland mindestens 50.

Eine Währung nach menschlichem Maß

Geld als Tauschmittel ist völlig in Ordnung, denn es ist eine praktische Sache. Das Problem liegt nicht in der Verwendung von Geld, sondern darin, dass sein Wert an nichts Begreifbares gekoppelt ist. Heute ist es so viel wert, morgen so viel. Wie das kommt, ist für den Mann auf der Straße kaum nachvollziehbar. Das Geld bleibt anonym. Und diese seine Anonymität kann dazu führen, dass sich das Geld, obwohl vom Menschen geschaffen, gegen den Menschen zu richten vermag.

Keine Währung orientiert sich an echten Werten. Das macht das Währungsspiel unfassbar, irreal, unanschaulich. Was ist ein Euro wert? Nicht mehr und nicht weniger als das, was man sich dafür kaufen kann. Bedauerlicherweise wechselt dieser Wert ständig, meist zu Ungunsten der Kaufkraft.

Der Euro hat keinen Wert an sich, genauso wenig wie der Yen, der Dollar oder eine Goldmünze. Um den Zusammenhang zwischen Geld und Produkt nicht aus den Augen zu verlieren, wäre es daher sinnvoll, den Wert des Geldes an ein von allen Menschen akzeptiertes, lebensförderliches Gut zu koppeln. Wenn man eine Währung an einem menschlich bedeutsamen Wert orientierte, etwa einem Kilo Weizen, Mais, Hirse oder Reis, so würde diese Währung dadurch begreifbar. Sie hätte einen fixierten Wert und würde anschaulich.

Um ein Kilo Weizen zu ernten, muss ich rund anderthalb Quadratmeter Boden bestellen. Ich muss umgraben, harken, säen, ernten, dreschen, aufklauben, abfüllen. Ein voller Arbeitstag, verteilt auf ein ganzes Jahr. Ein echter Wert, kein Zweifel. Er stellt eine zutiefst menschliche Erfahrung dar. So etwas könnte als verbindliche Währungsgrundlage dienen, als fixer Bezugspunkt.

Besonders neuartig ist dieser Gedanke nicht, denn schon die alten Sumerer vor viertausend Jahren benutzten einen Scheffel Weizen als Grundlage ihrer Währung. Sie nannten diese Währungseinheit „Schekel", von „sche", Weizen und „kel", der Maßeinheit für Getreide. Das Wort lebt als Bezeichnung für die israelische Währung bis heute fort.

Hätten wir eine weltweite Einheitswährung und entspräche eine Welteinheitsmünze einem Kilo Weizen, Mais, Hirse oder Reis, so besäße das Bildhaftigkeit. Bekäme etwa ein Firmenberater einen Tagessatz von 1200 Welteinheitsmünzen, so wüsste jedermann sogleich, dass das den Gegenwert von 1200 Kilo Weizen darstellt. Ganz schön viele Brote wären das. Darunter kann man sich etwas vorstellen. Man wäre zu Recht beeindruckt. Oder kritisch, je nachdem.

Nehmen wir einmal an, der Dollar stünde 1:1 mit besagter Welteinheitsmünze. Dann wüsste man, wenn es in den Nachrichten heißt, eine fünfhunderttausend Dollar teure Kampfhubschrauberrakete hätte gerade ein Dorf vernichtet, dass fünfhunderttausend Kilo Brot verschwendet wurden, um von Generationen geschaffene Werte innerhalb von zehn Sekunden zu vernichten und nebenher einige Dutzend Menschen zu töten.

Ist eine Währung nicht an einen begreifbaren Wert gekoppelt, so sagen die Zahlen nichts aus und das Morden bleibt angenehm anonym.

Tipps für den Alltag:

- Nehmen Sie sich als Beispiel eine wichtige Aktivität in Ihrem Leben heraus, etwa die Partnerschaft, den Beruf, das Hobby. Betrachten Sie diese Aktivität als „Spiel". Was sind die Ziele? Was die Hindernisse, die Hürden? Was die Freiheiten?
- Ist das Verhältnis zwischen Zielen, Hindernissen und Freiheiten ausgewogen?
- Wurde den Zielen freiwillig zugestimmt? Sind die Hindernisse eine interessante Herausforderung? Oder sind sie erdrückend? Sind die Freiheiten echt oder stehen sie nur auf dem Papier?
- Sind die Spielregeln dieses Spiels bekannt? Sind sie eindeutig und verständlich formuliert? Sind sie das Ergebnis einvernehmlicher Absprachen? Beziehen sie sich auf das Erreichen eines wünschenswerten Endergebnisses? Sind sie dabei förderlich oder hinderlich?

- Werden Ihre Leistungen ausreichend belohnt? Wenn nicht: Was müssten Sie tun, um eine angemessene Gegenleistung zu bekommen? Oder sollten Sie eher ein ganz anderes Spiel spielen?
- Ist Ihr Leben ein Tanz? Oder lediglich Mühe und Arbeit? Würden Sie es Sklaverei nennen? Fühlen Sie sich gar als Roboter?
- Erleben Sie sich als Spielgründer, Spielführer, Mitspieler oder Spielfigur? Oder als zerbrochene Spielfigur? Wie können Sie das ändern?

3
Kommunikation

Lebensquell Aufmerksamkeit

Wir kommunizieren ständig. Warum also noch Worte darüber verlieren? Weil Kommunikation die Grundlage von Leben ist und weil Kommunikationsqualität und Lebensqualität sehr viel miteinander zu tun haben.

Lebendig sein bedeutet: in Kommunikation sein, in Verbindung stehen. Es bedeutet Mitteilungen aufnehmen, Mitteilungen verarbeiten, Mitteilungen geben. Das trifft überall gleichermaßen zu, ob privat, gesellschaftlich oder geschäftlich, ob unter Menschen, Tieren oder Pflanzen.

> Was lebt, kommuniziert.
> Was nicht kommuniziert, ist tot.

Vom lateinischen „communicare" abgeleitet, bedeutet „kommunizieren" nicht etwa „sprechen", sondern „etwas gemeinsam machen, etwas teilen, etwas mitteilen". Kommunikation lässt sich somit nicht aufs Hören, Sprechen oder Lesen von Wörtern einschränken. Auch die anderen Sinne spielen ihre Rolle. Tiere und Pflanzen zum Beispiel kommunizieren über Farben und Duftstoffe. Wir übrigens auch, jedenfalls wenn wir verliebt sind oder jemanden verliebt machen wollen. Die gesamte Mode- und Parfümindustrie lebt davon.

Die subtilste Form von Kommunikation besteht darin, dass man einander Aufmerksamkeit schenkt. Allein schon dadurch, dass wir einander wortlos anschauen und uns gegenseitig wahrnehmen, teilen wir einander auf nonverbale Weise etwas mit. Es lässt sich überhaupt nicht vermeiden. Ähnliches lässt sich bei Pflanzen und Tieren beobachten.*

Sobald man etwas wahrnimmt, steht man in Kommunikation damit, etwa beim Betrachten eines Gemäldes, Hören eines Musikstückes oder Erschnuppern eines guten Essens. Wahrnehmen bedeutet Kontakt aufnehmen. Schon allein beim Wahrnehmen eines Menschen spürt man dessen Angespanntheit oder Entspanntheit, dessen Stimmungslage, dessen Grad an Wachheit und Aufmerksamkeit. Noch ist kein Wort gefallen und schon weiß man sehr viel über die Befindlichkeit seines Kommunikationspartners.

Kommunizieren bedeutet, etwas oder jemanden in den eigenen Wahrnehmungsraum einbeziehen, einen geistigen Raum miteinander teilen. Dazu bedarf es der Aufmerksamkeit. Nur das, worauf ich meine Aufmerksamkeit richte, nehme ich wahr. Nur dorthin erstreckt sich meine Kommunikationslinie. Nur das registriere ich, lerne ich, behalte ich.

Mit den Augen hat das überhaupt nichts zu tun. Beispiel: Die Buchseite anstarren, die man vor Augen hat, und sich gleichzeitig irgendwo hinträumen. Jeder kennt das. Trotz offener Augen mit Blick auf das Buch wird nichts wahrgenommen, jedenfalls nicht das Buch.

> Kommunizieren im feinsten Sinn heißt:
> seine Aufmerksamkeit bewusst auf etwas richten.

Der Grad meiner Aufmerksamkeit, meine Konzentration also, ist entscheidend für die Intensität meiner Auseinandersetzung mit der Umwelt.

Was ich nicht wahrgenommen habe, das ist für mich nie dagewesen. Deswegen kann ich mich hinterher auch nicht daran erinnern.

Aufmerksamkeit ist lebensspendend

Richtet man seine Aufmerksamkeit auf eine Person, so misst man ihr allein schon durch diesen Akt Bedeutung zu. Es entsteht eine Beziehung. Durch Aufmerksamkeit erhebt man eine Person zum Beziehungspartner. Dadurch wächst sie und wird größer. Nicht nur auf Personen trifft das zu, sondern auch auf Tiere, Pflanzen, Dinge, Tätigkeiten oder Sachverhalte.

Verströmt man seine Aufmerksamkeit in die Dinge, so blähen sich ihre Dimensionen auf. Das Gute wird besser, das Böse schlimmer, das Banale sensationell. Gleiches gilt für die Emotionen: Ob Freude oder Leid, beides wird umso größer, je mehr Aufmerksamkeit man hineinpumpt. Auch das Umgekehrte ist wahr: Entzieht man einem Beziehungspartner oder Sachverhalt Aufmerksamkeit, so erklärt man ihn damit für bedeutungslos. Ignorieren bewirkt Schrumpfen und Absterben. Keine Aufmerksamkeit schenken bedeutet so viel wie „nicht in Übereinstimmung sein". Und genauso, wie Realitäten durch Übereinkünfte erschaffen werden, zerfallen sie auch wieder, wenn man ihnen seine Aufmerksamkeit, und damit die Übereinkunft, entzieht. Nimmt man sie nicht wichtig, so verschwinden sie von der Bildfläche. Regt man sich über sie auf, so nehmen sie übermächtige Dimensionen an.

Das Strömen von liebevoller Aufmerksamkeit ähnelt dem Strömen von Wasser oder Geld. Liebevolle Aufmerksamkeit wirkt gewissermaßen wie die Gießkanne eines Gärtners auf die Pflanzen oder das Investment eines Konsortiums auf ein wirtschaftlich unterentwickeltes Gebiet. Ströme von Aufmerksamkeit, Wasser oder Geld haben eine belebende Wirkung auf das Zielgebiet. Versiegt der Strom, so verdorrt der betreffende Bereich.

Aufmerksamkeit bewirkt Wachstum.
Unaufmerksamkeit bewirkt Schrumpfung.

* Peter Tompkins, Christopher Bird: The Secret Life of Plants, 1973.

Verständnis – unser größter Wunsch

Eine geglückte Kommunikation hat folgenden Ablauf: Man denkt sich etwas aus und teilt es seinem Gesprächpartner mit. Dieser versteht, was gemeint ist, und beide sind zufrieden. Der Kommunikationsakt hatte ein Ergebnis. Es kam etwas dabei heraus. Verständnis wurde erzielt.

So einfach das vom Prinzip her ist, so schwierig erweist es sich in der Praxis. Bekanntlich ist schlechte Kommunikation bedeutend häufiger anzutreffen als gute. Es kommt immer wieder zu den gleichen Fehlern. Der eine redet, der andere hört nicht zu. Oder er hört zu und unterbricht dauernd. Oder er versteht nichts, obwohl er zuhört. Oder er versteht etwas, gibt aber keine Verständnissignale.

Solche Kommunikationsakte haben keine Ergebnisse, mit denen man zufrieden sein kann, denn sie belassen den Sprecher in einem Zustand mehr oder minder großer Verzweiflung. Er wird seine Botschaft nicht los, er findet kein Verständnis.

Unvermeidbar hat Kommunikation immer irgendein Ergebnis, entweder ein zufriedenstellendes oder ein frustrierendes. Insofern gleicht der Kommunikationsablauf dem Aktionsablauf. Beide beruhen auf der Triade Start-Durchführung-Stopp. Beide bedürfen der Kontrolle und der Führung. Man „lenkt" oder „richtet" seine Aufmerksamkeit. Man „führt" ein Gespräch. Kommunikation bedeutet Führung. Ihr Ergebnis ist Verständnis oder auch nicht, je nachdem, wie gut die Führung war. Um zu verstehen, wie dieses „Endergebnis" namens Verständnis erzielt wird, werden wir den Kommunikationsablauf nun im Einzelnen untersuchen.

Der Kommunikationsablauf vom Standpunkt des Senders her

Zu einem Kommunikationsablauf gehört neben Sender und Empfänger noch vieles andere. Der Sender hat einen Gedanken und möchte diesen einem Empfänger mitteilen. Der Gedanke ist die Botschaft des Senders, der Kern dessen, was er mitteilen will, die reine, abstrakte Information.

Um seinen abstrakten Gedanken zu übermitteln, muss der Sender ihn in etwas hineinstecken. Seine Botschaft braucht eine Verpackung. Er könnte sie als Brief verpacken, als Blumenstrauß oder als eine Flasche Sekt. Die materiell vorhandene Verpackung einer eigentlich abstrakten Botschaft ist das Kommunikationspartikel.

Ein Kommunikationspartikel ist materiell und sichtbar, eine Botschaft hingegen immateriell und unsichtbar. Dies liegt im Wesen einer Botschaft begründet, denn sie ist ein Gedanke, ein Konzept. Gedanken oder Konzepte kann man aber nicht sehen, hören, riechen oder irgendwo lokalisieren. Nur das Symbol oder Ding, in das der Gedanke hineingegeben wurde, das Kommunikationspartikel also, das kann man sinnlich erfassen. Symbole wie Wörter, Zeichen, Tonsignale sind die häufigsten Kommunikationspartikel.

Abgesehen davon, dass ein Kommunikationspartikel eine Botschaft enthält, ist es auch selbst bereits Teil der Botschaft. Nicht nur der Inhalt der Verpackung sagt etwas aus, sondern auch die Art der Verpackung. Es macht einen Unterschied, ob ich meinen Unmut in einen höflichen diplomatischen Brief verpacke oder gleich ein Geschwader Kampfhubschrauber losschicke. Welches Kommunikationspartikel ich wähle, sagt bereits etwas über meine Beziehung zu meinem Kommunikationspartner aus. Ob Briefe, Blumensträuße oder Bomben, schon im Kommunikationspartikel selbst liegt eine Botschaft. Noch ist unser Kommunikationspartikel nicht unterwegs. Bis jetzt liegt der Brief nach wie vor beim Sender. Um ihn zum Empfänger zu transportieren, bedarf es eines Kommunikationsmediums. Ein „Medium" ist ein Vermittler oder Überbringer.

Zur Übermittlung seines Briefs könnte der Sender Post und Briefträger bemühen, einen Botendienst einschalten oder ihn als Leserbrief in einer Zeitung veröffentlichen. Welches Medium man wählt, hat etwas damit zu tun, wen man erreichen will und welche Wirkung erzielt werden soll. Was würde einem am ehesten dienen? Ein Privatbrief oder eine Botschaft an die Öffentlichkeit? Telefongespräch oder Lautsprecherdurchsage? Einen persönlichen Besuch abstatten oder gleich den Rechtsanwalt einschalten? Nicht nur das Kommunikationspartikel, auch das gewählte Medium ist Teil der Gesamtkommunikation.

Ist das Kommunikationspartikel endlich beim Empfänger angelangt, so wurde auf diese Weise erfolgreich eine Kommunikationslinie hergestellt. Versagt das Kommunikationsmedium, weil z. B. der Briefträger meinen Brief in den falschen Kasten warf oder während des Telefonierens der Strom ausfiel, so kommt eine Kommunikationslinie nicht zustande bzw. wird unterbrochen.

Im elektronischen Bereich, bei Funk und Fernsehen zum Beispiel, spricht man übrigens nicht von Kommunikationspartikeln, sondern von energetischen Kommunikationsimpulsen, die einer Trägerwelle, dem energetischen Medium, aufmoduliert sind.

Wie man eine Kommunikationslinie herstellt

- Ein Sender hat einen Mitteilungswunsch. Er steht am Punkt A und wünscht eine Kommunikationslinie mit Empfänger B aufzubauen.
- Der Sender hat einen mitteilenswerten Gedanken. Dieser ist seine Botschaft.
- Er wählt ein Kommunikationspartikel, in das er seine Botschaft hineinpackt (Brief oder Bombe oder Blumenstrauß).
- Er wählt ein Kommunikationsmedium, mithilfe dessen das Partikel samt der Botschaft von A nach B transportiert werden sollen (reitender Bote? Geheimagent? Briefträger?).
- Er versichert sich der Aufmerksamkeit des Empfängers. Es muss jemand am anderen Ende vorhanden sein, sonst lohnt sich das Absenden der Botschaft nicht, besonders natürlich bei non-verbaler oder gar telepathischer Kommunikation (z. B. dem Senden von Gefühlen).
- Er schickt seine Botschaft mit dem rechten Nachdruck ab. Damit die Botschaft des Senders tatsächlich beim Empfänger ankommen kann, bedarf es des Nachdrucks wie auch der Beharrlichkeit. Nachdruck wirkt wie das Pulver in einer Patrone, das die Kugel durch den Lauf jagt. Beharrlichkeit bedeutet, dass man die Geduld hat, seine Botschaft solange zu wiederholen, bis sie schließlich angekommen ist.

Der Kommunikationsablauf vom Standpunkt des Empfängers her

Die Lage des Senders haben wir eben beschrieben. Kommen wir nun zum Empfänger. Das Kommunikationspartikel ist bei ihm angekommen. Was tut er damit? Als erstes muss er das Partikel nach Art und Inhalt erfassen. Er muss unmissverständlich identifizieren, um was es sich handelt. „Wie schön, ein Blumenstrauß! Oder ist es eine Bombe? Nein, doch eher ein Blumenstrauß." Das hat der Empfänger gut erkannt. Verwechslungen können peinlich sein. Besonders im verbalen Bereich treten sie ständig auf. „Von was redet der da? Von Geiern oder von Reihern?" – „Nein, von Weihern." – „Ach so." Gefährliche Sache, denn Missverständnisse führen zu Fehlhandlungen.

Nachdem der Empfänger das eingegangene Partikel erfasst hat, muss er überlegen, was es ihm sagen soll. Bei Worten oder Briefen ist das zumeist offensichtlich, bei unerwarteten Kommunikationspartikeln wie Geschenken oder gar Bomben schon schwieriger. „Wieso schenkt er mir einen Blumenstrauß? Ich hab doch nicht Geburtstag ... Eigenartig!" Oder: „Wieso sprengt der Attentäter ausgerechnet mein Kaufhaus in die Luft? Meine Firma hat ihm doch gar nichts getan! Was will er damit erreichen?" Auch bei Kunstwerken wird es oft schwierig: „Was meint der Maler bloß mit seinem Bild?"

Was will der Sender mit seinem Kommunikationspartikel aussagen? Was für eine Botschaft steckt da wohl drin? Da kommt so mancher an die Grenzen seines Verständnisses.

Um den Sinn einer Botschaft zur Gänze zu verstehen, genügt es nicht, wenn der Empfänger nur den inhaltlichen und den emotionalen Aspekt des Kommunikationspartikels erfasst. Es reicht nicht, wenn er nur erkennt: „Dies ist ein Blumenstrauß. Der Sender mag mich." Oder: „Dies ist eine Bombe. Der Sender kann mich nicht leiden." Auch auf den Kontext muss der Empfänger achten. „Warum dieser Brief, dieser Blumenstrauß, diese Bombe? Warum genau diese Inhalte, Partikel und Emotionen? Warum hier und heute? Warum ausgerechnet zu mir?"

Allgemein gesprochen: Warum verpackt der Sender diese Art Botschaft in diese Art Partikel, warum wählt er dieses spezielle

Kommunikationsmedium und warum bekomme ich dieses Partikel gerade heute geschickt? Will man eine Botschaft vollständig verstehen, so ist ihr gesamter Kontext zu berücksichtigen.

Ohne Kontext kein Sinn

„Kontext" bedeutet so viel wie Gewebe, hier „das Gewebe von Umgebungsfaktoren und Zusammenhängen". Menschliche Verhaltensweisen, deren Kontext man nicht begreift, gelten als „verrückt". Wir erleben es täglich. Es ist gar nichts Seltenes. Zum Beispiel sitzen Sie im ICE und der Fahrgast gegenüber fängt auf einmal ohne erkennbaren Anlass an zu grinsen oder gar zu prusten. Wie peinlich! Dabei fiel ihm nur gerade ein Witz ein, den ihm ein Kollege am Tag zuvor erzählt hat. Würde man hier den Kontext kennen, so käme einem die Sache weniger seltsam vor.

Ganz zu Recht gilt solches Verhalten im buchstäblichen Sinn des Wortes als verrückt, und zwar genau in dem Sinn, wie auch ein Stuhl verrückt wird. Ein verrückter Stuhl ist ein Stuhl, der an einen falschen Platz gerückt wurde. Er steht in einem falschen Kontext, er gehört da nicht hin. Genauso wirkt zusammenhangloses Benehmen auf den Uneingeweihten: es ist fehl am Platz, es gehört da nicht hin, es ist verrückt.

Erst nachdem wir Inhalt, Emotion und Kontext eines Kommunikationspartikels erfolgreich entschlüsselt haben, kann es uns gelingen, die eigentliche Botschaft, und damit die Absicht des Senders, zu verstehen. In diesem Augenblick kommt es zu dem berühmten „Ahaa!!", dem sicheren Anzeichen für eingetretenes Verständnis. Jetzt erst ist die Botschaft des Senders wirklich bei uns angekommen. Erst damit, mit eingetretenem Verständnis also, ist der Kommunikationsablauf im besten Sinne abgeschlossen.

Das erwünschte Endergebnis
eines Kommunikationsablaufes: Verständnis.

Wollen wir eine Botschaft verstehen, so reicht es nicht aus, lediglich das Kommunikationspartikel zu erfassen. Wir müssen den Sender als Wesen verstehen! Wir müssen verstehen, was er mit seiner Sendung meint. Wir müssen seine Absicht begreifen. Erst dann haben wir, die Empfänger, seine Botschaft wirklich verstanden.

Doch hiervon weiß der Sender noch nichts. Noch fehlt ihm eine Rückmeldung. Bevor wir aber auf die Feinheiten der Rückmeldung eingehen, bleiben wir noch einen Augenblick beim Thema Verstehen und Verständnis.

Sehnsucht nach Harmonie

Warum kommunizieren wir eigentlich? Nicht nur, weil wir Übereinkünfte erzielen und Aktionen bewirken wollen, sondern hauptsächlich, weil wir Verständnis suchen.

Über eingetretenes Verständnis freuen wir uns nicht einfach wie über etwas Nettes, auf das wir auch genauso gut verzichten könnten, nein, wir sind regelrecht darauf angewiesen. Verständnis ist uns ein Lebenselixier, und zwar auf doppelte Weise: Erstens wünschen wir uns von unseren Partnern, dass sie unsere Mitteilung verstehen mögen. Es reicht uns nicht, wenn uns einer eine Frage nur oberflächlich beantwortet, eine Anweisung stur ausführt, wenn er mit dem Kopf nickt, ohne zu begreifen, worum es überhaupt geht. Zweitens verlangen wir von uns selbst, die Dinge zu verstehen, die wir studieren und erforschen, die wir hören oder lesen. Verstehen und Verstandenwerden bringen Freude.

Man hat eine Frage und wünscht eine Antwort. Man hat eine Anweisung und wünscht deren Ausführung. Man hat etwas auf dem Herzen und möchte sich mitteilen. Man setzt sich mit etwas auseinander, um es zu begreifen. In allen Fällen will man verstanden werden oder selbst etwas verstehen oder beides.

Verständnis erzielen ist das Wichtigste an einer Kommunikation. Verständnis ist das erwünschte Ergebnis. Warum? Weil man sich nur dann spannungsfrei und harmonisch fühlt, wenn man von jemandem wirklich und echt verstanden wurde bzw. selbst endlich verstanden hat, was man wissen wollte. Und diese Harmonie, diese glückliche Entspanntheit, nach der sehnen wir uns alle.

> Verständnis erzeugt Harmonie. Unverständnis erzeugt Spannung.

Wahres Verständnis ist jedem Menschen ungeheuer viel wert. Selbst das größte Ekel, das Sie kennen, selbst der Mörder und der Gewalttäter, sie alle streben nach Harmonie. Sie tun, was sie tun, weil sie es im Augenblick des Tuns für richtig halten. Der Mörder liebt seine Leiche und der Söldner die eingeäscherte und geplünderte Stadt. Es macht sie auf eine Weise glücklich, die andere nur schwer begreifen können. Und dafür wünschen sie sich Verständnis. Sie hatten einen guten Grund für ihre Tat und ordentlich gemacht haben sie es auch, und das soll man doch bitte schön verstehen.

Verstehen bedeutet: sich in die Stiefel des Partners stellen und die Situation aus seinem Blickwinkel heraus begreifen und würdigen. Was nicht heißt, dass man dem auch zustimmte! Keineswegs. Man gibt dem Partner lediglich zu erkennen, voll verstanden zu haben, wie er die Dinge sieht. Dass man selbst die Sache vielleicht anders betrachtet, steht zu diesem Zeitpunkt noch nicht zur Diskussion. Damit kann man später herausrücken. Im Moment ist man nicht selbst dran, sondern der andere. Man schlüpft sozusagen in das Sein des anderen und schaut dessen Welt von innen an. Verstehen bedeutet Durchdringen.

Um Missverständnissen vorzubeugen: Verstehen und Verständnis werden im Sprachgebrauch meist gleichbedeutend verwendet und so geschieht es auch in diesem Buch, obwohl die beiden Begriffe genau genommen nicht das gleiche bedeuten. „Verstehen" hat eine eher sachliche Bedeutung, „Verständnis" eine eher emotionale. Was die Sache noch verkompliziert, ist das direkt benachbarte Wort „Einverständnis". „Einverständnis" bedeutet Zustimmung.

Die Grenzen sind nicht immer eindeutig. Sagt man: „Diese Mathematikaufgabe verstehe ich", so bezieht man sich eher auf „Verstehen" als auf „Verständnis". Sagt man hingegen: „Ich kann verstehen, dass Christa neulich so ausgerastet ist", so will man sein menschliches Verständnis ausdrücken und nicht ein rein sachliches Verstehen.

Kritisch wird es bei dem Satz: „Ich habe für den Killer Verständnis." Meint der Sprecher hier lediglich, dass er die Motive des Killers aus dem Kontext heraus verstehen kann oder will er ausdrücken, dass er die Tat billigt? Bedeutet „Verständnis" hier lediglich „Verstehen" oder bereits „Einverständnis"?

Um diese Klippe zu umschiffen, sei klar gesagt, dass die Ausdrücke „Verstehen" und „Verständnis" im vorliegenden Text nie gleichbedeutend mit Einverständnis, Billigung oder Akzeptanz verwendet werden. Drücke ich einem Gesprächspartner gegenüber mein Verständnis aus, so heißt das nichts anderes, als dass ich ihm seine Sicht der Dinge lasse. Es heißt keineswegs, dass ich ihnen zustimmte oder sie guthieße.

Simple Kommunikationsweisheiten:

- Hören Sie zu, ohne zu unterbrechen. Erfassen Sie erst einmal, um was es überhaupt geht.
- Verstehen Sie voll und ganz. Verstehen Sie, bis Ihnen ein tiefes „Ahaa!" kommt, bis Ihnen ein Kronleuchter aufgeht.
- Anerkennen, bestätigen. („Von deinem Standpunkt aus begreife ich das.")
- Erst dann kommentieren. („Ich hingegen sehe das völlig anders...")

Bestätigung bringt Erleichterung

Bestätigen bedeutet: ein Verständnissignal geben. Damit billigt man nicht immer auch die Meinung des Partners oder den Inhalt seiner Aussage, sondern würdigt zunächst einmal ihn als ganzen Menschen. Ein himmelweiter Unterschied!

Wer hier zu mogeln versucht, wer Verständnis nur heuchelt, der wird nicht weit kommen. Er wird seinen Gesprächspartner befremden oder gar verletzen. Unsere Antennen hierfür sind sehr fein.

Eine gekonnte Bestätigung hat den überraschenden Effekt, dass der Mitteilungsfluss des Gesprächspartners schlagartig nachlässt. Er hat die Zuwendung erhalten, nach der er sich sehnte. Er braucht seine Rede nicht fortzusetzen, sondern kann sich beruhigt zurücklehnen. Eine saubere, angemessene Bestätigung ist „rückstandsfrei". Sie schließt das Gespräch für beide Teile befriedigend ab, ohne dass man selbst Stellung bezogen hätte. Bestätigen können, ohne dabei die eigene Sichtweise zu verraten, das ist die hohe Schule der Diplomatie.

Wer gut bestätigen kann, kontrolliert den Gesprächsverlauf auf angenehmste Weise. Indem er den Kommunikationsakt bewusst und willentlich startet, durchführt und stoppt, übt er taktvoll Kontrolle aus.

Die erfolgreichste Form der Bestätigung enthält das Element staunender Wertschätzung: „Nicht möglich! Wirklich wahr?" Wertschätzung und wohlwollendes Erstaunen lösen alle mentalen und emotionalen Spannungen rückstandslos auf. Denn auf diese Weise errichtet man als Zuhörer keine Blockaden, wie so oft im Gespräch, sondern lädt den Gesprächspartner vorbehaltlos zu sich ein. Trifft man hier den richtigen Ton, so blüht der Mensch auf wie ein Rosenbusch.

Bestätigen Sie nicht lediglich, was Ihr Gesprächspartner sagt. „Aha, du willst also ins Kino", wäre rein auf den Inhalt bezogen und wirkt recht hölzern. Angenehmer ist es da bereits, wenn Sie Ihren Gesprächspartner auf seine Emotionen ansprechen: „Du freust dich ja richtig aufs Kino." Geben Sie ihm außerdem zu erkennen, dass Sie verstehen, was es ihm bedeutet, ins Kino zu gehen, dann ist das die Krönung: „Im Kino triffst du dich mit deiner Freundin, stimmt's?"

Breites Grinsen, ertappt. Das ist es, was er beabsichtigt, darauf kommt es ihm an. Jetzt fühlt er sich voll verstanden.

> Wen man in seiner Absicht bestätigt,
> der fühlt sich als Wesen erkannt.

Das komplette Verständnispaket:

- „Was sagt er?" (Inhalt)
- „Wie sagt er's?" (Emotion)
- „Was meint er damit?" (Absicht)

Spannungsfreie Kommunikation in drei Schritten:

- **Frage oder Anweisung seitens des Senders an den Empfänger: Anspannung für beide.** Der Sender wünscht sich, dass der Empfänger die Botschaft verstehen und sinngemäß agieren möge. „Wird er es auch tun?", fragt sich der Sender. „Werde ich es wohl richtig machen?", fragt sich der Empfänger. Spannung hat sich aufgebaut.
- **Antwort oder Aktion seitens des Empfängers (Rückmeldung): Entspannung nur für den Sender.** Indem der Empfänger antwortet oder das Gewünschte sinngerecht ausführt, selbst indem er nur intelligent nachfragt, gibt er eine Rückmeldung an den Sender. Die Rückmeldung führt zur Entspannung des Senders. Sie zeigt ihm an, dass der Empfänger intelligent kooperiert. Ohne Rückmeldung bliebe die Sache für den Sender in der Luft hängen.
- **Abschließende Bestätigung seitens des Senders: Entspannung für beide, nun auch für den Empfänger.** Nach seiner Antwort oder Ausführung hängt nun der Empfänger in der Luft. Naturgemäß möchte er wissen: „War das richtig, wie ich reagiert habe? Habe ich das Gewünschte erbracht? Hat es mein Gesprächspartner überhaupt bemerkt?" Erneut ist Spannung entstanden. Um sie abzubauen, sollte der Sender dem Empfänger mit einer angemessenen Bestätigung signalisieren, ob er mit der Antwort oder Leistung zufrieden war. Erst dann kann sich auch der Empfänger beruhigt zurücklehnen und der Kommunikationsablauf ist für beide Partner abgeschlossen.

Die Rückmeldung durch den Empfänger wie auch die abschließende Bestätigung durch den Sender führen zur Entspannung. Nur so wird der Kommunikationsablauf für beide Beteiligte rund.

Telepathie im Alltag

Mit der bisherigen Darstellung soll keinesfalls der Eindruck erweckt werden, dass es sich beim Kommunikationsablauf um eine einseitige Angelegenheit handele: „Hier der Sender, da der Empfänger. Der Sender sorgt dafür, dass etwas von A nach B gelangt; der Sender ist der aktive Verursacher, der Empfänger rein passiv." Das wäre nur die halbe Wahrheit. Tatsächlich ereignet sich Kommunikation interaktiv, d. h. wechselseitig. Oft verläuft sie sogar nahezu gleichzeitig, denn bereits das Richten von Aufmerksamkeit stellt auf subtile Weise einen Kommunikationsakt dar, wie wir oben bereits feststellten.

Oft ist es schwer zu bestimmen, welcher von zwei Partnern einen Kommunikationsablauf eingeleitet hat. Als Beispiel eine typische Situation im Zugabteil oder Restaurant: Ich blicke von meiner Zeitung auf und entdecke, dass mir eine hübsche Dame voll in die Augen schaut (und selbstverständlich sofort verlegen in die andere Richtung guckt). Ihr Aufmerksamkeitsstrahl drang zu mir durch und unterbrach meine Zeitungslektüre. Bereits ihre Konzentrationskraft reichte aus, um eine Kommunikationslinie zu mir aufzubauen. Klarer Fall, könnte man meinen, sie hat angefangen. Nicht unbedingt, denn was habe ich bewusst oder unbewusst abgestrahlt, um die Aufmerksamkeit der hübschen Dame zu erregen? Womit fing es an? Wer fing an?

Bereits mit der rein geistigen Vorstellung, etwas mitteilen oder empfangen zu wollen, wird ein Kommunikationsablauf eingeleitet. Man richtet seine Aufmerksamkeit auf den gewünschten Ansprechpartner, nimmt den Telefonhörer auf und wählt. Und das erste, was der andere sagt, ist: „Du, gerade habe ich an dich gedacht." Oder: „Ich habe sofort gewusst, dass du dran bist." Reine Telepathie!

Schaut man einem Tennismatch zu, so ist der spannendste Teil der, den man mit den Augen nicht sehen kann. Man nimmt den Spannungsgrad der Spieler wahr, erahnt ihre Strategien, teilt ihre Emotionen. Das sind Dimensionen weit jenseits der „Körpersprache". Man hat einen telepathischen Draht. Man geht mit und fühlt mit.

Telepathie gehört weit mehr zu unserem Alltag, als wir uns zugestehen. Man geht spazieren, der eine hat eine Melodie im Kopf, der andere beginnt, sie zu summen. Im Straßenverkehr spürt man, dass ein Verkehrsteilnehmer abbiegen oder überholen wird, noch bevor er den Blinker setzt. Man ist irgendwo zu Besuch, hat einen Wunsch, und siehe da, die Gastgeberin erfüllt ihn, noch bevor man ihn äußern konnte.

Der größere Anteil unserer Kommunikation ist telepathisch. „Telepathie", Intuition und „Ahnung" sind eng verwandt. Ohne Telepathie ginge im Alltag überhaupt nichts. Sie ist unser wichtigstes Medium. Deswegen sollte man sich auf seine Ahnungen verlassen, seiner inneren Stimme trauen, seiner Intuition folgen. Tut man das, so kommuniziert man auf allerfeinster Ebene.

Diese allerfeinste Ebene wahrzunehmen und sich mit Selbstverständlichkeit auf ihr zu bewegen, ist keine esoterische Spinnerei, sondern empfiehlt sich aus reinem Selbstschutz. Wenn es nämlich stimmt, dass Kommunizieren gleichbedeutend ist mit dem Richten von Aufmerksamkeit, dann heißt das nichts anders, als dass alle Fehler, die man im Leben je gemacht hat oder machen könnte, nichts anderes sind als Kommunikationsfehler. Dass alle Fehler auf Unaufmerksamkeit zurückzuführen sind.

> Alle Fehler beruhen auf ungenügender Kommunikation.

Man sah das Auto nicht kommen, den Ziegelstein nicht vom Dach fallen. Man unterschrieb den Vertrag, ohne ihn richtig gelesen zu haben. Man missdeutete die Wolkenbildung und geriet in einen Sturm. Man machte einen Termin aus und versäumte, ihn sich bestätigen zu lassen. Man verstand ein Wort in der Bedienungsanleitung nicht und die Maschine explodierte. Man schlief am Radarschirm ein und wurde von einem feindlichen U-Boot versenkt. Man brachte seinen Geheimdienst nicht auf Trab und die Terroristen konnten entkommen, und so weiter. Unaufmerksamkeit, schlechte Kommunikation, Fehler, Unfälle.

Was lernt man daraus? Dies: Wachheit auf allen Ebenen hilft Gefahren, Attacken und Unfälle vermeiden.

Verheimlichung ist Sprengstoff

Schweigen ist Selbstschutz

Offenheit gilt als Tugend, Heimlichtuerei als Untugend. Wieso eigentlich? Schließlich ist eine Verheimlichung nichts weiter als das Zurückhalten von Kommunikation und das kann durchaus gutartig sein. Über interne Planungen etwa würde man niemals etwas verlauten lassen und jemandem im Voraus zu verraten, was man ihm zum Geburtstag schenken wird, wäre Spielverderberei.

Was also ist an einer Verheimlichung so schlimm? Nun, in den meisten Fällen steckt tatsächlich etwas Unsauberes dahinter. Denn neben den gutartigen Verheimlichungen gibt es auch die bösartigen. Es will jemand eine Untat vertuschen, eine Sünde verbergen, eine Verfehlung unter den Teppich fegen oder, sollte er ein Agent sein, die geplante Sabotage nicht preisgeben.

Beiden, dem Agenten wie auch dem Unachtsamen, ist eines gemeinsam: Sie verheimlichen ihr Tun aus reinem Selbstschutz. Man will sich selbst als Täter oder Mitwisser schützen, will die Namen von Kollegen nicht preisgeben, will ein Projekt nicht gefährden.

Jegliche Verheimlichung, ob gutartig oder bösartig, beruht auf Selbstschutz. Wurde eine Tat ausgeführt oder auch nur geplant, so messen ihr Täter wie auch Mitwisser einen Wert zu. Sie finden sie richtig und wichtig, auch wenn der Rest der Welt das anders sieht. Kein Mensch tut je etwas Böses. Zumindest zum Zeitpunkt der Tat erscheint uns unser Tun immer gut und richtig. Und diesen Wert, diese Richtigkeit, die verteidigen wir, indem wir die Tat verheimlichen.

> Kein Mensch tut je etwas Böses.

Macht man sich diesen Blickwinkel zu eigen, so eröffnet sich einem dadurch ein ganz anderer Umgang mit „Tätern“ als der gängige, bei dem mit Verachtung, Anschuldigung und Bedrohung vorgegangen wird. Die Alternative dazu wären Verständnis und Respekt. Man versuche einmal, die Logik der Tat, wie verdammungswürdig sie auch gewesen sein mag, vom Standpunkt des Täters her zu begreifen. „Was hast du dir dabei gedacht?" Das sollte man herausfinden. Was war „richtig" an der Tat? Was ist „richtig" an ihrer Verheimlichung? Wieso ist die Sache vom Standpunkt des Täters her gut und richtig?

Wer so fragt, kommt leichter zum Ziel, als wenn er zu der ohnehin schon existierenden Verhärtung mit Vorwürfen und Schelte beitrüge. Verständnis für den Täter zu haben darf jedoch nie darauf hinauslaufen, dass man die Angelegenheit aus einem Anflug deplatzierten Bedauerns auf sich beruhen lässt, nach dem Muster: „Ach der arme Kerl! Jetzt hat er der alten Frau die Handtasche geklaut. Was muss der in Not sein! Na ja, dafür muss man Verständnis haben." Laufen lassen darf man den Täter deswegen aber noch lange nicht. Denn Verständnis haben ist nicht gleichbedeutend damit, dass man etwas gutheißt. Es bedeutet lediglich, den Blickwinkel des anderen einzunehmen.

Bösartige Verheimlichungen

Wegen seines Verschweigens befindet sich der Täter in einem Zustand explosiver Hochspannung. Wenn sich diese gelegentlich in Form irrationaler Aggression entlädt, wird die Stabilität der Gruppe gefährdet, der er angehört.

Zur Explosion kommt es durch folgenden Mechanismus: Der Täter weiß, was er getan hat. Nur er weiß es, sonst niemand. Zumindest glaubt er das. Kratzt nun jemand an seinem wohlgehüteten Geheimnis, und sei es auch nur rein zufällig, etwa durch eine harmlose Bemerkung, so ist die Spannung nicht mehr auszuhalten. Das Fass mit Sprengstoff explodiert und der Heimlichtuer geht an die Decke. Sein schlechtes Gewissen ist übergekocht. Er wird aggressiv, ärgerlich, misslaunig, gereizt oder sogar krank. Oder er verlässt Hals über Kopf die Gruppe und das Spielfeld. Aggressivität oder Flucht, das sind die beiden Kennzeichen von Ertapptsein. Das sind die Verhaltensweisen eines Ertappten.

Als Faustregel könnte man formulieren: Wer sich Hals über Kopf verabschiedet, hat garantiert etwas ausgefressen. Wer mit dem Finger auf andere zeigt und herummeckert, hat selbst etwas zu verbergen. Konstruktive, wohlmeinende Kritik hingegen sieht anders aus.

> Wer meckert, hat Dreck am Stecken.

Merkmale bösartiger Verheimlichung:

- **Der Heimlichtuer reagiert auf gezielte Fragen unwirsch.** Er ist bei der kleinsten Gelegenheit genervt und braust auf. Gesprächen entzieht er sich gerne frühzeitig, indem er den Gesprächspartner durch geschickte Rhetorik verwirrt oder sich mit Verweis auf seinen Status aufbläst: „Also wirklich, mit jemand wie Ihnen zu reden, das habe ich ja nun absolut nicht nötig!"
- **Der Heimlichtuer macht verächtliche und herabsetzende Bemerkungen über denjenigen, vor dem er etwas verheimlicht,** oder über den, der ihn ertappt hat. Selbst wenn der Auslöser der Gereiztheit gar nicht weiß, dass er den Heimlichtuer bei etwas ertappt hat, wird er das Opfer von dessen Bemerkungen. Sie werden hinter seinem Rücken gemacht. Der Heimlichtuer streut Gerüchte über ihn aus, intrigiert gegen ihn, leitet Mobbingmaßnahmen ein.
- **Der Heimlichtuer fällt durch Uneindeutigkeit auf.** Hinsichtlich des Bereiches, dessentwegen er ein schlechtes Gewissen hat, drückt er sich nicht klar aus, sondern spricht in Verallgemeinerungen. Er nennt nicht Ross und Reiter.

Gutartige Verheimlichungen

Wenden wir uns nun den gutartigen Verheimlichungen zu, denn auch sie gibt es, wie anfangs angedeutet. Man bedenke bitte: Kein

Spiel läuft ohne Verheimlichung! Beim Schach diskutiert man mit seinem Gegner nicht den nächsten Zug. Beim Skat lässt man sich nicht in die Karten gucken. Ein innovatives industrielles Design faxt man nicht freundlicherweise der Konkurrenz zu. Den Kriegsgegner weiht man vor Beginn eines Waffenganges nicht in den eigenen Schlachtplan ein. Man verrät nicht, was man jemandem zum Geburtstag oder zu Weihnachten schenken wird, und kein Krimiautor lässt den Leser schon auf der ersten Seite wissen, wer der Mörder ist.

Ohne Verheimlichung keine Spannung, ohne Spannung kein Spiel. Eine gutartige Verheimlichung macht ein Spiel überhaupt erst möglich. Das ist das Besondere an ihr. Gutartige Verheimlichungen sind die Voraussetzung für ein Spiel. Bösartige und feige Verheimlichungen hingegen zerstören es.

Das Merkmal gutartiger Verheimlichung:

- **Der Geheimnisträger kann einem offen und freundlich in die Augen blicken.** Er sagt: „Das erfahren Sie später. Sie werden schon sehen, es ist zum Besten aller Beteiligten." Offen und freundlich schaut er, nicht kalt und zynisch. Das ist der große Unterschied. Und dieser Geheimnisträger löst durch die Tat tatsächlich ein, was er versprochen hat.

Die ungute gutartige Verheimlichung

Noch eine dritte Sorte von Verheimlichung gibt es, nämlich die aus Scheu oder Rücksichtnahme. Man will jemandem nicht offen die Meinung sagen, weil es gerade der falsche Zeitpunkt ist. Oder weil man ihn nicht verletzen will, ihn vor den Leuten nicht bloßstellen will. Vielleicht auch, weil man sich selbst nicht bloßstellen will. Weil man sich klein und verschüchtert fühlt und sich nichts zu sagen traut.

Das ist zwar alles nicht böse gemeint und menschlich verständlich, stellt aber nichtsdestoweniger eine Zurückhaltung von Kommunikation dar.

Auch hier haben wir es mit einer Verheimlichung zu tun. Durch die Zurückhaltung entsteht ein Stau. Damit wird ein explosives Potenzial hergestellt. Verheimlichungen aus Rücksichtnahme oder Scheu können daher genauso zerstörerische Auswirkungen haben wie bösartige Verheimlichungen. Auch hier kommt es zu Aggressivität oder Flucht, den beiden typischen Kennzeichen einer durch Zurückhaltung ausgelösten Hochspannung.

Konfliktbewältigung

Konflikte zwischen Menschen entstehen durch das Aufeinanderprallen gegensätzlicher Ansichten. Man sieht die Sache völlig anders als der Gesprächspartner und teilt ihm das auch mit allem Nachdruck mit. Auch innere Konflikte gibt es. Dann stehen zwei oder mehrere gleichwertige Optionen nebeneinander und man weiß nicht, wie man sich entscheiden soll.

Bei Konflikten gibt es also zwei mögliche Situationen. Einmal den Esel, der zwischen zwei Heuhaufen steht und verhungert, weil er sich für keinen der beiden entscheiden kann. Zum anderen zwei Esel, die deswegen verhungern, weil keiner dem anderen einen Heuhaufen gönnt. In beiden Fällen blockieren die gegensätzlichen Kräfte einander und es kommt zum Stillstand.

Konflikte führen zur Handlungsunfähigkeit.

Oft beruhen Konflikte einfach auf Missverständnissen. Weil man irgendwann einmal nicht richtig zugehört hat, geht man von falschen Voraussetzungen aus und hält den Gesprächspartner für einen Gegner. Und der arme Kerl weiß überhaupt nicht, wie ihm geschieht.

Eskalation ohne Ende

Klärt man Konflikte nicht schon im Moment des Entstehens auf, so verfestigen sie sich und gewinnen eine üble Eigendynamik. Am Ende geht es nicht mehr um die Sache selbst, sondern nur noch um Rechthaberei. Der Konflikt, je länger er anhält, zieht weitere und weitere Kreise und führt schließlich so etwas wie ein Eigenleben, siehe den Israel/Palästina-Konflikt, siehe Nordirland, das Baskenland, Tschetschenien und so weiter. Um was es ursprünglich einmal ging, haben die Beteiligten aus dem Auge verloren. Zu viel Leid hat sich aufgetürmt. Am Ende geht es nur noch um den momentanen Sieg und die Befriedigung von Rachegelüsten. Zyklisch wiederkehrende Ehekräche, die lediglich Entladungen darstellen und zu nichts führen, folgen dem gleichen Strickmuster.

Ob es sich um alte, verhärtete Konflikte oder um ganz neue handelt, alle beruhen sie auf der gleichen Gesetzmäßigkeit: Ansicht A drückt gegen Ansicht B, Partei A gegen Partei B. Damit es zum Konflikt kommen kann, müssen beide Parteien ungefähr gleich stark sein. Zwar geht es hin und her, mal gewinnt Partei A einen Fußbreit Raum, mal Partei B, aber letztlich sind beide Kräfte ausgewogen.

Nimmt die Kraft einer der Konfliktparteien schließlich doch überhand, so kommt es zur Überwältigung der anderen Partei. Sie wird vernichtend geschlagen und der Konflikt ist vorüber – scheinbar. Denn weil man auf Rache sinnt, ist dieser Friede trügerisch und kurzlebig. Kaum hat sich die geschlagene Partei erholt, flackert der Konflikt von Neuem auf.

Die „Weisheit vom dritten Punkt“

Zwischen den Widersachern staut sich negative emotionale Energie auf: Trotz, Zorn, Wut, Hass, Groll. Wie lässt sich diese zwischen den beiden Punkten A und B aufgestaute Energie zum Abfließen bringen? Nur über einen dritten Punkt C: Worüber könnte man sich einig werden? Wo gibt es zwischen den zerstrittenen Parteien noch Gemeinsamkeiten, auf die man sich berufen kann? Wo sind die gemeinsamen Werte? Welche Ziele sind beiden wichtig?

Diesen dritten Punkt zu finden, wäre Aufgabe eines neutralen Vermittlers zwischen A und B, eines Schlichters oder Mediators. Sind A und B gewillt, einen solchen überhaupt einzubeziehen, so ist der Konflikt bereits halb gelöst. Wenn nicht, wird er bis zur gegenseitigen Auslöschung der beiden Konfliktparteien eskalieren.

Es versteht sich von selbst, dass ein Schlichter zu strikter Neutralität verpflichtet ist. Aus seinem Eingreifen darf er keinen persönlichen Nutzen ziehen. Erhält er ein Honorar, so ist dies vorher festzulegen und darf nicht vom Ausgang der Verhandlungen abhängig gemacht werden.

Empfehlungen an einen Schlichter:

- **Betone den Nutzen einer Schlichtung.** Den Streitenden zu bedenken geben, was sie durch den Streit verlieren, was sie die Aufrechterhaltung des Konfliktes kostet, wie viel Lebensqualität und konstruktiv nutzbare Energie der Aggressivität geopfert wird.
- **Kläre alle Positionen ab.** „Wie meinst du das genau?" Sicherstellen, dass keine Missverständnisse im Raum stehen und die Auseinandersetzung nicht schlicht auf Informationsmangel beruht.
- **Lasse keine bösartigen Verheimlichungen zu.** Alle Leichen im Keller sichten und entsorgen. Wenn man das Schlichten nicht mit einem reinen Tisch beginnt, braucht man gar nicht erst damit anzufangen. Die unerkannten Verheimlichungen sind wie eine Saat, aus der bald neues Unkraut nachwachsen wird.
- **Respektiere unterschiedliche Sichtweisen.** Zu Ende reden lassen, nicht sofort werten und verurteilen. Erst einmal Fakten sammeln, nicht gleich Motive argwöhnen.
- **Finde den lachenden Dritten.** Herausarbeiten, wer durch die Aufrechterhaltung des Konflikts profitiert. Wenn zwei sich streiten, freut sich der Dritte. Wer ist der lachende Dritte, der eigentliche Gewinner? Das könnte ein real existierender, gegenwärtiger Intrigant sein, der die beiden aufeinander hetzt und daraus seinen Nutzen zieht. Oft ist das tatsächlich der Fall. Doch ebenso gut könnte dieser Dritte in jemandes Kopf sitzen, also auf der bösen Erinnerung an Vergangenes beruhen. Vielleicht gibt es in der aktuellen Gegenwart gar keinen realen Gegner, mit dem man Grund hätte, sich zu streiten! Die Erkenntnis, dass weder die Umgebung noch das Gegenüber eine gegenwärtige Bedrohung darstellen, dass man nur durch die Vergangenheit verblendet war oder vielleicht einer Propagandalüge aufgesessen ist, entschärft einen Konflikt sofort.

- Strebe eine einvernehmliche, synergetische Lösung an. Finde unabhängig von Sympathie und Antipathie bezüglich der beteiligten Personen und ganz allein im Sinne der anstehenden Aufgabe einen gangbaren Weg für alle Beteiligten, damit sie zu einer einvernehmlichen Lösung gelangen, mit der alle leben können. Gib den Konfliktenergien von A und B ein neues, gemeinsames Ziel, an dem sie sich ausrichten können, nämlich den Punkt C. Verwandle ihre Zerstörungspotenziale in synergetische Wachstumskraft.

Tipps für den Alltag:

- Achten Sie im Gespräch einmal auf das „komplette Verständnispaket“: „Was sagt mein Gesprächspartner?“ (Inhalt) – „Wie sagt er es?“ (Emotion) – „Was will er damit ausdrücken, was meint er genau?“ (Absicht)
- Üben Sie sich darin, eine angemessene Bestätigung unter Einbeziehung aller drei Ebenen zu geben. Dass Sie richtig liegen, können sie daran erkennen, dass sich Ihr Gesprächspartner erleichtert fühlt und übers ganze Gesicht strahlt.
- Schauen Sie bei den Menschen Ihrer Umgebung auf Anzeichen von Verheimlichung. Aufgepasst, es gibt drei Arten davon!
- Finden Sie ein Beispiel für eine gutartige Verheimlichung.
- Finden Sie ein Beispiel für eine bösartige Verheimlichung.
- Finden Sie ein Beispiel für eine „ungute gutartige Verheimlichung“.
- Nutzen Sie die „Weisheit vom dritten Punkt“ beim Schlichten von Konflikten.

Raum für Ihre Notizen

4
Emotionen

Die Logik der Emotionen

Emotionen sind Teil des Lebens. Solange wir lebendig sind, befinden wir uns unweigerlich in irgendeiner Gemütslage. Ähnlich wie die Stimme eines Sängers vom begleitenden Orchester untermalt wird, ist menschliche Kommunikation von Emotionen getragen. Ohne emotionale Begleitmusik können wir nicht kommunizieren. Es ist für lebende Wesen unmöglich, eine Information weiterzugeben, ohne dabei nicht auch eine Emotion zu vermitteln. Hierin unterscheiden sich Menschen von Computern und Robotern.

Bereits mit unserer Wahrnehmung der Umgebung fängt es an. Sehen, Hören, Riechen, Tasten, Schmecken sind Kommunikationsakte. Sie laufen nicht neutral ab, sondern sind unweigerlich an Empfindungen wie Lust oder Ekel gekoppelt, an Interesse oder Ablehnung, an Freude oder Leid. Jede unserer Wahrnehmungen beinhaltet Zuneigung oder Abneigung, Hinstreben oder Wegstreben. So entstehen Emotionen.

> Ohne Streben keine Emotionen.

Mit Zuneigung und Abneigung geht eine ganze Skala unterschiedlicher Gemütsbewegungen einher. Sie reicht von höchster Wohlgestimmtheit bis hinunter zu tiefster Missgestimmtheit, von Begeisterung bis Apathie.

Weil diese Gemütsbewegungen aus uns herausströmen und für andere spürbar sind, werden sie Emotionen genannt, denn „Emotion", vom Lateinischen herkommend, bedeutet: „etwas sich Herausbewegendes". Auch wenn wir kein Wort sagen, bekommt dennoch jeder mit, wie uns zumute ist. Solange wir lebendig sind, befinden wir uns unweigerlich in irgendeinem Gemütszustand, und das strahlen wir aus, ob wir wollen oder nicht. Das ist mit dem Begriff „Ausstrahlung" gemeint.

Im Gespräch überträgt sich unsere Gemütslage auf unsere Stimme. Der einfache Ausspruch: „Also, das sieht ja schön aus!" lässt sich auf ganz unterschiedliche Weisen sagen: mit Begeisterung, Freude, Neugier, Wohlwollen oder Zufriedenheit, mit Genervtheit, Trotz, Wut oder Ärger, mit Angst, Traurigkeit oder Apathie. Von ganz oben auf der Skala bis ganz unten. Der Ton macht die Musik, heißt es zu Recht.

Emotionen sind nicht irrational

Wer Emotionen hat, ist deswegen nicht in allen Fällen „irrational" zu nennen. Manche Emotionen drücken Irrationalität aus, gewiss, aber nicht alle. Freude z. B. ist eine Emotion: Wer sich aber freut, der ist nicht irrational. Gut, aber was ist mit dem, der aus Ärger über ein verlorenes Match seinen Tennisschläger an der nächsten Mauer kurz und klein schlägt; ist der irrational? Der schon. Warum? Weil es nichts hilft, einen Schläger zu zertrümmern. Das führt den Sieg auch nicht mehr herbei. Weder ändert es etwas an den Tatsachen, noch führt es zu konstruktiven Plänen für die Zukunft. Es ist unvernünftig, irrational. Es fehlt die Vernunft, die Ratio. Die Emotion „Ärger" ist Ausdruck der Irrationalität des Tennisspielers. Nicht der Ärger ist irrational, sondern der ärgerliche Mensch ist es.

Emotion bedeutet „Gemütsverfassung". Rationalität bedeutet „Vernunftbegabtheit". Vernunft hat etwas mit Denken zu tun, mit Logik, mit Ethik. Stimmungen haben etwas mit Gefühl und Empfindung zu tun. Hier die Denkwelt, da die Gefühlswelt. Zwei unterschiedliche Welten. Deswegen ist es falsch, von „irrationalen Emotionen" zu sprechen. Das eine hat mit dem andern nichts zu tun. Die Person und ihr Denken mögen irrational sein, nicht aber der Gemütszustand als solcher. Der schwingt einfach nur mit und strahlt aus. Im Vergleich gesprochen, kann der Sendemast einer Radiostation unmöglich irrational sein, der Radiosprecher aber wohl.

Wenn der Tennisspieler nach seiner Niederlage denkt: „Ich schaffe das eben nie!", so denkt er einen negativen Gedanken. Dieser ist von Ärger begleitet oder von Wut, Hass, Verzweiflung, Entsetzen, je nachdem, wie tief sich der Tennisspieler getroffen fühlt. Der Ärger unseres Tennisspielers begleitet eine Überzeugung, zu der er spontan und unüberlegt geriet, nachdem er das Match verloren hatte. Diese seine Überzeugung drückt er mit den Worten aus: „Ich schaffe das eben nie!" Entsprechend tief schwingt sein Gemütszustand.

Emotionen sind die Folge von Gedanken, nicht umgekehrt. Miese Emotionen sind die Folge negativen Denkens. Angenehme Emotionen sind die Folge positiven Denkens.

Negativität

Was ist das, ein „negativer Gedanke"? Wieso nennt man ihn überhaupt „negativ"? Weil solche Gedanken eine Selbstbegrenzung darstellen. Weil sie hilfreiche, positive Möglichkeiten und Fähigkeiten verneinen. „Negativ" kommt von Lateinisch „negare" und das heißt „verneinen". Wenn der Tennisspieler denkt: „Ich schaffe das eben nie!", so begrenzt er sich damit. Er verneint seine Fähigkeiten. Er blockiert seine Zukunft. Entsprechend ist seine Gemütslage.

Durch sogenanntes „positives Denken" lässt sich eine negative Lebenseinstellung kaum reparieren. Würde der Tennisspieler ab jetzt ständig vor sich hinmurmeln: „Ich bin der Größte, ich schaffe alles", so würde er den erlittenen Verlust damit nicht verarbeiten. Es könnte ihm allenfalls gelingen, sich oberflächlich ein wenig zu trösten. Aber im Grunde seines Herzens würde er sich selbst belügen. Solange sein Erlebnis unbewältigt bleibt, wird sich der negative Gedanke: „Ich schaffe das eben nie" angesichts entsprechender Auslöser immer wieder einschalten.

Unerwähnt blieb bisher, dass unser Tennisspieler vor lauter Ärger einen roten Kopf bekam, sich sein Herzschlag beschleunigte und sein Blutdruck stieg. Sein gesamtes Hormonsystem begann zu kochen. So dramatisch dies anzuschauen ist, handelt es sich dabei jedoch um nichts weiter als um die körperliche Begleiterscheinung der vom Geist ausgelösten Emotion. Dass die Hormondrüsen auf Hochtouren arbeiten, ist nicht Auslöser, sondern Folge. Nicht die Hormone produzieren Emotionen, sondern das tut der Mensch als geistiges Wesen, und zwar durch sein Denken.

Übrigens passt das alles wunderbar zum Thema Aktionsablauf. Sie erinnern sich: Zum Starten braucht es einen Gedanken, zur Durchführung Energie. Das Produkt am Ende existiert in Form von Materie. Und siehe da: Der Gedanke: „Ich schaffe das eben nie" steht an erster Stelle in der emotionalen Entwicklung unseres Tennisspielers. An zweiter Stelle folgt der Ärger, der eine Form von Energie ist, nämlich Mentalenergie, und der von dem negativen Gedanken bewirkt wurde. An dritter Stelle steht das Materielle, also der rote Kopf und der zertrümmerte Schläger. Ein Aktionsablauf mit destruktivem Ergebnis.

Emotionsmanagement

Man glaube nicht, dass es sich bei Emotionen lediglich um momentane Stimmungen handele, die genauso schnell verfliegen, wie sie gekommen sind.

Im Gegenteil, manche Emotionen sind so stabil in einer Person verankert, dass sie sich zu tief sitzenden Lebenseinstellungen verfestigt haben. Solche Einstellungen entstehen durch einschneidende Verlusterlebnisse. Es sind Lektionen, die man lernte, als das Leben einem eine Ohrfeige verpasste. Das Verlusterlebnis unseres Tennisspielers wäre eine solche Lektion.

Nehmen wir an, dieses Match wäre ihm sehr wichtig gewesen und er hätte sich jahrelang darauf vorbereitet und seine ganze Zukunft davon abhängig gemacht. In diesem Fall wäre er emotional noch tiefer in den Keller gegangen als nur bis zum Ärger, denn angesichts eines echten Schicksalsschlages wäre der Ärger eine viel zu leichte Emotion. Er wäre noch tiefer gerutscht und in Verzweiflung und Resignation geraten.

Falls das zugrunde liegende Erlebnis nicht verarbeitet wird, kann sich eine tief verankerte Emotionsstufe über Jahre und Jahrzehnte hinweg halten. Deswegen verändert sich die emotionale Lage eines Menschen im Verlauf seiner Lebensjahrzehnte zumeist nicht nach oben, sondern nach unten. Denn das Päckchen, das man zu tragen hat, wird mit jedem Schicksalsschlag ein wenig größer.

Um mit solchen fundamentalen, chronischen Emotionen fertig zu werden, nutzt weder der schnelle Urlaub etwas noch der häufige Wechsel von Wohnung, Arbeitsstelle oder Lebenspartner. Da hilft nichts anderes, als sich die Situation in Erinnerung zu rufen, als der Zug des Lebens entgleiste, und sie mit allen Schmerzen und Ängsten noch einmal durchzuerleben. Bis man sie bewältigt hat. Bis sie zu einer Anekdote geworden ist, über die man im Rückblick nur schmunzeln kann. Nur so gelingt es, die Bürde der Vergangenheit abzuwerfen. Nur so betreibt man Emotionsmanagement mit Tiefenwirkung.*

Emotionen sind Wahrnehmungsfilter

Emotionen sind so etwas wie eine gefärbte Brille, durch die man die Umgebung sieht. Man nimmt nur wahr, was die Emotionsfilter durchlassen. Wer in einer gereizten Stimmung ist, sieht um sich herum nur Ärgerliches. Wer verliebt ist, bei dem hat sich alles Negative vorübergehend ausgeschaltet. Er lebt in einer rosa Wolke. Wer eine Pleite erlebt hat, sieht schwarz. Wer wütend ist, betrachtet die Welt wie der Stier das rote Tuch. Wer chronische Angst hat, wird auch bei schönem Wetter sicherheitshalber den Regenschirm einpacken. Wer stabil in der Stufe Traurigkeit verankert ist, den erinnert alles an die gute alte Zeit, und er bekommt feuchte Augen. Und so weiter.

> Man sieht die Umgebung durch die Brille seiner Emotionen.

Um im täglichen Leben bestehen zu können, muss man gute Miene zum rauen Spiel des Alltags machen. Man trägt gute Laune zur Schau wie eine kosmetische Maske. Angesichts unerwarteter Ereignisse fällt einem diese Maske jedoch unversehens vom Gesicht und die wahre Stimmungslage kommt zum Vorschein. So kommt es, dass z. B. eine Kollegin, die eben noch ganz freundlich wirkte, von einer Minute auf die andere ohne erkennbaren Anlass in Tränen ausbrechen kann. Irgendetwas wurde ihr zu viel, irgendein unmerklicher Auslöser hat den Damm ihres künstlich aufrechterhalten Selbstvertrauens gebrochen, und der echte, bis dahin mühsam zurückgehaltene Selbstzweifel kommt zum Vorschein.

In guter Gesellschaft und im Urlaub steigt bei jedem die Stimmung. Der Urlauber gerät in sonnige Laune, gibt sich jovial, wohlwollend und großzügig. Er wird zu einem ganz anderen Menschen als zu Hause und am Arbeitsplatz. Wie kommt das? Nun, die Aufmerksamkeit des Urlaubers richtet sich auf die Annehmlichkeiten der neuen Umgebung. Sie wird damit von den Unannehmlichkeiten des Arbeitsalltags abgezogen, die allmählich in Vergessenheit geraten. Das gewohnte Bündel an Missmut schaltet sich aus und das

„geistige Rattern" kommt zum Stillstand. Entsprechend hebt sich die aktuelle Emotionsstufe der betreffenden Person, zumindest zeitweilig. An der chronischen Stufe jedoch ändert sich dadurch nichts. Drei Tage im Büro und er ist wieder der alte.

Zorn, Wut, Angst, Traurigkeit: emotionale Strömungen

Viele Menschen haben Probleme damit, wenn sie starken Emotionen ausgesetzt sind. Angst und Traurigkeit hält man noch relativ leicht aus. Hingegen verliert so mancher angesichts von Zorn und Wut sein Standvermögen.

Wie kommt das? Es liegt an der Strömungsrichtung. Angst und Traurigkeit haben eine bestimmte Strömungsrichtung, Zorn und Wut eine andere. Angst ist „in die Ferne" gerichtet, weg vom Betrachter. Angst bedeutet Flucht. Der Betroffene strebt weg vom Ort der Gefahr und hin zu einem Ort der Sicherheit. Traurigkeit ist der Rückzug nach innen, der Versuch, im Reich der Erinnerung Trost zu finden. Beides sind Bewegungen weg vom Gesprächspartner.

Angenommen, ich sei der Gesprächspartner eines Ängstlichen oder Traurigen, so ist dessen Aufmerksamkeit in beiden Fällen nicht auf mich gerichtet, sondern anderswohin, in die Ferne oder nach innen. Stehe ich einem Ängstlichen oder Traurigen gegenüber, so trifft mich nichts, denn es geht nicht in meine Richtung. Mir kann da nichts passieren. Ich fühle mich sicher.

Bei Zorn und Wut ist das etwas ganz anderes. Diese Emotionen strahlen nach außen ab. Sie sind ein starkes Ausströmen zum Zwecke der Vernichtung des Gegenübers, ein Herausschleudern geballten Widerwillens. Bin ich mit einem Wütenden konfrontiert, dann fliegen die Fetzen und ich muss mich ducken. Die Vernichtung des Gegners, seine Auslöschung, ist das erklärte Ziel von Zorn und Wut. Der Vernichtungswille ist das besondere Charakteristikum dieser emotionalen Befindlichkeit. Zorn ist das Kochen und Brodeln des Vulkans vor der Eruption, Wut die Eruption selbst.

Schon wenn man rein zufällig, als Blitzableiter sozusagen, die Eruptionen abbekommt, die eigentlich jemand anderem zugedacht sind, ist so ein Zornesausbruch schwer zu verkraften. Ist die aggressive Energie aber tatsächlich gegen einen persönlich gerichtet, so kann einen die Druckwelle regelrecht umpusten. Sogar dann, wenn man eigentlich gar nichts ausgefressen hat und falsch beschuldigt wird!

Mit Zorn und Wut zurechtzukommen setzt enorm viel Standvermögen und Selbstbewusstsein voraus.

Ärger trifft immer den Falschen

Zorn und Wut können nur auftreten, wenn mir der Gegner bekannt ist, auf den sich diese meine Emotionen richten, dass er sichtbar ist, greifbar. Wenn ich den Mut habe, ihn anzugehen. Ich will, dass er sich mir zum Kampf stellt. Mit einem sichtbaren, greifbaren Gegner kann man streiten. Auge in Auge.

Was aber, wenn der Gegner übermächtig ist, sich in unangreifbarer Position befindet? Wenn er ein Riese ist, man selbst aber ein Zwerg? Wenn er anonym bleibt, ungenannt, unauffindbar? Wenn man die Hiebe und Stiche, Demütigungen und Verleumdungen, die man abbekommt, keinem eindeutigen Urheber zuzuordnen vermag? Selbstverständlich würde man gegen die unverdiente Misshandlung protestieren, würde in Zorn geraten und die Wut stiege in einem auf. Nur, wohin soll sie sich denn entladen, diese Wut?

Selbst wenn sich eine deutliche Übermacht kaum besiegen lässt, so kann man sie doch zumindest bekämpfen. Selbst wenn man verliert, hat man doch zumindest wacker gefochten. Ist man hingegen den anonymen Attacken unsichtbarer Urheber ausgesetzt, so fühlt man sich machtlos. Man will handeln und kann nicht; es kocht und kocht in einem, fast platzt der Kragen. Irgendwo muss sie hin, die komprimierte Energie! Irgendwann kann man sie nicht mehr zurückhalten.

Irgendwann löst sie sich, die aufgestaute Wut, und zerplatzt in irgendeine Richtung, oft in mehrere gleichzeitig. Was geschieht also, wenn man den Richtigen nicht treffen kann? Man trifft den Falschen. Genau dies kennzeichnet den Ärger.

Vater hatte Stress mit dem Chef, konnte sich nicht durchsetzen, hatte Angst, auf den Putz zu hauen, um seinen Job nicht zu riskieren, kniff also die Lippen zusammen, kam mit dickem Hals nach Hause – und wer kriegt's ab? Frau, Kind und Hund. Faust auf den Tisch, jähzornige Ausbrüche wegen nichts, fliegende Untertassen und Kaffeetassen. Was zwar jede Menge Scherben produziert und aus Vater jede Menge Dampf ablässt, an den auslösenden Verhältnissen aber nichts ändert. Ein endloses Spiel. Jeden Abend neu.

Zielgerichtete Wut, die auf ihr eigentliches Ziel nicht abgefeuert werden kann, staut sich auf und entlädt sich als zielloser Ärger in alle Richtungen gleichzeitig. Wie eine zerberstende Handgranate. Wird man nun auch den Ärger nicht los, weil man sich nichts anmerken lassen darf, so frisst man ihn in sich hinein. Damit wendet sich die Wucht der Energie nach innen und die Sache endet mit Magengeschwüren oder einem Herzinfarkt.

> Schlechtes Emotionsmanagement schadet der Gesundheit.

Wenn Gruppen zornig werden

Der Zorn einer Gruppe angesichts eines supermächtigen, nicht verhandlungsbereiten oder gar anonymen Managements, wohin entlädt der sich? Zunächst in die frontale Attacke des Arbeitskampfes, der Meuterei, der offenen Rebellion, anschließend aber – wenn sich Polizei und Militär als zu stark erweisen und die wirklichen Drahtzieher anonym bleiben – verwandelt sich die aufgestaute Energie in Ärger und endet in der Verdecktheit und Hinterhältigkeit von Sabotage, Partisanenkampf, Guerillakrieg und neuerdings Terrorismus. Begründung: „Keiner hört uns zu, keiner nimmt uns ernst, keiner gibt uns eine Chance. Jetzt zeigen wir's denen mal!" Und damit trifft es die Falschen.

Es sind ja nicht „alle", die der verletzten Gruppe etwas angetan haben, sondern nur einige wenige, oft in führender Position, oft durch nichts weiter als eine Unterschrift auf einem Abkommen. Weil die geschädigten Mitspieler jene aber nicht treffen können oder sie vielleicht nicht einmal kennen, halten sie sich in ohnmächtiger Verzweiflung an „alle“.

Aufgestaute Wut, die nach allen Seiten gleichzeitig losplatzt wie ein Molotow-Cocktail, verletzt zwar viele Opfer, doch sind es tragischerweise die falschen. Der verzweifelte Selbstmordattentäter im Flugzeug, die feige Bombe im Kaufhaus, die hinterhältig arrangierte Zugentgleisung, sie alle demonstrieren ein Nichteinverständnis, ein hilfloses, machtloses Sich-artikulieren-Wollen und nicht -Dürfen. Ob durch echtes Leiden gerechtfertigt oder durch ideologische Verblendung herbeigeführt, so oder so drückt sich hier ein Zustand von niedrigster Lebensqualität aus, von „nur Hindernisse, keine Freiheiten“.

Menschen, deren Lebensqualität hoch ist, die für sich und ihre Gruppe eine erstrebenswerte Zukunft in greifbarer Nähe wissen, haben Besseres zu tun, als sich Sprengstoff um den Leib zu binden und sich selbst und andere damit zu zerfetzen.

Umgang mit Emotionen

Wie geht man mit den Emotionen seiner Gesprächspartner um? Grundregel: Man blocke sie nicht ab, sondern lasse sie kommen und gehe auf sie ein. Führung durch Nachgiebigkeit ist angesagt.

Wer Emotionen erfolgreich handhaben will, muss seine eigene emotionale Souveränität wahren, während er seinen Gesprächspartner emotional „nach unten“ begleitet. „Nach unten begleiten“, das bedeutet nicht etwa, dass man in derselben aufgebrachten oder trüben Stimmung enden sollte wie der Gesprächspartner. Vielmehr bedeutet es, in emotionaler Resonanz mit ihm zu verbleiben, ohne die eigene Position von Interesse, Wachheit und Stärke aufzugeben.

Bleiben Sie mit Ihrem Partner auf Tuchfühlung, während sie ihn nach unten begleiten. Bleiben Sie selbst aber oben. Nur so gelingt es, ihn allmählich wieder hochzuziehen. Das ist echtes, praktiziertes Mitgefühl. Lassen Sie sich hingegen hineinreißen und bedauern den Ärmsten, so sitzen am Ende zwei Trauerklöße da statt nur einem, und beide haben verloren.

Bliebe man hingegen immer schön vernünftig – etwa: „Also nun stell dich doch mal nicht so an, ist doch nur halb so schlimm, lass uns das Problem mal nüchtern betrachten“ – so risse der Faden zum Gesprächspartner sehr bald ab.

Machen Sie sich auf emotionale Explosionen gefasst, während Sie Ihren Gesprächspartner nach oben ziehen. Indem Sie ihn ernst nehmen und Verständnis für seine Lage zeigen, steigt er von einer abgestumpften, geschwächten Gemütslage empor zu dynamischeren und kraftvolleren Stimmungsbereichen. Der Weg hinauf hat folgende Form: Auf Apathie, auf die Dumpfheit des Schocks also, folgen Traurigkeit und Tränen, auf Traurigkeit folgt Furcht, auf Furcht Ärger, auf Ärger Wut. Dies mag den Zuhörer erschrecken, hat aber seine Logik und ist ein Zeichen für Gesundung. Und wenn sich erst einmal alles entladen hat, dann kann der Gesprächspartner wieder lachen.

Steigt das Stimmungsbarometer also von Frost auf Schönwetter, so kommt es zwischendurch zur Auftauphase, und da fließen die Tränen und fliegen die Fetzen. Hier darf man den Gesprächspartner nicht allein lassen, sondern muss ihm nach wie vor liebevolles, nicht-wertendes Interesse entgegenbringen.

Wie man den Frohsinn wiederherstellt:

- Umgebungswechsel. Wenn möglich, den emotional aufgewühlten oder geschockten Menschen bzw. sich selbst in eine ruhige und freundliche Umgebung bringen.
- Ablenkung. Sich selbst oder den aufgewühlten Partner auf schöne Dinge in der Umgebung aufmerksam machen. Dadurch wird das Negative, das sich seelisch eingeschaltet hat, ausgeschaltet. Man kommt auf andere Gedanken. Ein Spaziergang in der Natur kann da Wunder wirken.
- Anteilnahme. Emotionen nicht abblocken, sondern mitgehen. Damit die emotionale Ladung ungehemmt verpuffen kann, muss

man dem Gesprächspartner gestatten, sein Ventil voll aufmachen zu dürfen.

- Den Auslöser finden. Wann und womit fing es an? Was ist geschehen, dass die gute Laune einen Dämpfer erhielt? Was kam von außen, aus der Umgebung, was stieg innen in einem hoch? Welche Bilder oder Gedanken?
- Verständnis. Nicht kommentieren. Nicht werten. Nicht beschwichtigen. Keine Ratschläge geben. Nur zuhören und verstehen. Alles mit liebevoller Akzeptanz entgegennehmen, was in einem selbst oder dem Partner aufsteigt. So können sich die Spannungen lösen. Danach kommt man von ganz alleine wieder auf gute Gedanken.

> Goldene Regel: Mute niemandem etwas zu, das er nicht verkraften kann. Sei aber selbst in der Lage, alles zu verkraften.

Wenn ich einen geistigen Raum aufrechtzuerhalten vermag, der so groß ist, dass ihm keine Erschütterung etwas anhaben kann, dann habe ich meinen Seelenfrieden gefunden. Nur so vermag ich einem anderen dabei zu helfen, den seinen zu finden.

Es ist wie mit dem Knallfrosch in einem gotischen Dom. Wenn der Knallfrosch explodiert, kann das dem gotischen Dom nichts anhaben. Sein Raum ist zu groß. Die Explosion verpufft wirkungslos.

Steckt man hingegen einen Knallfrosch in eine Konservendose, dann knallt und scheppert es ordentlich. Eine große Wirkung wurde erzielt. Das macht Lust auf mehr. Es fordert zur Wiederholung der Tat oder zur Retourkutsche auf. So kommt es zum Streit, zum ewigen Hin und Her.

Tipps für den Alltag:

- Üben Sie sich im Erkennen von Emotionen. Was ist die charakteristische Reaktion Ihrer Bekannten auf eine unerfreuliche Neuigkeit? Was Ihre eigene? Wird mit Annehmen reagiert? Mit Ablehnen? Mit Flucht und Rückzug? Mit Zusammenklappen und in sich selbst Versinken?

- Erweitern Sie Ihre Ausdrucksfähigkeit. Bezeichnen Sie Emotionen mit dem passenden Wort: Begeisterung, Freude, Wohlwollen, Zufriedenheit, Langeweile, Genervtheit, Zorn, Wut, Grimm, Ärger, Hass, Hinterhältigkeit, Furcht, Panik, Entsetzen, Verzweiflung, Hoffnungslosigkeit, Resignation.
- Benutzen Sie diese Wörter zur Bestätigung Ihrer Gesprächspartner. Die Anerkennung von Emotionen beruhigt die Gemüter!**

* Siehe „MindWalking – Unbelastet in die Zukunft", von Rolf-Ulrich Kramer, 2008.

** Mehr dazu in „Emotionen meistern – Bestimme selbst, wie du dich fühlst", von Rolf-Ulrich Kramer, 2013.

5
Frustration und Motivation

Die Kraft der Vision

„Ohne Streben keine Emotionen“, stellten wir weiter oben bereits fest. Streben wir ein Ziel an und sind dabei auf Erfolgskurs, so potenzieren sich unsere Kräfte bis hin zum Siegesrausch. Wer Erfolg hat, ist hochgestimmt, siegessicher und braust mit vollen Segeln in die Zukunft. Wer Misserfolg hat, der ist schlecht gelaunt, verzagt und sieht nur noch Hindernisse. Seine Zukunft ist ihm ungewiss.

Wir kennen das alle, es ist Teil des Lebens. Dennoch sei die Frage gestattet: Wieso streben wir überhaupt? Wir könnten uns doch auch einfach auf die faule Haut legen, nichts tun. Den lieben Gott einen guten Mann sein lassen. Aber nein, wir streben. Wieso? Wieso nehmen wir manches so ungeheuer wichtig, dass wir uns bedenkenlos dafür einsetzen, dass wir unsere Zeit, unser Gespartes, unsere Kräfte dafür aufopfern? Was treibt uns an?

Die Antwort ist einfach: Unsere Wünsche sind es, die uns antreiben. Nichts weiter. Unsere Wünsche und Visionen. Unsere Vorstellung davon, „wie es mal sein könnte“. Unsere Hoffnung auf Erfüllung. Nicht nur körperlich wollen wir überleben, sondern auch geistig und seelisch. In Spiel und Sport suchen wir unsere Befriedigung, in Kultur und Religion. Der Mensch lebt nicht vom Brot allein.

Haben wir jedoch diese so wichtige Hoffnung auf Erfüllung aufgegeben und damit unsere Visionen aus den Augen verloren, dann treibt uns nichts mehr an. Dann wird alles Streben nutzlos, sinnlos und vergeblich. Dann stecken wir in tiefster Frustration.

Das lateinische Wort „frustra“ heißt zu Deutsch „vergeblich“. Frustration ist das Erleben der Vergeblichkeit und Nutzlosigkeit des

Strebens. Wer frustriert ist, der hat keine Lust mehr. Ihm fehlt der Antrieb dazu, weiterhin am Ball zu bleiben. Er mag seinen Teil des Spiels nicht mehr erschaffen und gestalten. Er hat keine Motivation mehr.

Emotion, Motivation, Frustration und Vision, das hat etwas miteinander zu tun. Gehen wir der Sache auf den Grund.

Die Vision: Motor und Messlatte

Das Wort „Vision" kommt von lateinisch „videre", zu Deutsch „schauen". Eine Vision ist etwas, das man erschaut. Nicht in der Realität erschaut man es, sondern mit dem geistigen Auge. Eine Vision ist damit eine Vorstellung. Und zwar von dem, was wir uns wünschen. Wir erschauen ein Idealbild, von dem wir hoffen, dass es sich in Zukunft erfüllen möge. Vision, Idealvorstellung und Wunschtraum sind drei Ausdrücke für das Gleiche.

Das ist weit weniger abgehoben, als es klingt. Im Gegenteil, es ist eine ganz alltägliche Erfahrung. Idealvorstellungen begleiten uns weit häufiger durch den Alltag, als uns bewusst ist. Sie sind sozusagen die „Wünsche hinter den Wünschen". Die vordergründigen, banalen Wünsche des Alltags finden ihre Berechtigung durch eine dahinterstehende oder „darüber schwebende" Vision.

Beispiel: Sie möchten einen Spaten kaufen, eine Rosenschere, einen Rasenmäher, einen Gartenschlauch. Wozu, bitte? Um im Garten arbeiten zu können, logisch. Gut und schön, aber wozu wollen Sie denn überhaupt im Garten arbeiten? Na, damit der ordentlich aussieht. Und wie sieht ein ordentlicher Garten aus? Ja, da ist der Rasen schön gleichmäßig grün und die Rosenbeete sind ordentlich eingegrenzt und alle Rosen treiben kräftig aus und duften herrlich. Man kann wunderbar sitzen und Kaffee trinken und Zeitung lesen. Sehr gut, vielen Dank. Das ist die Vision. Das ist der tiefere Grund dafür, warum Sie sich all diese Gartengeräte kaufen und sich die viele Arbeit machen. Weil Sie eine Vision haben und sie erfüllen möchten. Weil Sie etwas in die Zukunft setzen und sich wünschen, dass es wahr werden möge. Und jedes Mal, wenn es wahr wird, erleben Sie einen Moment der Erfüllung, der Freude und des Glücks.

Das Gärtnern, betrachtet als ein Spiel, ist ein großer, immer wiederkehrender Aktionsablauf, der viele kleine Aktionsabläufe beinhaltet. Sein Beginn wird markiert durch das Erschauen der Vision des idealen Gartens. Vielleicht sind Sie in das Gärtnern von Kindheit an hineingewachsen. Vielleicht haben Sie erst später dazu gefunden, egal. In dem Moment, da sie die Vision vom idealen Garten erschauten, setzten Sehnsucht und das Streben nach Erfüllung ein.

Ohne Visionen würde niemand einen Finger rühren. Sie sind sowohl der Anlass für ein Spiel als auch der Motor dafür, dass es weiterläuft. Aus der Hoffnung auf die Erfüllung unserer Ideale schöpfen wir die Kraft für unsere Spiele. Denn wir hoffen, dass es uns morgen besser gehen möge als heute.

> Visionen, Wunschträume und Idealvorstellungen sind der Motor hinter allem menschlichen Tun.

So gesehen, wird die Gegenwart aus der Zukunft heraus erschaffen, nicht aus der Vergangenheit heraus. Unsere Visionen wirken wie ein Magnet, der uns in die Zukunft hineinzieht.

Selbst wenn sie uns nicht voll bewusst sein sollten, unsere Visionen, selbst wenn wir nie tief über sie nachgedacht haben, sind sie uns so präsent, dass wir unverzüglich in Protest ausbrechen, wenn uns etwas gegen den Strich geht. In der Tiefe unseres Seins schlummernd sind sie schon als bloße Ahnung kraftvoll genug, unser Tun zu steuern. Selbst wenn wir nicht immer mit völliger Klarheit wissen, was wir wollen, so wissen wir doch zumeist sehr genau, was wir nicht wollen.

Nicht nur ein Kraftgenerator sind uns unsere Wunschträume, sie dienen auch als Messlatte für den Grad unserer Zufriedenheit. Wir ermessen den Wert unserer Tätigkeiten und Ergebnisse daran, wie nahe oder fern sie dem sind, was wir uns als Ideal erträumen. Funktioniert der Rasenmäher, wie er soll? Ist der Rasen so grün, wie wir uns das vorgestellt haben? Ist die Rosenschere brauchbar? Duften die Rosen unseren Wünschen entsprechend? Finden wir beim Kaffee sitzend und Zeitung lesend tatsächlich die Entspannung und Gemütlichkeit, die wir uns erträumten?

Passt die Realität auf das Wunschbild oder passt sie nicht? Unsere Zufriedenheit oder Unzufriedenheit orientiert sich an dieser Frage.

Drei Testfragen zum Betriebsklima

Solange Einverständnis herrscht und es in die gewünschte Richtung geht, spielen Menschen ein Spiel gutwillig und frohgemut mit. Die Stimmung stimmt. Ist das bei Ihren Spielen der Fall? Mit drei Fragen können Sie den Grad der Zufriedenheit Ihrer Mitspieler in Erfahrung bringen:

- Weißt du, auf welche Vision oder Idealvorstellung unser Spiel hinausläuft?
- Teilst du sie? Stehst du dahinter?
- Hast du das Gefühl, dass wir ihr näherkommen?

Stellen Sie diese drei Fragen ruhig einmal Ihrem Lebenspartner. Und bereiten Sie sich auf einen langen Abend vor.

Die Vision als Dynamo

Eine Vision ist ein Vorstellungsbild. Um es farbig und leuchtend zu erschauen, muss man in allen Details wissen, was man will. Erst wenn wir wissen, was wir wollen, sind wir in der Lage, uns eine Vision bildhaft auszumalen, vorher nicht. Erst das Wissen, dann das Bild. Das ist die Reihenfolge.

Wissen wir nicht genau, was wir wollen, so sind unsere Vorstellungsbilder entsprechend schwammig. Genau zu wissen, was man will, ist daher die wichtigste Voraussetzung für eine mitreißende Vision.

Doch allein die bildhafte, anschauliche Vision reicht noch nicht aus, um ein Spiel in Gang zu bringen. Wir benötigen außerdem den Willen, sie in die Realität umzusetzen. Und dieser Wille, der mit der Vision entsteht und sie begleitet, dieses Streben nach Erfüllung, das ist die Kraft, von der Spiel und Spieler angetrieben werden. Eine Vision, die keine Willenskraft erweckt, wird nicht in die Tat umgesetzt.

Wollen und Streben sind geistige Kräfte. Es sind Mentalenergien, die von uns gebündelt werden wie das Licht in einem Laserstrahl. Richten wir unsere Aufmerksamkeit mit Nachdruck auf ein Zentrum, so befinden wir uns im Zustand der „Konzentration". Konzentration ist aufs Ziel gerichtete geistige Kraft, ist Ausdruck unseres Wollens und Strebens.

Die Kräfte des Bewusstseins setzen sich in der realen Welt in Form physischer Kräfte wie Muskelkraft, Motorenkraft und Elektrizität um. Aktionsabläufe werden gestartet. Wir formulieren Ziele, unternehmen Aktionen, produzieren Ergebnisse. So entstehen aus einer geistig erschauten Vision schließlich materiell vorhandene Realitäten.

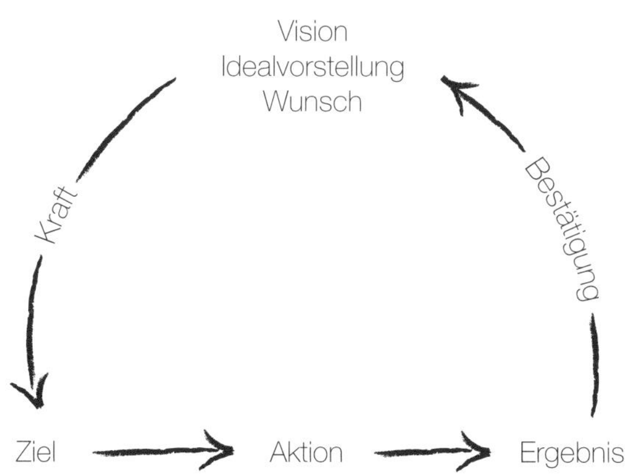

Welche Ziele sind gute Ziele, welche Aktionen gute Aktionen, welche Ergebnisse gute Ergebnisse? Diejenigen, die uns einer Vision näherbringen, sind gut. Ist das der Fall, so fühlen wir uns in unserem Tun bestätigt. Wir liegen richtig, die Erfüllung rückt näher. Nichts hebt die Stimmung mehr als der Erfolg und mit neuem Schwung und neuer Kraft werfen wir uns in einen weiteren Aktionsablauf. Eine Runde nach der anderen, bis sich die Vision schließlich erfüllt hat. Dann gibt es nichts mehr zu tun und damit ist das Spiel abgeschlossen.

Durch die Bestätigung unseres Tuns gewinnen wir an zusätzlicher Kraft. Wir geraten in eine Aufwärtsspirale wie ein Segelflieger, der in der Thermik aufsteigt.

Hinter Visionen stehen Werte

Ein entspannter Sonntagnachmittag im Garten wirkt wie eine ziemlich kleine Vision, könnte man meinen. Sorglosigkeit und Gemütlichkeit, was ist das schon? Und doch: So klein die Dimension des in Frage stehenden Spielfelds auch sein mag (eine Sitzecke im Hintergarten, mehr nicht), die Qualität dieser Vision ist es nicht. Sorglosigkeit und Gemütlichkeit sind Ausdruck von Lebensqualität und das sollte man ernst nehmen. Sorglosigkeit und Gemütlichkeit sind Werte. Auf sie kommt es an, nicht auf die Größe des Spielfeldes.

Visionen beziehen sich auf erstrebenswerte Zustände und Befindlichkeiten wie Freiheit, Fairness, Friede, Geborgenheit, Sicherheit von Leib und Leben, Gesundheit, Glück und Seligkeit im Angesicht Gottes. Sie beziehen sich nicht auf Dinge, Orte oder Personen, auf nichts Materielles also, sondern auf Zustände und Werte.

Idealvorstellungen und Wunschträume mögen sich zwar von Mensch zu Mensch gewaltig unterscheiden, doch beruhen sie nichtsdestoweniger auf einer recht kleinen Anzahl von Werten. Von Freiheit zum Beispiel träumen alle Menschen. Und schon dieser eine Wert ist Aufhänger für die unterschiedlichsten Visionen. Der eine findet seine Freiheit an Bord seiner Segelyacht, der andere in alpinen Höhen. Der dritte findet geistige Freiheit im Meditationssitz vor einer brennenden Kerze. Der vierte nimmt sich die Freiheit, morgens um vier lautstark mit seinen Kumpanen zu randalieren. Der fünfte glaubt, die gesamte Welt „befreien" zu müssen wie einst Alexander der Große, Napoleon oder George W. Bush. Ein Wert, viele Visionen.

Wer von globaler Herrschaft und uneingeschränkter Kontrolle von Menschen und Leben träumt und dies mit Waffengewalt erreichen möchte, will letztlich nichts anderes als Freiheit, Spielraum und Sicherheit. Denn wenn ich erst einmal alle beherrsche, so denkt er sich, dann kann keiner mich beherrschen. Dann lebe ich in Freiheit und Sicherheit. So betrachtet, sind unterdrückerische Visionen nichts anderes als auf den Kopf gestellte freiheitliche Visionen. Beide wollen auf das Gleiche hinaus, doch mit umgekehrten Vorzeichen.

Neulich hieß es in den Nachrichten, ein Krankenpfleger habe 29 schwerkranke Menschen zu Tode gespritzt – weil er ihnen helfen wollte! Er wollte das Gute. Schmerzfreiheit für die Patienten war der Wert, aus dem sich sein Tun ableitete. Für ihn ein Ideal, für andere eine Horrorvision.

> Visionen beziehen sich nur vordergründig
> auf „tolle Sachen", die man tun oder haben könnte.
> In Wirklichkeit geht es um das Erreichen
> angestrebter Zustände, um Werte und Lebensqualität.
> Es geht um das, was man sein möchte.

So hehr unsere Absichten zu Anfang auch sein mögen, so schief kann es am Ende gehen. Träumen zum Beispiel ein halbes Dutzend Völker parallel zueinander den Traum von unbegrenztem Lebensraum, so werden sie unvermeidbar früher oder später übereinander herfallen und sich gegenseitig auszulöschen suchen. Obwohl sie ja eigentlich das gleiche Gute wollen!

Man schaue sich dazu den ewig vor sich hin schwelenden Israel-Palästina-Konflikt an. Beide Parteien vertreten die gleichen edlen Werte, nämlich Freiheit und Unabhängigkeit. Ihre Visionen hinsichtlich der tatsächlichen Umsetzung aber unterscheiden sich. Jede

Partei erschafft eine Zukunft für sich, die die Gegenseite ausschließt. Deswegen herrscht Krieg, edle Werte hin oder her.

Ließen sich solche widersprüchlichen Visionen und Absichten, die aber auf identischen Werten beruhen, nicht vielleicht unter einem übergeordneten Schirm koordinieren? Eine echte Führungsfrage.

Einen solchen übergeordneten Schirm für die Masse der Menschen zu finden, dürfte nicht schwerfallen, denn die meisten sind bequem und friedlich und schauen nicht weit über den eigenen Zaun hinaus. Schwierig wird es aber bei der Koordination ihrer Führer. Diese, selbst wenn sie von den Menschen selbst gewählt worden sind, bescheren ihnen letztendlich das Gegenteil von dem, was die Menschen eigentlich wollen, nämlich Armut, Krieg und Not.

Ist einer erst einmal oben, so bleibt er es auch. Man gab ihm die Macht, also nutzt er sie, ganz gleich, wie groß das Wehklagen auf den unteren Etagen sein mag. (Der Frage, wie man ein Volk vor seinen Führern retten könnte, wenden wir uns in späteren Kapiteln zu.)

Visionen und ihre Symbole

Große Visionen, die mit großem Aufwand an Kraft und Geld auf großen Spielfeldern ausgetragen werden, hinterlassen ihre Spuren in Form mächtiger Symbole. Man denke etwa an die Pyramiden, die gotischen Kathedralen, die Chinesischen Mauer oder den römischen Limes. Auch die Autobahnen und Flugplätze unserer Tage sind Ausdruck einer Vision, nämlich der uneingeschränkter Mobilität. Tatsächlich existiert kein von Menschen geschaffener Gegenstand, der nicht Zeugnis ablegte für die Werte und Wunschträume der betreffenden Kultur. Versicherungsgebäude stehen für ein allseitig abgesichertes Leben, das nun zerstörte World Trade Center in New York für globalen Kommerz, Schulen und Universitäten für das Streben nach Allwissenheit und so weiter. Aus unseren Visionen entstehen die Kräfte, aus denen heraus sich die kulturelle Realität der Gesellschaft gestaltet, in der wir leben.

Sind Symbole erst einmal etabliert, beispielsweise das Kreuz der Christen, der Halbmond der Muslime, das Sternenbanner der USA, das Hakenkreuz der Nazis, so haben sie hypnotische Wirkung und können nachhaltig zum Zweck der Bevölkerungsmanipulation eingesetzt werden. Solche Symbole erinnern die Menschen an tief gefühlte, jahrhundertealte kulturelle Werte, erwecken schlummernde Visionen von Freiheit, Sieg und Weltmacht und setzen damit ausreichend Kräfte frei, um weltweit für jedermanns Beglückung oder auch Zwangsbeglückung zu sorgen. Womit das Blutbad programmiert ist. (Im Kapitel über Public Relations werden wir auf den Zusammenhang zwischen Visionen, Symbolen und Trance zurückkommen.)

Das Happy End

Wann ist ein Spiel beendet? Wenn die Vision Wirklichkeit geworden ist. Mit einem Wunschtraum begann das Spiel, und hat er sich erfüllt, so ist das der schönste Ausgang, den ein Spiel nehmen kann. Der ursprüngliche Anlass für das betreffende Spiel hat sich damit erledigt. Würde man jetzt noch weiterspielen, so wäre das nervig. Zeit für ein neues Spiel. „Man soll aufhören, wenn es am schönsten ist", sagt der Volksmund, und recht hat er.

Leider kann es auch zu einem weniger schönen Ende kommen. Wenn man mitten im Spiel feststellen muss, dass die Idealvorstellung viel zu hoch gesteckt ist, dass sie unrealistisch ist, unerreichbar, eine Illusion. Man muss sie leider für ungültig erklären. Das schmerzt. Ende des Spiels.

Ein solches Ende ist jedoch nur ein scheinbares. Äußerlich ist das Spiel zwar vorbei, innerlich aber noch lange nicht. Denn solange ein Verlust noch schmerzt, ist ein Spiel nicht wirklich vorbei. Man hängt noch daran. Es geht weiter.

Ein ebenfalls unschönes Ende stellt sich ein, wenn eine theoretisch eigentlich realisierbare Vision in der Praxis an unüberwindlichen Hindernissen oder der Macht eines Gegners scheitert. Auch hier ist ein Spiel nur scheinbar vorbei, nicht aber in Wirklichkeit. Denn in den Köpfen der Spieler lebt die Vision fort. Über Jahrzehnte, über Generationen hinweg trauern sie dem verlorenen Spiel nach, hoffen und warten auf eine neue Chance. Jeder beliebige Auslöser lässt die alten Sehnsüchte wieder aufflackern. Könnte es vielleicht nicht doch möglich sein, dass ... ? Wer so denkt, bei dem sind Entspannung und Loslassen noch nicht eingetreten.

Nur wer mit Heiterkeit loslassen kann,
hat ein Spiel wirklich beendet.

Nur dann ist ein Spiel wirklich vorbei, wenn sich die Idealvorstellung entweder erfüllt hat oder man sie in aller Gelassenheit für abgehakt erklären kann. In aller Gelassenheit! Auf die innere Haltung kommt es an. Nicht im Zustand von Frustration und Apathie lässt sich ein Spiel beenden, nicht weil einem die Trauben zu sauer sind, sondern nur, nachdem man alle damit verbundenen Emotionen hinter sich gelassen hat.

Frustration

Stufen der Frustration

Erweisen sich Hindernisse als unüberwindbar, sind Freiheiten zu gering und werden Ziele nicht erreicht, so läuft man Gefahr, in eine „Abwärtsspirale der Frustration“ hineingezogen zu werden. Man gewinnt den Eindruck, der Vision nicht näher zu kommen, egal wie sehr man sich anstrengt.

Frustration ist das Erleben der Vergeblichkeit des Tuns. Frustration baut sich zumeist stufenweise auf, über längere Zeit verteilt. So sinkt man allmählich vom höchsten Antriebsniveau Stufe um Stufe zum niedrigsten hinab, von der Jubelstimmung bis hinunter in den Keller emotionaler Schwärze. Frustration und Emotion verlaufen naturgemäß parallel.

- **Siegesgewissheit**
  Zu Beginn eines Spiels verspürt man Mut und Kraft. Man hat ein Ziel und weiß glasklar: „Wir schaffen das!“ – Höchstes Antriebsniveau. Emotion: Begeisterung.
- **Eifrige Strebsamkeit**
  Die ersten Hindernisse haben sich eingestellt, man arbeitet an deren Überwindung. Die anfängliche Begeisterung ist etwas abgekühlt. Was bleibt, ist Strebsamkeit im Vertrauen auf baldigen Erfolg. „Es dauert halt seine Zeit, aber wir schaffen das schon.“ – Hohes Antriebsniveau, langer Atem, gutes Arbeitsklima. Emotion: Interesse, Wohlwollen, Zufriedenheit.
- **Verbissene Bemühtheit**
  Ständig stößt man auf neue Hindernisse. Sie halten einen unerwartet lange auf. Der ersehnte Erfolg will sich nicht einstellen. Nun will man es zwingen. Also ran: „Das muss doch zu schaffen sein!“ Das Spiel wirkt angestrengt und verkrampft. Man hört Flüche. – Gestörtes Antriebsniveau, gestresstes Arbeitsklima. Emotion: Angeödetheit, Genervtheit, Gereiztheit, Wutanfälle, Ärger.

- **Zaghaftigkeit, Zweifel**
  Die Hindernisse wirken unüberwindlich, Enttäuschung macht sich breit. Man beginnt an der Erreichbarkeit des Wunschtraumes zu zweifeln, an der eigenen Kraft, am Zeitrahmen. „Ob wir das wohl schaffen?“, ist die bange Frage. Stimmung und Leistungsvermögen sind deutlich gedrosselt. – Eingeschränktes Antriebsniveau. Emotion: Sorge, Ängstlichkeit, Furcht.
- **Resignation**
  Weil man jetzt nur noch mit halber Kraft fährt, kommt man erst recht nicht voran. Die Hindernisse bleiben bestehen und wirken höher als je zuvor. Das ganze Unterfangen erscheint aussichtslos, das Ziel unerreichbar. „Das schaffen wir nie!“, sagt man jetzt. Es fließen Tränen des Verlustes und der Verzweiflung. – Keinerlei Antrieb mehr. Emotion: Traurigkeit, Hoffnungslosigkeit.
- **Selbstverleugnung**
  Ganz zuletzt, noch eine weitere Stufe tiefer, ist man das ganze Spiel so leid, dass man am liebsten überhaupt nichts mehr davon hören mag. Man leugnet, je dabei gewesen zu sein und beschimpft andere als Spinner, die sich noch damit befassen. Totale Abkehr vom ursprünglichen Ziel, Verleugnen der Vision und des bisherigen Einsatzes dafür: „Wir? Nein. Da waren wir nie dabei. Ja sicher, wir haben mal kurz in die Richtung gedacht, aber mehr auch nicht. War ja von vornherein klar, dass das nicht zu schaffen ist.“ Der Tiefpunkt der Frustration ist erreicht. – Emotion: Apathie.

Unbewältigte Frustration hält ewig

Nicht nur für die Dauer des eigentlichen Frustrationserlebnisses spürt man die seelische Belastung, sondern noch für lange Zeit danach. Selbst nachdem sich der Schmerz gelegt hat, bleibt die Frustrationsstufe bestehen, auf der man gelandet ist, auch wenn es nach außen hin vielleicht nicht so aussehen mag. Nach außen hin wirkt der Betreffende vielleicht ganz entspannt, jedoch nur solange man ihn nicht auf gewisse Themen anspricht. Denn dann geht ihm der Hut hoch! Oder er bricht in Tränen aus. Je nachdem.

Jede Frustrationsstufe kann zu einer Lebensplattform werden, auf der man sich unter Umständen jahre- oder jahrzehntelang einrichtet. Man glaubt nun fest und ohne jeden Zweifel daran, dass man es nicht schafft. Man hat akzeptiert, dass die äußeren Widerstände unüberwindlich sind. Man hat eine Lektion gelernt, die, in dumpfem Tonfall geäußert, etwa so klingt: „Ich schaffe das eh nicht", „ich bin für alles zu dumm", „egal was ich anpacke, es geht sowieso daneben", „aus mir wird halt nichts". *

In leichtere Töne gekleidet klingen solche Lektionen wie profunde Lebensweisheiten: „Man darf sich halt nicht übernehmen", „bloß nicht zu viel wollen!", „zu hoch hinaus, das tut nicht gut", „immer schön brav". Und so weiter.

Wer solche Weisheiten von sich gibt, hat die äußeren Widerstände nach innen geholt. Er hat sie zu inneren Widerständen gemacht. Die inneren Widerstände aber sind die schlimmeren.

> Nur die Grenzen, die wir uns selbst gesetzt haben,
> vermögen uns wirklich aufzuhalten.

Wer emotional im Sumpf gelandet ist, der kauert nur noch in seiner eigenen düsteren Welt. Die reale Umgebung existiert für ihn nur noch in geringem Maße. Seine Wahrnehmung ist durch graue Filter reduziert. Selbst wenn er ordnungsgemäß jeden Morgen um neun ins Büro käme und um fünf wieder ginge, körperlich also anwesend wäre, nähme er geistig nicht mehr am Spiel teil. Er wäre zu einer zerbrochenen Spielfigur geworden.

Wie holt man einen Mitspieler aus solcher Frustration wieder heraus? Indem man ihm dazu verhilft, seine selbst gesetzten inneren Grenzen zu erkennen und zu überschreiten. Indem man ihm seinen Glauben an sich selbst wiedergibt und ihn anschließend wieder ins Spiel einbezieht. Kurz, indem man ihn „motiviert".

* Mehr zum Entstehen und Auflösen von Negativprogrammen siehe Rolf-Ulrich Kramer, „MindWalking", 2008.

Motivation

Motivation kommt von innen

Das lateinische Wort „movere“ bedeutet „bewegen, antreiben, in Gang setzen“. Hiervon leiten sich die Worte „Motor“ und „Motiv“ ab. Ein Motor ist ein „Beweger“, ein Motiv ein „Beweggrund“.

Wer unmotiviert ist, der mag nicht mehr. Er hat keinen Beweggrund mehr. Den hat er aus lauter Frustration vergessen und verdrängt. An diesen Beweggrund aber muss man ihn erinnern, wenn man das Spiel mit ihm weiterführen will. Wie packt man das an? Indem man ihm dabei hilft, seine verschüttete Vision wieder freizuschaufeln. Wörtlich genommen, bedeutet „jemanden motivieren“ so viel wie „jemanden in Bewegung versetzen, ihn antreiben“. Kann man denn Menschen antreiben? Ja, aber nur mit Gewalt. Denn der echte Antrieb, der kommt von innen. Nur sich selbst können Menschen nachhaltig antreiben. Denn nur sie selbst wissen, wo sie hinwollen. Will man sie in Richtung künstlich aufgepfropfter Ziele bewegen, so geht das nur mithilfe von Druck oder dadurch, dass man ihnen etwas vorgaukelt, sie also belügt. Wie gut das funktioniert, werden wir im Kapitel über PR noch sehen.

Freiwillig gehen Menschen nur dahin, wo sie von sich aus hin möchten. Nur dorthin verspüren sie einen inneren, echten Antrieb. Nur in diese Richtung bringen sie Energien auf, entfalten sie Kräfte. Und dieser Kräfte muss sich ein Management bedienen, so es gewaltfrei führen will. Nicht gegen die Menschen führen, sondern mit den Menschen, das wäre das Erfolgsrezept.

Dass ein Mensch einen anderen motivieren können sollte, ist ein Unding. Allenfalls an ihre ureigenen Beweggründe kann ein Spielführer seine Mitspieler erinnern, so er es ehrlich meint, an die Gründe also, deretwegen sie sich ursprünglich dem Spiel zugesellt haben. Und diese liegen in ihnen selbst: als Visionen, Idealvorstellungen, Wunschträume. Sie sind bereits da. Man muss sie nur ausgraben. Der eine kann sie nicht in den andern „hineinmotivieren“.

Weder darf Motivieren zur PR-Kosmetik verkommen noch

zum rein monetären Anreiz degradiert werden. Damit täte man der Qualität von Leben und Spiel keinen Gefallen. Auf solche Weise spräche man seine Mitspieler als konditionierbare Roboter auf unterster Motiviertheitsstufe an. Klüger und ethischer ist es da, man begriffe seine Mitspieler als geistig bewusste Wesen, erinnerte sie an ihre Urvisionen und appellierte an ihr Pflichtbewusstsein. Nur so lassen sich Menschen in echtem Sinne motivieren.

> Ehrliches Motivieren bedeutet, einen Mitspieler an seine Träume und Ideale zu erinnern.

Wiederholt sprachen wir von überpersönlichen Idealen, Visionen, Wunschträumen. Da drängt sich die Frage auf, ob denn Menschen in Großbetrieben mit Tausenden von Mitarbeitern, vom Standpunkt des oberen Managements bloße Spielfiguren, solcher Höhenflüge überhaupt fähig sind? Oh ja. Tatsächlich sind die meisten Menschen gewillt, einen guten Job zu machen und freuen sich über Anerkennung dafür. Sie haben ein weit höheres Ideal von Pflichterfüllung, als mancher ihnen zugestehen würde.

Der durchschnittliche Postbote zum Beispiel trägt seine Briefe nicht nur deswegen aus, weil er damit sein Geld verdient, sondern auch, weil er weiß, dass das Austragen von Briefen seinen guten Sinn hat. Er weiß, dass seinem Tun eine Bedeutung zukommt. Er weiß, dass er an einem großen Spiel teilhat, und dass es dabei auch ein kleines Bisschen auf ihn ankommt. Wüsste er das nicht, so würde in unserer Welt bald überhaupt nichts mehr funktionieren. Was hält das große Spiel denn zusammen, wenn nicht die brave Ethik der kleinen Leute?!

Würdigt man den sogenannten „kleinen Mann“ für sein Tun, so blüht er auf. Der „große“ übrigens genauso. Indem man die Leistungen eines Mitspielers lobt und mit Interesse auf seine Vorschläge eingeht, fühlt er sich aufgewertet. Und das zählt mehr, als wenn man für seinen Job eine neue, möglichst amerikanisch klingende Bezeichnung fände oder ihm auf Druck einer letztlich anonymen

Gewerkschaft hin 2,7 Prozent mehr Lohn zahlte. Er würde doch so gern sein Bestes geben! Wenn man ihn nur ließe.

Motivieren in vier Schritten

Haben Mitspieler aus lauter Frustration emotionale Mauern um sich herum errichtet, hinter denen sie sich nicht mehr hervortrauen, dann hilft nur eins: Verstehen und Mut machen. Verstehen und Mut machen, daraus besteht die Kunst des Motivierens. Je tiefer jemand abgerutscht ist, je weiter er sich von der Vision entfernt hat, desto mehr Zuwendung und Geduld muss der Motivierende aufbringen.

Erinnern wir uns an die „simple Kommunikationsweisheit" und das „komplette Verständnispaket" aus dem Kapitel über Kommunikation. Die gleichen vier Schritte, die dort genannt wurden, gelten auch für das Motivationsgespräch:

- **Zuhören**
  Was ging schief? Welcher Frust wurde erlitten?
- **Verstehen**
  Und zwar von der Warte des Sprechers aus. Selbst dann, wenn man selbst es anders sieht. Selbst dann, wenn man selbst, der Zuhörer, Ziel der Kritik ist.
- **Bestätigen**
  Bitte keine Lippenbekenntnisse der Marke: „Ich kann das gut verstehen." Keine Floskeln! Es muss von Herzen kommen. Untrügliches Kennzeichen: Fühlt sich der Gesprächspartner angemessen bestätigt, so atmet er erleichtert auf und beginnt zu strahlen. Sein Problem wurde erkannt. Nun hat er den Kopf frei für die Lösung.
- **Zurückführen**
  Den Mitspieler taktvoll an das gemeinsame Spiel erinnern, an die gemeinsamen Ideale, Absprachen und Übereinkünfte. Seine grundsätzliche Gewilltheit, dabei zu sein und mitzumachen, wieder aufbauen. Ist erst einmal alles bewältigt, das ihn aus der Bahn geworfen hat, so findet der Mitspieler ganz von sich aus zurück auf den gemeinsamen Weg.

Ohne Gewilltheit geht nichts

Eben wurde das Wort „Gewilltheit“ verwendet. Man findet es nicht im Duden. Zum Zweck dieses Buches wollen wir es hier definieren, denn es sagt mehr und anderes aus als „Wille“ und „Wollen“.

„Wille“ und „Wollen“ beziehen sich auf den aktuellen Moment einer Entscheidung zwischen angebotenen Alternativen: Ich will lieber dies als jenes. „Gewilltheit“ hingegen verweist auf eine grundsätzliche Haltung. „Wille“ und „Wollen“ beziehen sich auf das Jetzt, auf den gegebenen Moment, Gewilltheit hingegen auf das Immerwährende.

An einem Beispiel lässt sich das unschwer erkennen. Der Unterschied zwischen: „Ich will ein Eis essen“ und: „Ich bin gewillt, Eis zu essen“ dürfte offensichtlich sein. Im ersten Fall will der Sprecher sagen, dass er jetzt im Moment gerne ein Eis essen würde, im zweiten tut er kund, dass er grundsätzlich gerne Eis isst.

Wörter, die mit „-heit“ enden, verweisen auf einen innewohnenden Seinszustand, auf eine charakterliche Eigenschaft. Diese kommt manchmal mehr und manchmal weniger zum Ausdruck, ist aber immer gegeben. Sagt man von einer Rose: „Ihre Schönheit kommt im Abendlicht am besten zum Ausdruck“, so meint man damit, dass sie eigentlich immer schön ist, im Abendlicht jedoch ganz besonders.

Verfügt jemand über Gewilltheit, so hat er ein Potenzial an Willenskraft, das jederzeit aktiviert werden könnte. Dementsprechend kann nur der, der über Gewilltheit verfügt, motiviert werden. Indem man seine grundsätzliche Haltung des Dabeisein-und-Mitmachen-Wollens anspricht, seine Gewilltheit also, kann es gelingen, seine Antriebskräfte zu mobilisieren. Sie waren wegen schlechter Tagesform oder irgendeines Ärgernisses vielleicht zeitweilig gedämpft, sind aber grundsätzlich da.

> Hat ein Mitspieler keinerlei Gewilltheit mehr,
> so verpuffen alle Motivationsversuche wirkungslos.

Motivieren von Gruppen

Wer als Führungsperson die vier Schritte der Motivierung beherrscht, ist fähig, Mitspieler auf würdige Weise zu motivieren. Auch Gruppen! Denn Gruppen reagieren ganz ähnlich wie Einzelne.

Jede Gruppe hat ihre Geschichte, bestehend aus einer Vielzahl von gemeinsamen Erlebnissen. Dabei sind es besonders die emotional intensiven Momente, die eine Gruppe zusammenschweißen, vor allem natürlich die Siege und Niederlagen. Gemeinsames Leid verbindet genauso wie gemeinsame Freude. Was aber noch mehr verbindet, ist die nachträgliche Bewältigung von gemeinsamem Leid und gemeinsamer Freude.

Niederlagen und Siege wirken umso gemeinschaftsbildender, desto mehr sie gemeinsam verarbeitet wurden. Unverarbeitet gelassen, stellen sie ein „Stück Unbewusstsein" im Leben der Gruppe dar, denn keiner weiß so recht, wie es in jenen turbulenten Phasen den anderen erging. Dies kann sich schwächend auf den Gemeinschaftsgeist auswirken.

Unbewältigte Niederlagen, unter großen Opfern errungene Siege wie auch chaotische, stressige Arbeitsphasen von langer Dauer brauchen ihre nachträgliche emotionale Verarbeitung. Jeder fragt sich: Was war denn damals nun wirklich los? Jeder kennt nur seine eigene Sichtweise, nicht das Geschehnis in seiner Gesamtheit. Wo aber Informationen fehlen, werden gerne welche fabriziert. Aus unbeantworteten Fragen und geflüsterten Vermutungen heraus entstehen Misstrauen, Ängste, Gerüchte, Neid und Konflikte.

Nur mit einer Bewältigung des gemeinsamen Erlebnisses auf Gruppenebene lässt sich dem vorbeugen. Erst wenn jeder begriffen hat, was damals rundherum ablief und wie es dazu kommen konnte, stabilisiert sich die Gruppe wieder, löst sich aus ihrer Introversion in die Vergangenheit, orientiert sich wieder an der Zukunft und ist bereit für die nächste Runde.

Drei Stufen von Motivation

Die uneigennützige höchste Stufe: Pflichtbewusstsein

Wer die Vision eines Spiels in voller Farbenpracht vor Augen sieht und voll dahintersteht, agiert spontan und zielbewusst. Ganz aus sich heraus handelt er im Sinn der Sache. Er ist pflichtbewusst im besten Sinn des Wortes. Ohne viel nachzudenken, ist er ungefragt zur Stelle und tut das Richtige. Weil er Vision, Spiel und Mitspieler schätzt und liebt, weil er die Erfüllung nicht nur für sich sucht, sondern für alle Beteiligten, begreift er sich als Diener der Sache und fragt nicht nach Lob und Lohn.

„Pflicht" ist ein lästiges Wort. Man denkt entweder an öde Routineaufgaben oder an besonders unangenehme Arbeiten, bei denen man nass, kalt und schmutzig wird. Man denkt an Selbstaufopferung und Undank. Man denkt an das, was die Obrigkeit dem Bürger als „Bürgerpflicht" auferlegt. Doch verstanden im Sinne von „menschlicher Verpflichtung" bedeutet das Wort Pflicht weit mehr. Es verweist auf ein Tun aus Liebe und Mitgefühl. Auf diese Weise ausgeführt, geht die Erfüllung von Pflichten mit Freude und Stolz einher. Man erlebt sie nicht als Last. Spräche man einen Pflichtbewussten auf seine Motivation an, so wüsste er wahrscheinlich nichts dazu zu sagen, so selbstverständlich erscheint ihm sein Handeln: „Aber ich bitte Sie, das ist doch nicht der Rede wert!"

Der indische Dichter Rabindranath Tagore sprach hierzu einmal die schönen Worte: „Ich schlief und träumte, das Leben sei Freude. Ich erwachte und sah, das Leben war Pflicht. Ich handelte und siehe, die Pflicht ist Freude."

Die brave mittlere Stufe: Überzeugtheit

Wer durch eine Reihe von Misserfolgen auf einer der niedrigeren Frustrationsstufen gelandet ist, steht nicht mehr von ganzem Herzen hinter der Vision. Er handelt nicht mehr spontan aus Liebe zur Sache, sondern aus einer mühsam aufrechterhaltenen intellektuellen Überzeugtheit heraus. Diese vertritt er beredt mit „guten Argumenten", um seine Zugehörigkeit zum Spiel vor sich und anderen zu rechtfertigen. Seine Loyalität kommt nicht aus dem Herzen, sondern aus dem Hirn. Er ist sich nicht zu schade dafür, „aus weltanschaulichen Gründen" gelegentlich das Lager zu wechseln, falls ihn die geschliffene Argumentation der Gegenseite überzeugt.

Ein Überzeugungstäter findet die Leitlinie seines Tuns nicht in einer inneren Gewissheit wie der Pflichtbewusste, sondern in etwas Äußerem, also in einer Person, Gottheit oder Lehre. Er agiert nicht aus wacher Anteilnahme heraus, sondern „weil sich das so gehört". Oder „weil der Chef das so will". Und der Chef hat immer recht. Oder das Lehrbuch. Oder der liebe Gott. Oder das Horoskop. Oder die Gesetze. Oder die Tradition. „Wir machen das so, weil wir das schon immer so gemacht haben." „Gott will es." „Tut mir leid, Dienstvorschrift, geht nicht anders." „Die Sterne lügen nicht."

Solches Denken ist verblendet. Es stellt eine intellektuelle Konstruktion dar, einen aus Frustration geborenen Wahrnehmungsfilter, der dem Überzeugungstäter den Blick auf die real existierende Situation verwehrt. Nicht menschliche Belange haben mehr für ihn Geltung, nicht das Mitgefühl, sondern nur noch „die Lehren des Meisters".

Wer sich ideologisch verrannt hat, weiß so genau, was für den Rest der Welt gut ist, dass er den Rest der Welt gar nicht mal mehr zu fragen braucht. Er will die Welt retten. Wie viel Blut dabei fließt, spielt keine Rolle. Es würde ihm nicht das Geringste ausmachen, die Welt zu zerstören, nur um sie zu retten. Sein geistiges Überleben hängt davon ab, dass er sich im Recht sieht. Einzig die Rechthaberei ist seine Motivation.

Die selbstsüchtige untere Stufe: Gewinnstreben

Wem die Vision egal geworden ist, weil er, in Apathie versunken, nicht mehr an sie glaubt, der hat sich innerlich verabschiedet und nutzt das Spiel nur noch für seinen persönlichen Nutzen. Motiviertheit im Sinne einer verbindlichen Vision ist nicht mehr gegeben. Es geht nur noch um persönliche Vorteile und Gewinne, gipfelnd in dem Satz: „Was hab ich davon?“ Geld, Vorteile, Positionen, nur das zählt noch. Die erste Frage des Gewinnstrebenden ist: „Was springt für mich dabei heraus?“

Richtig ist alles, was der persönlichen Bereicherung und der Karriere dient. Dem Profiteur gelten seine Taten und Untaten von gestern nichts. Er handelt aus dem Heute heraus. Sein Leitsatz lautet: „Hauptsache, mir geht's gut. Außerdem, was interessiert mich mein Geschwätz von gestern.“

Auch der Gewinnstrebende hat seine Vision. Doch steht allein seine persönliche Befriedigung im Vordergrund. Von überpersönlichem Nutzen keine Spur. Der Überzeugungstäter denkt immerhin noch an die anderen, selbst wenn er sie zwangsbeglücken möchte. Der Gewinnstrebende jedoch denkt nur an sich selbst.

Wie man seine Mitspieler motiviert

Der Pflichtbewusste ist am leichtesten zu motivieren. Ihn braucht man nur kurz an die Vision zu erinnern, wenn ihn einmal der Mut verlässt, und er kommt sofort wieder in die Gänge.

Beim Überzeugungstäter ist das Motivieren schon aufwendiger. Gewöhnlich bedarf es eines langen und gründlichen Gesprächs, um herauszufinden, wann und wo der Zug für ihn entgleiste. Er liegt mit sich im Zweifel, und diese Zweifel auszuräumen und seine ursprüngliche Liebe zur Sache zu entfachen, ist Ziel dieses Gespräches.

Nur mit viel Anteilnahme und Beharrlichkeit seitens des Motivierenden kann das gelingen, nur wenn er es schafft, den Überzeugungstäter von seiner gewohnten Ebene intellektueller Brillanz hinunterzuführen zur Ebene seines persönlichen Verlustes, den es irgendwann einmal gegeben haben muss. Nachdem erst einmal die Tränen geflossen sind, kann sogar noch bei einem ideologischen Fanatiker menschliche Einsicht einkehren.

Schwieriger noch wird es beim Gewinnstrebenden. Bei ihm muss man dicke Bretter bohren. Zweifellos ließe sich der Gewinnstrebende mit den gleichen Mitteln wieder an Bord holen wie der Überzeugungstäter. Auch hier kann ein langes, teilnahmsvolles Gespräch Erfolge bringen. Aber hat man die Zeit dazu? Die Personalstärke?

Oft fragt es sich hier, ob der Aufwand noch angemessen ist, ob es nicht einfacher wäre, sich von einem abgeglittenen Mitspieler rasch zu verabschieden. Schließlich darf man den Rest der Gruppe oder sogar das ganze Spiel nicht dadurch gefährden, dass man sich ihm übermäßig widmet. Unter Umständen bleibt nur die Grundsatzfrage: „Bist du für uns oder gegen uns? Willst du bleiben, so benimm dich entsprechend. Willst du gehen, so zieh' die Konsequenzen!"

Wer ein Spiel verlassen möchte, darf das gerne tun. Damit wird er weder zum Gegner noch zum Feind. Er ist einfach jemand, der nicht mehr ins Spiel gehört und mit dem man demzufolge nur noch wenig Kontakt pflegen wird. Jedoch werden Fairness und Freundlichkeit dadurch nicht außer Kraft gesetzt. Im Kapitel über Integrität werden wir diesen Prozess der Loslösung detailliert betrachten.

Tipps für den Alltag:

- Schauen Sie über Ihr Leben, wählen Sie einen wichtigen Bereich aus. Welche Idealvorstellung wird hier angestrebt?
- Stehen Sie voll und ganz hinter dieser Idealvorstellung?
- Wie weit ist die Realsituation von der angestrebten Idealsituation entfernt?
- Haben Sie das Gefühl, dass Sie der Idealvorstellung näher rücken? Oder treten Sie auf der Stelle? Entfernen Sie sich gar immer weiter von ihr?
- Was ist Ihre Motivationsstufe? Sind sie aus Pflichtbewusstsein dabei? Aus Überzeugtheit? Aus Gewinnstreben? Aus einer Mischung von allen dreien?

Raum für Ihre Notizen

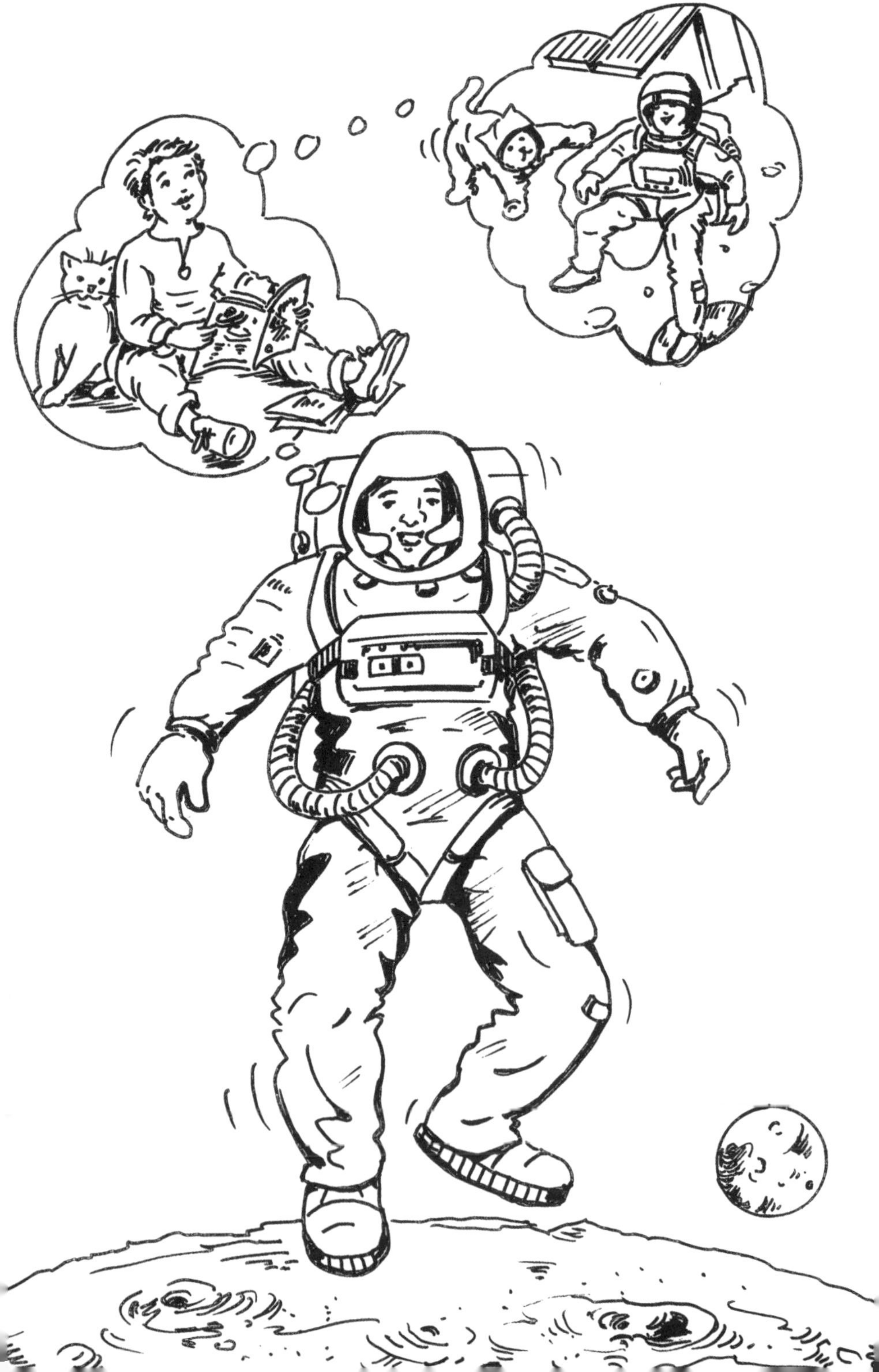

6
Vom Wunsch zur Wirklichkeit

Ohne Konzept kein Spiel

Wir sprachen von Lebensqualität und der Aufgabe des Managements, sie herbeizuführen. Wir sprachen von Kommunikation und Emotionen. Wir sprachen von der Vision als treibender Motivationskraft. Alle Grundlagen zum Starten eines Spiels sind damit gegeben. Das Leben beinhaltet viele Spiel, manche spaßig und manche ernst. Lassen Sie uns beginnen!

In diesem Kapitel beschäftigen wir uns mit dem „Spielkonzept". Es besteht aus den fünf Schritten, die es braucht, um ein Spiel zu konzipieren und zum Erfolg zu führen. Wie man mit den dabei unvermeidlicherweise anfallenden gruppendynamischen und organisatorischen Hürden fertig wird, ist Gegenstand späterer Kapitel.

Was ist das, ein „Konzept"? Das Wort kommt von lateinisch „concipere", zu Deutsch „erfassen, begreifen, verstehen, sich vorstellen". Wer ein Konzept im Kopf hat, der hat etwas durch und durch begriffen, hat eine klare Vorstellung entwickelt. Das Konzept „Tisch" z. B. enthält alle möglichen und denkbaren Tische, nicht nur die, die man kennt und an die man sich erinnern kann, sondern auch die, die man noch nie gesehen hat, sich aber vorstellen kann. Hat man ein klares Konzept von „Tisch", so kann man sich sowohl Erinnerungen an tatsächliche Tische ins Gedächtnis rufen als auch neue, noch nie dagewesene Tische ersinnen.

Das Konzept „Tisch" enthält in sich alle möglichen Tische. Es ist abstrakt. Ein Vorstellungsbild hingegen und erst recht eine Zeichnung stellen den Einzelfall eines Tisches dar. Sie sind konkret. Ohne Konzept kein Vorstellungsbild, ohne Vorstellungsbild keine

Zeichnung. Ohne Zeichnung wird kein Tisch gebaut. Der Aktionsablauf, mal wieder. Von der Vision zur Realität.

Wer ein klares Konzept hat, nimmt einen Aktionsablauf gedanklich vorweg. Er überblickt ein Projekt samt seiner erwünschten Ergebnisse und möglichen Komplikationen im Voraus. Er durchdringt es geistig. So ist er für alle Eventualitäten gerüstet und auf Gefahren vorbereitet.

Im Bewusstsein existieren Absicht, Aktion und Ergebnis gleichzeitig als Triade. In der Welt hingegen rollen sie als ein Hintereinander ab. Wer auf Konzeptebene denkt, steht sozusagen außerhalb von Raum und Zeit. Er weiß, was ist, was war und was sein wird, und er weiß, wo sich bestimmte Ereignisse zugetragen haben bzw. zutragen werden. Er sieht das Spiel von außen.

Am einfachsten kann man sich das am Beispiel eines Romanschriftstellers vorstellen: Noch bevor der Roman zu Papier gebracht ist, kennt der Autor die Lebenspläne seiner Figuren, deren Verknüpfungen und die Orte der Handlung. Zukunft, Vergangenheit und Gegenwart der noch ungeschriebenen Romanhandlung sind im Kopf des Schriftstellers bereits fertig vorhanden.

Der Schriftsteller trägt im Geist ein abstraktes Konzept und verdichtet dieses zur konkreten Realität des geschriebenen Buches. Nicht anders im Leben. Aus einem Konzept wird gelebtes Leben.

Bekanntlich geschieht in Romanen wie auch im Leben immer nur das, was man sich ausgedacht hat und nichts anderes. Denken wir verschwommen oder ungenau, so wird der Handlungsverlauf verworren oder undurchführbar. Entsprechend sind die Ergebnisse. Genau dort, wo man im Konzept etwas nicht berücksichtigt hat, werden sich später, bei seiner Realisierung, Fehler einschleichen.

> Ein Konzept haben bedeutet,
> ein Spiel in jeder Hinsicht geistig zu durchdringen.

Herzstück eines Konzepts ist die Vision, denn ohne sie fände ein Spiel gar nicht erst statt. Ohne Vision kein Konzept, ohne Konzept kein Spiel. Deswegen ist der erste Schritt das Formulieren einer Vision, wenn man sich ein Spielkonzept ausdenkt.

Management in fünf Schritten:

- **Schritt 1: Die realisierbare Vision formulieren.** Und zwar bildhaft und emotional ansprechend. Und sie darf nicht verstiegen sein. Man muss sie realisieren können.
- **Schritt 2: Das „Wertvolle Endergebnis" festlegen.** Ein Spiel lebt von Leistung und Gegenleistung. Welches Leistungsergebnis wäre in den Augen der Welt wertvoll?
- **Schritt 3: Die Organisation strukturieren.** Was muss getan werden und in welcher Reihenfolge, um ein „Wertvolles Endergebnis" herzustellen?
- **Schritt 4: Die Spielregeln zusammenstellen.** Wie muss das Spiel ablaufen, damit die sichere Herstellung wertvoller Endergebnisse gewährleistet ist?
- **Schritt 5: Die Statistiken ersinnen.** Woran lässt sich erkennen, ob es in die richtige Richtung geht?

Im Folgenden wird auf jeden dieser fünf Schritte gesondert eingegangen.

Schritt 1: Was schwebt mir vor?

Um uns Erfolgserlebnisse bescheren zu können, muss eine Vision realisierbar sein. Ist sie es nicht, so handelt es sich um eine Illusion. Illusionen sind Trugbilder. Man läuft ihnen nach wie einer Fata Morgana in der Wüste, wird in die Irre geführt und kommt dabei um.

> Eine Vision ist realisierbar, eine Illusion nicht.

Man hüte sich davor, eine Idee vorschnell als Illusion abzutun, nur weil man sie für undurchführbar hält. Man könnte dabei der eigenen Beschränktheit zum Opfer fallen. Denn was dem Milliardär oder dem Genie als realisierbare Vision vor Augen steht, wird von weniger Begüterten oder Begnadeten gerne als Spinnerei bezeichnet.

Zeit spielt keine Rolle

Solange eine Vision realistisch und das Wollen stark genug ist, lässt sich jedes Ziel erreichen. Trotz aller Widerstände, man kann es schaffen. Es mag mehr als ein Leben dauern. Man darf die Geduld nicht verlieren.

Beispielsweise hat die Christianisierung des Abendlandes gute tausend Jahre in Anspruch genommen. Der Bau gotischer Dome zog sich über Generationen hin. Der Förster, der einen Eichenwald anpflanzt, wird das Fällen dieser Bäume nicht mehr miterleben.

Die Beteiligten sind in der Regel nicht etwa traurig darüber, dass es ihnen nicht vergönnt sein wird, das glorreiche Ende mitzuerleben, sondern im Gegenteil stolz darauf, ihren Beitrag zur Erfüllung der betreffenden Visionen geleistet haben zu dürfen. Solange man das Gefühl hat, dass es in die richtige Richtung weitergeht, hat der eigene Einsatz einen Sinn gehabt. Wichtiger als das Teilhaben am Sieg ist der geleistete Beitrag. „Nicht siegen, dabei sein ist alles", wie es so richtig heißt. Die Zeitspanne bis hin zur Erfüllung spielt eine nur untergeordnete Rolle.

Das richtige Wünschen

Wichtig ist das präzise Formulieren einer Vision. Unvermeidbar bekommen wir nämlich immer genau das, worauf wir unsere Aufmerksamkeit verstärkt richten. Nur das und nichts anderes! Richten wir unsere Aufmerksamkeit z. B. auf eine Horrorvision, weil wir diese nicht wollen, so wird sich genau diese irgendwann realisieren. Wer ein Dutzend Schlösser an jeder Tür anbringt, zieht Diebe an. Wer seinen Nachbarn hasst, wird diesem Nachbarn dadurch nicht sympathischer und der Streit mit ihm ist programmiert. Wer ständig um seine Gesundheit bangt, ist Dauergast im Wartezimmer des Arztes. Wer glaubt, er sei für alles zu dumm, und sich entsprechend befangen verhält, wird für dumm gehalten.

Visionen, ob positiv oder negativ, wirken wie mächtige Magneten, die uns in die Zukunft ziehen. Weil wir immer bekommen, was wir uns wünschen, müssen wir sehr darauf achten, dass wir uns das Richtige wünschen. Wir müssen unsere Wünsche positiv und unmissverständlich formulieren. Sonst kann die Erfüllung eines Wunsches zum Eigentor werden.

Ein Beispiel: Ich wünsche mir ein neues Auto, weil ich das alte nicht mehr leiden kann. Indem ich auf das alte Auto schimpfe, konzentriere ich mich dabei mehr auf das Unerwünschte (das alte Auto) statt auf das Erwünschte (ein neues). So baue ich ein stärkeres Vorstellungsbild von dem auf, was ich nicht will, und mache mir zu wenig Gedanken zu dem, was ich wirklich will. Damit wird mir das Hassbild gegenwärtiger als das Wunschbild.

Als mögliche Folge davon könnte mir „rein zufällig" ein Unfall beschert werden, der das alte Auto zu einem Schrotthaufen reduziert. Nun habe ich, was ich wollte, nämlich kein altes Auto mehr. Weil ich aber auf ein Auto angewiesen bin, kaufe ich mir nun auf die Schnelle einen Gebrauchtwagen und habe damit zweifellos „ein neues Auto", aber zufrieden bin ich nicht. Denn, so beklage ich mich, ich habe ja nicht, was mir „eigentlich" vorschwebte. Stimmt nicht! Genau das, was mir vorschwebte, habe ich bekommen, nämlich etwas anderes als mein altes Auto.

Weil ich mich zu sehr auf das Hassbild konzentrierte, darauf also, das alte nicht zu wollen, anstatt mir ein positives, freundliches Wunschbild zu basteln, fiel die Wunscherfüllung nicht besser aus als mein Wünschen. Auf die präzise Formulierung kommt es an, sonst erfüllt sich das Falsche.

Eine Gruppe, viele Visionen

Je mehr Personen an einem Spiel beteiligt sind, desto mehr individuelle Wunschträume gilt es zu berücksichtigen und in das Gesamtkonzept eines Spieles zu integrieren. Daher ist die Eindeutigkeit und Griffigkeit einer Vision insbesondere dann enorm wichtig, wenn man es mit Gruppen zu tun hat.

Ein Beispiel: Man hat im Lotto gewonnen. Vater sagt: „Lasst uns ein Haus kaufen!" und alle schreien hurra. Die ganze Familie ist begeistert. Doch existiert in diesem Moment in jedem Kopf ein unterschiedliches Haus. Der Sohn denkt an einen Bungalow am Meer, zum Baden und Surfen. Dem Vater steht ein ausrangiertes Forsthaus im Wald vor Augen, für lange Spaziergänge mit dem Hund. Die Mutter aber hat ein Häuschen am Stadtrand im Sinn, wegen der Nähe zu Kino und Supermarkt.

Weil jeder seinen eigenen Wunsch vor Augen hat, gibt es so viele Häuser wie Familienmitglieder. Machte sich nun jeder separat an die konkrete Planung eines Hauskaufes, so käme es wegen dieser Missverständnisse bald zu einem Riesenkrach. Denn es hätte jeder im Sinn seiner eigenen Vision Pläne geschmiedet und dabei geglaubt, er handele ganz im Sinne der anderen.

Der Fehler: Zwar wurde ein Aktionsziel formuliert, nämlich der Hauskauf, was aber fehlte, war Einigkeit hinsichtlich der Ebene darüber, hinsichtlich der Vision. Daher kam es bei der Verwirklichung im gelebten Leben zu Konflikten. Die Frage: „Wie soll denn dieses Haus genau aussehen, das wir da kaufen wollen?", wurde nicht gestellt. Sie aber hätte die anschauliche Ausarbeitung der Vision ermöglicht und auf dieser Grundlage hätte man sich problemlos über konkrete Aktionsziele einig werden können.

Aus einem Wert entsteht die Vision, aus ihr leiten sich Ziele ab und daraus wiederum entstehen Aktionen. Das ist die Reihenfolge. Über all das muss Einigkeit erzielt werden, damit ein für alle akzeptables Produkt entsteht. Denn Realitäten entstehen aus Übereinkünften, wie wir wissen. Sie zu erzielen, ist der tiefere Sinn eines Spielkonzepts.

Nur auf der Basis einer allseits verbindlichen Vision kann man sich über Aktionsziele einig werden. Träumt jeder vor sich hin und glaubt, er sei mit allen anderen völlig einer Meinung, kommt es hinterher zu dem berüchtigten Erwachen mit Schrecken.

Moral von der Geschicht: Alle individuellen Wünsche müssen unter einen Hut gebracht werden. Eine Vision muss so weit gefasst sein, dass jeder Mitspieler seine persönliche Idealvorstellung in ihr wiederfinden kann. Nur dann wird er sich emotional angesprochen fühlen und sich für das infrage stehende Projekt einsetzen.

> Alle Mitglieder einer Gruppe sollten sich
> in der Vision des Spiels wiedererkennen können.
> Nur dann fühlen sie sich motiviert.

Schritt 2: „Was muss ich dazu herstellen?"

Geistige Welt, wirkliche Welt

Um Visionen zu erfüllen, muss man sie aus der Welt idealer Vorstellungen auf die greifbare Ebene der materiellen Realität herunterziehen. Man muss sie auf den Teppich holen, sie auf den Boden der Tatsachen stellen. Die Kernfrage ist: Welche Leistung muss erbracht, welches Produkt hergestellt werden, um der Erfüllung einer Vision näherzukommen? Und zwar mehr als einmal! Tausende von Malen muss diese Leistung erbracht werden, immer wieder – so oft, bis sich der Traum erfüllt hat.

Ein Beispiel: Mir schwebt vor, ein gefeierter Operntenor zu sein, ein Weltstar. Dazu muss ich bei unzähligen Aufführungen mein Publikum begeistert haben, über Jahre hinweg. „Der gelungene Abend mit minutenlangem Applaus", das ist das immer wieder herzustellende Endergebnis des Tenors, das seine gesamte Karriere begleitet. – Ein weiteres Beispiel: Angenommen, ein Koch wollte ein Speiserestaurant für gehobene Ansprüche führen. Ob ihm dazu eine Innenstadtlage mit moderner Einrichtung vorschwebt oder ein Landgasthof mit gemütlichem Flair, in beiden Fällen gilt: Ohne das wertvolle Endergebnis „schmackhafte Speisen stilvoll serviert" wird das nichts werden. Nicht nur einmal, sondern Tag um Tag, Jahr um Jahr, mit Verlässlichkeit.

Ein Tun ist kein Ergebnis

Ergebnisse sind das Resultat von eingesetzter Kraft, von aufgewandter Energie. Tische, Stühle, Mauern und Häuser sind die Ergebnisse handwerklicher Arbeit, ein höfliches Kind das Ergebnis guter Erziehung, ein überzeugend vorgetragenes Theaterstück das Ergebnis von vielen Proben.

Manche Staus auf der Autobahn sind das Ergebnis schlechter Verkehrsplanung, Umweltprobleme das Ergebnis unüberlegter Industrialisierung, manche Krankheiten das Ergebnis von schlechter Ernährung.

Ergebnisse markieren den Abschluss eines Aktionsablaufes. Ob Endergebnis oder Zwischenergebnis, in beiden Fällen handelt es sich um etwas bereits Getanes, um etwas Fertiges. Zum Beispiel beim Fußball: Der einem Mitspieler gut zugespielte Ball markiert den Abschluss eines Aktionsablaufes und ist ein Zwischenergebnis. Ebenso der in Richtung gegnerisches Tor gelenkte Ball. Ebenso der Schuss ins Tor. Das Endergebnis wäre: Mehr Tore geschossen als die gegnerische Mannschaft, Sieger geworden. Nur darum geht es.

Die meisten Menschen sind in ihren Gedanken dem Tun verhaftet, nicht dem Haben. Sie denken in Aktionen, nicht in Ergebnissen. Fragt man sie nach ihrem Haben, so antworten sie mit dem Tun. Beispiel Hausbau: Wir fragen den Maurer, was das Ergebnis seiner Leistung ist. Er sagt: „Ich errichte Mauern." Der Zimmermann: „Ich zimmere den Dachstuhl." Der Fliesenleger: „Ich kachele die Bäder."

Alle haben sie damit geantwortet, was sie tun. Keiner hat gesagt, was sein Ergebnis ist. Ein Ergebnis ist das, was man hat, wenn man fertig ist. Ein Ergebnis ist ein Haben, kein Tun.

Als Haben ausgedrückt, hätten unsere Handwerker sagen müssen: „Mein Ergebnis ist die stabile, lotrecht hochgezogene Mauer." „Der ordentlich sitzende Dachstuhl." „Das einwandfrei und ebenmäßig gekachelte Badezimmer."

Das zu hören, würde dem Bauherrn gefallen. Denn es geht ihm ja nicht um „irgendein" Ergebnis, sondern um das bestmögliche, um die optimale Annäherung an seine Vision, die, wie wir wissen, Richtmaß seiner Entscheidungen ist.

Qualität

Ergebnisse muss man sehen und anfassen können. Sie müssen nachweisbar sein. Wer viel über seine Ergebnisse redet, statt sie vorzuzeigen, hat vermutlich keine. Wer stundenlang erklärt, wie klug er geplant hat und wie er es fast zu einem brillanten Abschluss gebracht hätte, wenn nicht „blöderweise gerade kurz vor Schluss“ dies und jenes dazwischengekommen wäre usw., oder wer mit aufgeblasenem Brustkasten darauf verweist, wie er „früher mal“ schon ganz andere Geschichten unglaublich genial gelöst hätte usw., den kann man getrost vergessen. Alles heiße Luft.

> Wie beurteilt man Ergebnisse?
> Leitsatz: „Hinschauen, nicht hinhören!“

Wenn wir sagen, dass am Abschluss eines Aktionsablaufes unweigerlich ein Ergebnis steht, so meinen wir damit jedes mögliche Ergebnis. Nicht nur das vorbildhaft Perfekte ist ein Ergebnis, sondern auch das halbfertig Liegengelassene, das Unnütze, das Schädliche. Alles Ergebnisse! Ob einer einen Aktionsablauf mit vorbildlichem oder miesem Ergebnis abschließt oder ihn mittendrin halbfertig abbricht, spielt keine Rolle. Ergebnis ist Ergebnis. Eine Tatsache wurde geschaffen.

Selbst wenn jemand auf halbem Wege aufgegeben hat, hinterlässt er Spuren. Er hat Kosten verursacht, Zeit und Kraft von Helfern in Anspruch genommen. Er hat sozusagen eine Baustelle in die Welt gesetzt, die sinnlos herumsteht und von anderen entsorgt werden muss.

Auch eine miese Leistung hat eine deutlich wahrnehmbare Existenz. Sie ist vorhanden. Sie ist nicht etwa nicht vorhanden, nur weil sie mies ist. Im Gegenteil, gerade weil sie mies ist, belastet sie die Gemeinschaft ganz besonders.

Zusammengefasst gesagt, hat jedes Tun, auch das zufällige, seine Auswirkungen. Es hat zwangsläufig irgendein Ergebnis. Führen wir hingegen einen Aktionsablauf bewusst durch und haben am Ende etwas vorzuweisen, auf das wir stolz sind, so handelt es sich hier nicht bloß um einen Zufall, sondern um ein echtes Endergebnis. Ob dies jedoch in den Augen der Welt einen Wert hat und von ihr als „Wertvolles Endergebnis“ angesehen wird, steht auf einem ganz anderen Blatt. Dazu kommen wir gleich.

Leistung und Gegenleistung

Für wertvolle Ergebnisse bekommt man Gegenleistungen. Diese haben die Form von Anerkennung, Unterstützung, Medaillen, Zuschüssen, Werbeverträgen, Löhnen, Gehältern, Honoraren. Der Wert einer Leistung liegt im Ermessen des Betrachters. Er fragt sich: „Kommt die angebotene Leistung oder Ware meiner Vision nahe oder nicht?“ Wenn ja, so ist der Käufer zu einer Gegenleistung bereit und kauft. Der ideelle Wert spielt dabei eine weit größere Rolle als der rein praktische. Selbst beim Auswählen so banaler Dinge wie Baumaterialien lässt sich das beobachten. Man kauft nicht einfach „irgendwelche“ Ziegelsteine, Wasserhähne, Türklinken, Heizungssysteme und Isolationsmaterialien. Durchaus nicht! Man kauft Stabilität, Dauerhaftigkeit, Sicherheit, Wirtschaftlichkeit und ein erwünschtes Erscheinungsbild, also Schönheit. Man kauft Werte, nicht Sachen. Trifft ein bestimmtes Produkt hier ins Schwarze, so ist man durchaus bereit, auch ein paar Euro mehr auszugeben. Hingegen greift man für faule Kompromisse der Marke „praktisch, aber hässlich“ nicht gerne in den Geldbeutel.

Man will seiner Vision nahe kommen. Nur das zählt. Höher als der materielle Nutzen rangiert der ideelle. Wenn wir nur irgendwie können, leisten wir uns etwas. Am rein praktischen Nutzen ausgerichtet, müsste eigentlich jeder mit der Bahn fahren, denn ein Transportmittel braucht jeder. Aber steige ich deswegen in die Bahn? Nein. Lieber lege ich mir einen Rolls-Royce zu. Ein Transportmittel, das braucht man. Einen Rolls-Royce, den wünscht man sich. Wie sagte doch einmal Mae West, die seinerzeit so berühmte Filmdiva? „Ich kann auf alles verzichten, nur nicht auf Luxus.“ Nur für Luxus wäre Mae West bereit, eine Gegenleistung zu geben, nur dort sähe sie einen Wert.

Das „Wertvolle Endergebnis“ (W.E.)

Jeder Abschluss eines Aktionsablaufes, so sagten wir, bringe unweigerlich ein Ergebnis mit sich. Um nun wünschenswerte Ergebnisse von weniger wünschenswerten zu unterscheiden, sollen die wünschenswerten als „Wertvolle Endergebnisse“ bezeichnet werden, abgekürzt „W.E.“. Weiterhin soll sich das Wort „Produkt“ der Einfachheit halber auf die ganze mögliche Palette von Waren, Dienstleistungen, Vorführungen, erlernten Fertigkeiten, hergestellten Gegenständen, Kunstwerken, Bauten usw. beziehen, auf alle denkbaren Leistungsergebnisse also.

Der Wert eines Endergebnisses ermisst sich daran, wie sehr ein Konsument es besitzen will und wie groß die Gegenleistung ist, die er sich selbst dafür abfordert. Auch Zwischen-, Vor- oder Unterprodukte haben zweifellos ihren Wert, insofern sie dem Endergebnis zuarbeiten. Doch nur das W.E. hat im Auge des Betrachters den besonderen Wert, für den er eine Gegenleistung zu geben bereit ist.

Selbstverständlich hat das W.E. auch für den Produzenten höchsten Wert, denn von ihm hängen Karriere und Einkommen ab. Ohne W.E. keine Gegenleistung, ohne Gegenleistung kein Spiel. Um zu überleben, darf ein Produzent daher nicht „irgendetwas“ produzieren. Nein, es muss ein W.E. sein: ein Produkt, das ihm eine Gegenleistung einbringt. Das W.E. stellt die Brücke zur Welt dar. Sofern die Welt es erwirbt, strömen Geld, Unterstützung und neue Aufträge in das Spiel und gewährleisten die Existenz des Spiels in Gegenwart und Zukunft.

> Ohne Wertvolles Endergebnis kein Spiel.

W.E.s von gleichbleibend hoher Qualität und großer Anzahl, im Verlauf von Jahren und Jahrzehnten mit Verlässlichkeit hergestellt, bewirken Erfahrung und Meisterschaft. Irgendwann wird das dahin führen, dass Realität und Vision deckungsgleich sind. Ist-Zustand und Soll-Zustand werden eins. So betrachtet, dienen alle Pläne, Regeln und Statistiken einzig und allein dem kontinuierlichen Hervorbringen von Wertvollen Endergebnissen in steigender Qualität, bis sich die Vision schließlich erfüllt hat.

Ein Spiel ist sozusagen doppelt verankert, mit der Vision in der geistigen Welt, mit dem W.E. in der materiellen Welt und im gesellschaftlichen Leben. Ohne Vision wird kein Spiel gestartet, ohne W.E. lässt es sich nicht aufrechterhalten und schon gar nicht gewinnen.

Deswegen ist es für ein Spiel von größter Bedeutung, dass seine Mitspieler eine klare Vorstellung vom W.E. haben. Ohne jeden Zweifel müssen sie begriffen haben, wie sich ihre persönlichen Zwischenergebnisse ins Gesamtergebnis einpassen. Nur dadurch ist gezielte und sinnvolle Arbeit möglich, nur so lässt sich Motivation auf hohem Niveau halten. Zwar steigt die Komplexität eines Wirtschaftsunternehmens mit zunehmender Größenordnung in vieler Hinsicht, aber selbst bei Tausenden von Mitarbeitern bleibt eines immer gleich, nämlich das Wertvolle Endergebnis. Jeder sollte es kennen, es benennen können und wissen, auf welche Weise er dazu beiträgt. Sind die Mitspieler dazu nicht in der Lage, so weiß man: Hier ist der Wurm drin.

Beispiel: Trotz seiner Größe hat ein Riesenunternehmen wie etwa die Post eine ganz simple Vision, nämlich „reibungslose und schnelle Beförderung von Briefen und Paketen weltweit". Diese Vision deckt sich mit der des Kunden. Welche Unterprodukte sind dazu nötig? „Dienstbereite Schalter in ausreichender Anzahl. Flott und ohne Wartezeiten verkaufte Briefmarken. In erreichbarer Nähe des Kunden aufgehängte Briefkästen. Pünktlich geleerte Briefkästen." Und so weiter. Das W.E.: „Die zügig und unbeschädigt an die korrekte Adresse ausgelieferte Sendung." Ist das allen Postlern von der untersten bis zur obersten Managementebene in dieser Einfachheit klar? Das wäre zu wünschen.

Wert und Ethik

Vorausschauend sei angemerkt, dass nicht jedes vom Kunden als wertvoll erachtete Endergebnis gleichzeitig ethisch wertvoll ist. Man denke nur an die Produkte der Rüstungsindustrie oder der Kinderpornografie. Unsere hier verwendete Definition von „wertvoll" bezieht sich lediglich auf die Eintauschbarkeit eines Produktes gegen Geld oder eine andere Form der Gegenleistung. Hat ein Produkt seinen Markt gefunden, dann deswegen, weil ihm eine bestimmte Zielgruppe einen Wert beimisst. Die ethische Bewertung seiner Herstellung, Verwendung und Auswirkung ist eine ganz andere Geschichte. Im Kapitel über Ethik kehren wir zu dieser Frage zurück.

Schritt 3: „Wie stelle ich das bloß her?“

Aktionsziele

Von den fünf Schritten des Spielkonzeptes wurden bislang zwei beschrieben. Dabei markiert Schritt eins, die Vision, den Beginn eines Aktionsablaufes, Schritt zwei, das W.E., dessen Ende. Mit Schritt drei kommen wir nun zum fehlenden Mittelteil, zur Durchführung, zur Aktion, zum Tun. Warum beschäftigen wir uns erst jetzt mit dem Tun? Warum erst das Haben, dann das Tun? Weil das Tun sinnlos ist, wenn man nicht weiß, auf was es hinauslaufen soll. Ein Tun ohne Ziel ist kopflos. Weil das Ziel des Tuns ein Haben ist, stellt sich naturgemäß als erstes die Frage: „Was will ich haben?“ und erst dann die Frage: „Was muss ich dafür tun?“

Hieraus ergeben sich die Schritte unseres Spielkonzeptes: Mit Schritt eins, der Vision, weiß ich, wohin ich will. Mit Schritt zwei, dem W.E., weiß ich, was ich brauche, um dorthin zu kommen. Nun, mit Schritt drei, überlege ich mir, wie ich dieses W.E. herstelle. Welche Aktionsziele nehme ich mir vor, welche Prioritätenfolge haben sie, wie viele Aktionsebenen ergeben sich hieraus?

Aktionsebenen

Planung bedeutet, bei allem Tun nie das angestrebte Haben aus den Augen verlieren. Nie darf das Tun in blinden Aktionismus ausarten. Nie darf das Tun um des Tuns willen geschehen, „nur dass endlich einmal etwas getan wird“. Bei allen oft nicht vermeidbaren Schleifen und Schlangenlinien muss man doch immer wieder zur Hauptlinie zurückfinden. Ausschließlich um das Wertvolle Endergebnis sollte es beim Tun gehen. Nur hierauf darf der Fokus der Aufmerksamkeit liegen.

> Organisation bedeutet: das Tun übersichtlich ordnen.

Das Tun ist in Aktionsebenen unterschiedlicher Rangordnung zu gliedern. Man macht Pläne, entwickelt Programme, entwirft Projekte, arbeitet Aktionslisten für einzelne Aufgaben aus. Schon allein damit hätten wir vier Aktionsebenen.

Der Plan als höchste Aktionsebene drückt eine generelle Absicht aus, etwa: „Wir wollen den Opfern von Erdbebenkatastrophen helfen." Das Programm als niedrigere Aktionsebene ist schon eingrenzender, etwa: „Erdbeben-Notprogramm Türkei" oder „Programm Marokko" oder „Programm Afghanistan".

Wieder eine Aktionsebene tiefer, bei den Projekten, wird es dann richtig konkret. Da geht es um ganz bestimmte Einsätze im Rahmen der Nothilfeprogramme für die Türkei, Marokko oder Afghanistan. Und auf tiefster Aktionsebene, bei den Aufgaben, geht es mit konkreten Anweisungen ins Detail: „Diese zweihundert Paletten mit Kleidern und Decken bitte in das Flugzeug dort hinten! Abflug in 35 Minuten."

Wie viele Aktionsebenen man konzipiert und wie viele separate Aktionsabläufe auf jeder Ebene stattfinden, hängt von Größe und Komplexität des geplanten Vorhabens ab. Je größer ein Vorhaben, desto differenzierter und vorausschauender muss man es naturgemäß gliedern. Die hier genannten vier grundsätzlichen Ebenen würde man nach Bedarf in weitere und weitere Unterebenen unterteilen.

Ein Plan wird zum Produkt

Wie setzt man einen Plan in die Tat um? Es liegt auf der Hand: Indem man dafür sorgt, dass auf jeder Aktionsebene alle Aktionsabläufe ordentlich abgeschlossen werden, und zwar von unten angefangen. Sind auf Aktionsebene vier alle Aufgaben anweisungsgemäß ausgeführt und dadurch die einzelnen Projekte auf Aktionsebene drei ordentlich abgeschlossen worden, so haben sich auf diese Weise auf Aktionsebene zwei die Programme erfüllt, womit schließlich auf Aktionsebene eins der ganze Plan zum Abschluss gebracht wäre. Wieder ein „Wertvolles Endergebnis" geschaffen!

Es liegt auf der Hand, gewiss. Dennoch geschieht es nicht immer. Zu viele Faktoren spielen eine Rolle, vor allem der Faktor Mensch. Die richtige Einschätzung der Lage, die Wahrung der Prioritätenfolge, die kreative Spontaneität trotz aller Planung, das alles verlangt einen kühlen Kopf. Und der kann leicht einmal verloren gehen, wenn im Eifer des Geschehens die Emotionen auf den Siedepunkt geraten.

Planung und Spontaneität: Kein Gegensatz

Kein am grünen Tisch ausgedachter Plan, kein Programm, kein Projekt, keine Anweisung kann alle Eventualitäten vorwegnehmen, die im Moment der Ausführung auftreten mögen. Konkurrierende Spieler und gegnerische Teams machen einem den Platz streitig. Weiterhin bietet das Arbeitsmaterial seinen Widerstand: splitterndes Holz, berstender Beton, heiß gelaufene Geräte, abstürzende Computer. Nicht zu vergessen schlechtes Wetter und Naturkatastrophen. Das ist alles schwer vorauszusehen.

> Ein guter Mitspieler ist auf alles gefasst.
> Wachsamkeit und der Mut, bei Bedarf einzuschreiten,
> sind seine Kennzeichen.

Hat ein Mitspieler das Spielkonzept intelligent verinnerlicht und erzielt er kraft eines unbegreiflichen Einfalls das gewünschte Ergebnis, so darf man ihm dafür keinesfalls böse sein. Seine Innovation ist durch den Erfolg legitimiert. Innovatives Tun in Kombination mit unkonventionellen Lösungen müssen gestattet sein, denn oft sind es gerade solche Einfälle, die einen festgefahrenen Karren wieder aus dem Dreck ziehen.

Im Gegensatz dazu wird ein Mitspieler, der das Konzept des Spieles nicht versteht oder es missversteht, ins Regelheft starren und so lange zaudern, dass das Unglück ungehindert seinen Lauf nehmen kann. Oder er wird aus Unbedarftheit das Falsche tun. Beides hat katastrophale Folgen.

Das Tun muss flexibel bleiben. Nur so kann es gelingen, sich den ständig wechselnden Anforderungen der Umgebung unverzüglich anzupassen, ohne dabei W.E. und Vision aus dem Auge zu verlieren. Versagen hier Spieler und Management, so erstarrt das Tun im Bürokratismus seelenlos verwalteter Regeln. Um dies zu vermeiden, bleibt nur eins: mündige Mitspieler aufbauen. Wie man das macht, steht im Kapitel über Organisation.

Zufriedenheit trotz Stress

Steckt man mitten im Tun, so fühlt sich das oft endlos an. Tun, tun, tun, immer nur tun. Es hat keinen Anfang und kein Ende. Die Monotonie der Routine versetzt einen in Trance. Man verliert den Überblick, gerät in Verzweiflung und Depression.

Vor lauter Tun das Ziel und die Vision aus den Augen verlieren, das tut nicht gut. Fixiertheit auf das Tun macht krank. Wer nur noch die laufende Aktion sieht, aber nicht mehr das angestrebte Ziel und die geleisteten Schritte dorthin, der fühlt sich gehetzt, nervös und gestresst. Er gerät in einen Zustand öder Endlosigkeit ohne Orientierung und Hoffnung. Der Griff nach Alkohol, Kaffee, Zigaretten und Drogen häuft sich. Psychosomatische Krankheiten bleiben nicht aus.

Würdigt man hingegen das bereits Geleistete, richtet man sein Augenmerk auf das „Haben beim Tun", so macht das fröhlich und entspannt. Die gute Stimmung bleibt erhalten. „Hurra, wieder ein Schrittchen weiter!"

Schauen Sie nicht ständig auf das noch zu Schaffende, richten Sie Ihren Blick auch auf das bereits Geschaffte, auf das Abgeschlossene, das Erledigte. Würdigen Sie Ihre Mitstreiter. Loben Sie auch sich selbst! Feiern Sie Ihre großen und kleinen Siege, sei es mit einer Entspannungspause, einem Abendessen oder einem Betriebsausflug. Vergessen Sie über die ach so wichtigen operativen Ziele nicht sich selbst und ihre Mitspieler!

Schritt 4: „Auf was muss ich achten, damit es was wird?“

Spielregeln stellen Lösungen dar

Da wir uns im Kapitel „Arbeit oder Spiel?“ bereits eingehend mit Spielregeln befasst haben, sei hier das Wesentliche noch einmal zusammengefasst.

Vernünftige Spielregeln helfen, Verwirrung und Chaos zu vermeiden. Sie sind das Ergebnis von vielen Jahren der Auseinandersetzung mit allen erdenklichen Widerständen. Sie sind das Ergebnis von Erfahrung. Somit stellen sie Lösungen für die Probleme eines Mitspielers dar. Was tun bei Problemen? Im Regelheft nachschlagen.

Falsche, widersprüchliche oder fehlende Spielregeln bewirken Reibereien. Interne Konflikte treten an die Stelle der Produktion. Die Kräfte der Mitspieler werden durch Intrigenspielchen vergeudet. Das Spiel zerfällt. Vernünftige Spielregeln sind daher unerlässlich.

Die Vision bleibt unantastbar

Weil sich die Umstände laufend ändern, müssen ihnen die Spielregeln ständig angepasst werden. Veraltete Spielregeln führen zu unzeitgemäßen Entscheidungen. Ursprünglich zum Lösen von Problemen gedacht, werden sie, sofern man sie ewig unverändert ließe, selbst zum Problem. Auf diese Weise bliebe das Spiel bald stecken. Doch so sehr Spielregeln auch gelegentlich revidiert gehören, so wenig darf an der überwölbenden Vision gerührt werden. Trotz der unvermeidbaren Änderung der Spielregeln muss die Vision immer und unter allen Umständen gewahrt bleiben.

Änderte man die Vision, so bliebe das Spiel nicht nur stecken, sondern man befände sich unversehens in einem völlig anderen Spiel. Eben hieß es noch: Auf zu neuen Kontinenten! Und jetzt auf einmal: Machen wir es uns doch an Bord gemütlich. Von der Eroberervision zur Hausbootidylle. Wie kam es dazu? Weil die Stürme heftiger waren, als man erwartet hatte. Vor lauter Schreck erließ man Tausende von Sicherheitsbestimmungen und schnitt die Vision ganz nebenher und unbemerkt auf ein bequemes Maß zurück. Damit hätte man jedoch auch den Charakter des Spiels grundlegend geändert. Ein Integritätsbruch hätte sich vollzogen, ein Riss durch die Geschlossenheit des Ganzen.

Spielregeln darf man ändern. Das ist unvermeidbar, gesund und notwendig. Visionen und Idealvorstellungen hingegen müssen erhalten bleiben, sonst verfremdet man das gesamte Spiel.

Die Vision ist wie der Leuchtturm am Horizont. Vernünftige Spielregeln ermöglichen es der Besatzung, den Kurs zu halten und das Schiff in Richtung Leuchtturm zu lenken. Die Spielregeln dem Wechsel der äußeren Bedingungen anzupassen ist unabdingbar, solange dadurch der Kurs auf den Leuchtturm gewahrt bleibt.

Geraten Visionen und Ideale aber ins Wanken, so verschwindet der Leuchtturm vom Horizont. Damit verlieren alle Regeln ihren Wert und die Besatzung fühlt sich ratlos.

Schritt 5: „Stimmt die Richtung?“

Manche Spielabläufe dauern so lange, dass es kaum noch gelingt, ihre Entwicklung zu überschauen. Sie ziehen sich über Jahre, Jahrzehnte oder gar Generationen hin. Wie soll man da beurteilen, ob es in die richtige Richtung geht? Statistiken und Indikatoren sind die Antwort.

Statistiken im Unterschied zu Indikatoren

Eine Statistik ist eine zahlenmäßig erfasste, eine „quantifizierte“ Aussage über einen bestimmten Vorgang. In dem Wort „Statistik“ steckt das lateinische „status“, zu Deutsch Zustand, Lage, Verfassung. Will man sich ein Bild von einem bestimmten Zustand, einer Lage oder einer Verfassung machen, so führt man Statistiken und wertet sie aus.

„In der letzten Woche haben wir im Neubaugebiet siebzehn Kubikmeter mehr Zement verarbeitet als in der Vorwoche.“ Eine exakte statistische Aussage. Sie enthält einen gemessenen Vorgang (die Betonverarbeitung), eine Maßeinheit (die Kubikmeter), einen definierten Ort (das Neubaugebiet) und einen definierten Zeitraum (eine bestimmte Kalenderwoche). Eine weitere statistisch exakte Aussage wäre diese: „Die Niederschläge im Weserbergland betrugen im letzten August soundso viele Zentimeter pro Quadratmeter. In diesem August hingegen waren es nur soundso viele.“ Klarer Fall. Reine Beobachtung mit eindeutiger Quantifizierung. Da gibt es nichts zu diskutieren.

Im Gegensatz zur Statistik sind Indikatoren nicht quantifiziert. Sie sind nicht in Form exakter zahlenmäßiger Aussagen abgefasst. Sie sind Anzeichen für etwas, Hinweise. Indikatoren beruhen auf ungefähren Beobachtungen, auf einer ganzheitlichen Einschätzung der Lage. Die beiden Beispiele von oben, als Indikatoren formuliert, würden etwa so klingen: „Im letzten Sommer hat es mehr geregnet als in diesem, was man daran sehen kann, dass die Regentonne im Garten im letzten Sommer fast dauernd voll war und in diesem nur selten." Die Gefülltheit der Regentonne wird als Anzeichen für den Regenreichtum des Sommers verwendet.

Zum Thema Betonverarbeitung bemerkt eine Anwohnerin aus der Nachbarschaft des Neubaugebietes Folgendes: „Also, diese Betonlaster hören ja seit letzter Woche überhaupt nicht mehr auf zu fahren! Was da wohl wieder gebaut wird?" Sie hat die Zunahme der Betontransporte bemerkt und interpretiert dies korrekt als Anzeichen für vermehrte Bautätigkeit.

Die zukunftsorientierte Statistik

Nicht nur rückblickend wertet man Statistiken aus, sondern auch vorausschauend. Man möchte mit ihrer Hilfe die Zukunft vorausberechnen.

Statistiken und Indikatoren vergleichen das Heute mit dem Gestern und gestatten Voraussagen für das Morgen.

„Eine Schwalbe macht noch keinen Sommer", sagt ein Sprichwort. Vornehmer ausgedrückt, klänge das so: „Der Indikator Schwalbe gestattet keine zuverlässige Aussage über den exakten Zeitpunkt des Eintretens der erwarteten Situation namens Sommer."

Eine zukunftsorientierte Statistik hätte etwa diese Form: „Je kräftiger ich bestimmte Maßnahmen ergreife, desto mehr bzw. weniger lässt sich ein bestimmtes Ereignis beobachten und umso mehr geht es in die gewünschte Richtung." Beispiel: „Je mehr ich trainiere, desto mehr Muskeln baue ich auf und desto weniger Fettpolster zeigen sich und umso mehr sehe ich aus wie Mister Bodybuilding persönlich, meine Idealvorstellung." Tendenz steigend oder fallend? Darum geht es.

Statistik im täglichen Leben

Abgesehen davon, dass Behörden, Banken und Versicherungen ihr Äußerstes tun, um jeden einzelnen Bürger von der Wiege bis zur

Bahre statistisch zu erfassen, setzt man auch von sich aus im täglichen Leben weit öfter Statistiken ein, als einem bewusst ist.

Nehmen wir als Beispiel einen beginnenden Pianisten, einen blutigen Anfänger. Er träumt von Solokonzerten vor ausverkauftem Haus. Das ist seine Idealvorstellung. Seine gegenwärtige Darstellungskunst, der Ist-Zustand also, beschränkt sich jedoch lediglich auf „Hänschen klein". Wie könnten wir ihm helfen, seiner Vision näherzukommen? Indem wir uns fragen, wie sein Fortschritt in ihre Richtung zu messen wäre. Welche seiner pianistischen Tätigkeiten sind für seinen Fortschritt relevant? Welche von ihnen lassen sich beobachten und quantifizieren? Relevant wäre zweifellos, dass er regelmäßig übt. „Übungsstunden pro Woche" wäre demnach eine sinnvolle Statistik. Eine weitere wäre: „Bis zur Vortragsreife gediehene Stücke pro Jahr." Dann: „Anzahl von positiven Kommentaren pro Vortrag", danach:

„Anzahl von Zuhörern pro Vortrag" und schließlich die triumphalen „Minuten von Applaus nach beendetem Vortrag."

Ob das „echte Kunst" ist, was unser Pianist da vorträgt, steht auf einem ganz anderen Blatt. Aber zumindest kann man sagen: Den Leuten gefällt es. Als Konzertkünstler liefert er ein Produkt, für welches das Publikum Eintrittskarten zu kaufen bereit ist, ein „Wertvolles Endergebnis" also. Damit wäre er seinem Wunschtraum sehr nahegekommen. Statistiken haben seinen Weg begleitet.

Auch im Liebesleben gilt der Grundsatz: „Je mehr bzw. weniger sich ein bestimmtes Ereignis beobachten lässt, desto deutlicher zeigt sich, in welche Richtung es geht." Im letzten Monat mehr Küsse, Geschenke und Rosensträuße verteilt und erhalten als im Vormonat? Guter Indikator! Es geht aufwärts.

Das Spielkonzept ganz knapp

Fassen wir zusammen, was beim Ausarbeiten eines sauberen Spielkonzeptes zu beachten ist:

Schritt 1:
Die realisierbare Vision formulieren: „Was schwebt mir vor?"
Welche Zustände, welche Befindlichkeiten sehnen Sie herbei? Wie wird das gelebte Leben aussehen, wenn sich Ihr Wunsch verwirklicht hat?

Beschreiben Sie, was Sie sehen! Beschreiben Sie die Bilder auf Ihrem geistigen Bildschirm. Es sind Zukunftsbilder. Nur die Teile davon, die Sie sehen und fühlen, riechen und schmecken können, werden wahr. Beschreiben Sie daher, was Sie sehen können, nicht was Sie sich alles denken könnten. Formulieren Sie mit dem Herzen, nicht mit dem Kopf. Solange Sie nicht anfangen zu strahlen, haben Sie den Nagel noch nicht auf den Kopf getroffen.

Nun zur Ethikfrage: „Welchen Nutzen habe ich davon, wenn sich das erfüllt? Welchen Nutzen haben andere?" Korrigieren Sie Ihre Vision, bis sich möglichst wenig darin finden lässt, das einem anderen schaden könnte. Suchen Sie einen optimalen Kompromiss.

Schritt 2:
Das W.E. festlegen: „Was muss ich zur Erfüllung der Vision als Wichtigstes herstellen?"
Welche verkäufliche oder eintauschbare Endleistung hält Ihr Spiel am Laufen und bringt Sie der Erfüllung näher?

Auch hier einige Ethikfragen: Bringt Sie dieses Wertvolle Endergebnis der angestrebten Idealvorstellung tatsächlich näher? Welchen Nutzen haben andere von diesem W.E., sodass sie zu einer Gegenleistung bereit wären? Könnte das W.E. jemandem schaden?

Schritt 3:
Die Organisation: „Wie stelle ich dieses W.E. bloß her?"
Führen Sie ein Brainstorming durch. Stellen Sie alle Aktionen, die

Ihnen einfallen, zunächst einmal locker zusammen. Ordnen Sie sie anschließend und gliedern Sie sie in Aktionsebenen auf.

Fragen Sie sich bei jedem Aktionsziel: Wer soll es ausführen? Bis wann? Von was wird die Ausführung abhängen? Wer oder was könnte mich an ihr hindern? Wie gedenke ich damit umzugehen? Damit sind Sie gegen alle Eventualitäten gewappnet.

Schritt 4:
Die Spielregeln zusammenstellen: „An was muss ich mich halten, damit alles wunschgemäß verläuft?"
Listen Sie alle bereits existierenden Regeln, Vorschriften, Gesetze, Verordnungen usw. auf, die mit Ihrem Spiel direkt oder indirekt zu tun haben. Ersinnen Sie neue Regeln für interne Zwecke. Fragen Sie sich bei jeder Regel, ob Ihr Tun damit auch wirklich in Richtung W.E. und Vision gelenkt wird.

Schritt 5:
Passende Statistiken und die Indikatoren wählen: „Woran kann ich sehen, ob die Richtung stimmt?"
Definieren Sie sinnvolle und aussagekräftge Statistiken und Indikatoren, um Hinweise darauf zu bekommen, ob Sie sich dem W.E. bzw. der Vision annähern oder nicht.

Hinweise zur Ausarbeitung

Liegt ein Spielkonzept erst einmal fertig ausgearbeitet vor einem, so ist es wasserdicht, hieb- und stichfest, aus einem Guss. Es weist eine innere Stimmigkeit auf, eine logische Geschlossenheit. Der Vorgang des Ausarbeitens allerdings ist keineswegs logisch und gradlinig, sondern im Gegenteil spontan, irrational, sprunghaft und ganzheitlich. Wie immer beim Brainstorming, geht es in alle Richtungen gleichzeitig voran. Nur selten verweilt man bei einem Punkt, bis er vollständig beantwortet ist. Zumeist springt man kreuz und quer von einem Punkt zum anderen. Das erlebt man bei jedem kreativen Prozess, es ist ganz normal.

Um der Dynamik des Geschehens gerecht zu werden, sollte man vorsorglich fünf Stapel Papier um sich herum ausbreiten, für jeden der Schritte 1 bis 5 einen. So kann man jeden Einfall sofort auf das mehr oder weniger richtige Blatt schreiben. „Mehr oder weniger richtig" insofern sich das, was eben noch brillant und einleuchtend erschien, bei späterer Durchsicht der Blätter als schier unverständlich erweisen mag und der Korrektur bedarf. Kurz, das Ausarbeiten eines Spielkonzeptes erfordert wiederholte Durchgänge, bis es am Ende die gewünschte Geschlossenheit aufweist.

Tatsächlich empfiehlt es sich, dieses Brainstorming nicht am Computer durchzuführen, sondern ganz konventionell mit Papier und Bleistift oder auf mehreren Schreibtafeln, Whiteboards oder Flipcharts gleichzeitig. So hat man alles überschaubar vor sich liegen, kann sich einen schnellen Überblick über den Stand der Dinge verschaffen und behält die Orientierung.

Beispiel für ein Spielkonzept: „Berufserfolg"

Situation: Karin möchte vom Angestelltendasein in die Selbstständigkeit hinüberwechseln, dabei aber möglichst in ihrer bisherigen Firma verbleiben. Eine Position als Außendienstmitarbeiterin bietet sich an.

Schritt 1, die realisierbare Vision: Was schwebt Karin vor? „Freie Zeiteinteilung. Mal ein bisschen draußen rumkommen, statt immer im Büro. Manchmal lange und hart arbeiten, dann aber auch mal gründlich relaxen können. Nicht immer die blöden Bürostunden schieben müssen. Sich ein paar Tage frei nehmen können, wenn der Job es erlaubt, ohne jemanden fragen zu müssen. – Nutzen: Selbst verantwortlich sein für die Höhe des Einkommens. Die eigene Power voll ausspielen und Spaß am Erfolg haben. Mit vielen guten Aufträgen zum Erhalt der Firma und damit meines Arbeitsplatzes beitragen und so für eine gesicherte Zukunft sorgen."

Schritt 2, das W.E.: Was muss Karin dazu herstellen? Sie muss Kunden besuchen und Aufträge hereinholen. Davon bezieht sie ihre

Provision. Ihr W.E. ist: „Unterzeichnete Verträge, die der Kunde tatsächlich honoriert und nicht vorher storniert."

Schritt 3, Organisation: Wie stellt Karin dieses W.E. her? Sie muss ihre Reisen organisieren, d. h. telefonieren und Termine machen. Ihre Produktion besteht aus der Fahrt zum Kunden und dem erfolgreichen Gespräch mit ihm. Um dafür fit zu sein, muss sie unter Umständen Zusatzschulungen in Anspruch nehmen. Diese wären ihre Programme und Projekte auf den entsprechend tieferen Aktionsebenen.

Schritt 4, Spielregeln: An was muss sich Karin halten, damit alles wunschgemäß verläuft? Sie muss erstens pünktlich sein und zweitens ein gutes Auftreten haben (Kleidung, Sprechweise, Umgangsformen usw.). Drittens muss sie sämtliche Fragen hinsichtlich ihres Angebots brillant beantworten können. Das sind die drei wichtigsten Regeln für sie.

Schritt 5, Statistiken und Indikatoren: Stimmt die Richtung? Statistiken könnten sein: „Anzahl geführter Telefonate im Verhältnis zur Anzahl gemachter Termine." – „Anzahl besuchter Kunden im Verhältnis zur Anzahl geschriebener Verträge." – „Einnahmen im Verhältnis zu Spesenausgaben." Jeweils „pro Monat", denn der Monat wäre hier ein realistisches Zeitmaß.

Tipps für den Alltag:

- Arbeiten Sie zur Übung ein ganz simples Spielkonzept aus, z. B. für den Kauf eines Autos oder einer Stereoanlage.
- Jetzt könnten Sie sich an einen echten großen Wunschtraum herantrauen. Arbeiten Sie dafür ein Spielkonzept aus, damit aus dem Wunsch Wirklichkeit wird.

7
Führung und Geführte im Konflikt

Management ist unbequem

Zu Anfang des Buches hieß es, jeder, ob oben oder unten in der Hierarchie, sei ein „Manager“. Sprechen wir hingegen von „Management“, so meinen wir damit eine Körperschaft von Managern, nicht einen Einzelnen. „Management“ soll bedeuten: „die Gruppe der Spielführer“. Dies im Unterschied zu einzelnen Spielern und Spielfiguren, die ihre jeweiligen Posten managen.

Das Management, so sahen wir bereits in „Arbeit oder Spiel?“, dient als Übersetzer. Es übersetzt die dem Spiel innewohnende Vision in begreifbare Handlungseinheiten. Die Vision besagt: „Dort soll es hingehen!“ Das Management fragt: „Wie kommen wir da hin?“ Als Antwort auf diese Frage gibt es Ziele und Pläne vor, verteilt Aufgaben, ersinnt Spielregeln, wirbt Mitspieler an oder entlässt sie. Organisation ist das Geschäft des Managements.

Nun pflegt ein Management seine Ziele und Pläne nicht einfach freundlich und unverbindlich vorzuschlagen und es den Mitspielern zu überlassen, wann sie sich damit beschäftigen möchten. Nein, es macht Druck. Mit Nachdruck sorgt es dafür, dass Termine eingehalten, Projekte abgeschlossen, Spielregeln befolgt und Steuern bezahlt werden. Damit macht es sich bei den Spielern nicht immer beliebt.

Das Management übt Strenge. Es fordert, treibt an, mahnt ab, straft. Deswegen wird ein Management im Gegensatz zum Spielgründer nie verehrt, sondern bestenfalls respektiert. Diesen Respekt zollt man ihm genau so lange, wie die Mitspieler den Sinn von Regeln und Ahndungen einzusehen vermögen. Solange die Mitspieler spüren, dass sie in die richtige Richtung geprügelt werden, d. h. in die Richtung, in die sie eigentlich selbst wollen, spielen sie mit. Solange es in die Richtung der Vision geht, können sie trotz allen Schimpfens den vom Management ausgeübten Druck noch gutheißen. Denn, um es zu wiederholen, man kann Menschen nur dorthin führen, wohin sie von sich aus wollen.

So sehr es stimmt, dass der Mensch Visionen hat, so lästig ist ihm jedoch häufig deren Umsetzung in die Wirklichkeit. Zum Beispiel will der Mensch Freiheit. Aber dafür kämpfen, das will er nicht. Er will Sicherheit. Aber sich darum kümmern, das sollen die andern machen. Er will Gesundheit, verzichtet aber nicht gerne auf Fast Food. Er will Redefreiheit, aber nicht, dass ihm einer die Meinung sagt. Er will Bildung. Aber Vokabeln lernen ist ihm zu anstrengend.

Menschen, im Gegensatz zu Tieren und Pflanzen, können nicht auf natürliche Weise überleben. Sie müssen sich bewusst und gezielt organisieren, wenn sie gegen die Natur bestehen wollen. Der Mensch braucht Management und Führung, auch wenn er gerne das Gegenteil behauptet, und er nimmt diese Führung zumindest solange hin, wie es in die richtige Richtung geht. Weicht die Führung jedoch von der angestrebten Vision ab, so reagiert er mit Protest. Wenn es ihm zu weit geht, wird er rebellisch.

Die heilige Hierarchie

Rein äußerlich betrachtet, sitzen innerhalb wie auch außerhalb des Managements ganz normale Menschen. Würde man sie am Strand oder in der Sauna antreffen, so könnte man sie rein körperlich kaum auseinanderhalten. In ihrem Bewusstsein jedoch existiert ein gewichtiges Unterscheidungsmerkmal. Es äußert sich in einer ganz bestimmten Überzeugung: Die einen betrachten sich als die Führer, die anderen glauben von sich, sie seien die Geführten. Die einen sehen oben ihren Platz, die andern unten. Manche erleben sich gar „ganz unten" als bloße Spielfiguren. Eine hierarchische Gliederung, die oft weniger von echtem Können abhängt, dafür aber umso mehr von der persönlichen Lebenseinstellung der Beteiligten.

Hierarchien bilden sich in Gruppen wie von selbst heraus. Da es unleugbar so etwas gibt wie Sachautorität und Führungskompetenz, ist Hierarchiebildung einfach aus der Kraft der beteiligten Menschen heraus unvermeidlich, ob man das nun begrüßt oder nicht. Selbstverständlich könnte die Führungsrolle paritätisch wechseln, heute mal der eine, morgen mal der andere, je nach Aufgabe. Aber das wäre allenfalls in kleinen, aufeinander eingeschworenen Teams denkbar, nicht in größeren Gruppen.

Wörtlich aus dem Griechischen übersetzt bedeutet Hierarchie „heilige Führung". Übertragen auf die gängige Praxis sieht das zumeist so aus, dass die wenigen auf der oberen Ebene den Vielen auf der unteren Ebene diktieren, was zu geschehen habe, und bekanntlich führt das auf der unteren Ebene nicht in allen Fällen zu großer Begeisterung. Je größer die Gruppe, desto stärker springt dies ins Auge.

Man schaue sich Vereine an, Firmen oder Regierungen. Es ist überall das Gleiche: wenige oben, viele unten, dazwischen eine Kluft. Trotz Jahreshauptversammlungen, trotz interner Verlautbarungen an die Mitarbeiter, trotz Parteitagen verstehen die unten oft nicht, was die da oben treiben, sogar dann nicht, wenn die Unteren die Oberen demokratisch gewählt haben sollten.

Kaum ist einer von unten kommend auf einen oberen Posten gerückt, scheint er die Bodenhaftung zu verlieren und abzuheben. Er scheint zu vergessen, wo er hergekommen ist und wer ihn gewählt hat. Er verliert den Kontakt zu den Kollegen von früher. In der gelebten Praxis scheint von der Heiligkeit der Führung nicht viel übrig geblieben zu sein.

Man kann es dem neu nach oben Beförderten verzeihen. Keiner hat ihn auf den gruppendynamischen Sog vorbereitet, der jeden beim Überschreiten der Schwelle zwischen unten und oben erfasst. Es hat zwar jeder sein Handwerk gelernt, ob Maurer, Grafiker oder Jurist. Aber Chef sein, das hat er nicht gelernt. Und da liegt das Problem. Indem er nämlich nach oben rückt, gehört er plötzlich einer anderen Gruppe an. Eben noch gehörte er zur Gruppe der Befehlsempfänger, nun plötzlich zur Gruppe der Befehlserteiler. Weil er darauf nicht vorbereitet wurde, hat er keinen Überblick. Was tut er in seiner Not, um sich zu orientieren? Er, der Neuling, richtet sich nach den Vorgaben der „alten Hasen“. Und wird wie sie. Ihre Überzeugungen werden zu seinen Überzeugungen. Denn nur indem er ihre Übereinkünfte teilt, kann er auch die von ihnen geschaffene Realität teilen.

Schauen wir uns die Karriere eines fiktiven Herrn Friedrich an: Als er noch im Volk saß, fühlte sich Herr Friedrich einbezogen in die Sache des Volkes. Er vertrat dessen Übereinkünfte. Er war zutiefst davon überzeugt, dass das Volk mit seinen Anliegen recht hat und die Regierung gemaßregelt gehört. Nun ist Herr Friedrich in die Regierung aufgestiegen. Er fühlt sich einbezogen in die Sache der Regierung. Er vertritt deren Übereinkünfte. Er ist zutiefst davon überzeugt, dass die Regierung mit ihren Anliegen recht hat und das Volk gemaßregelt gehört.

Spricht man Herrn Friedrich auf seinen Sinneswandel an, so wird er dies empört als Unterstellung zurückweisen. Er hat seine Umkehr wahrscheinlich nicht einmal bemerkt.

Gruppenkultur

Eine Gruppe besteht aus einzelnen Menschen, sollte man meinen. Das stimmt genauso, wie es nicht stimmt. Denn man kann einer Gruppe nicht angehören, ohne mit ihr Gemeinsamkeiten zu haben. Realitäten entstehen aus Übereinkünften, wie wir wissen. Der Stil, das „Klima“ einer Gruppe entsteht aus nichts anderem als Übereinkünften. Indem man sich an Gruppenaktivitäten beteiligt, wird man Teil dieser Übereinkünfte. Man verwächst mit ihnen. Unmerklich, allmählich und unvermeidbar verwandelt man sich vom Individuum zum Mitglied. Man wird zu einem „Glied“ am „Körper“ der Gruppe und teilt ihr „Leben“. Wer als Gruppenmitglied glaubt, gleichzeitig unabhängiger Single bleiben zu können, macht sich Illusionen, und der Gruppe täte er damit keinen Gefallen.

Das Selbstverständnis einer Gruppe entsteht aus der gewachsenen Übereinstimmung der Gruppenmitglieder darüber, „was sich gehört". Genau hieraus besteht die so oft zitierte Gruppenkultur. Solche Übereinstimmungen sind über lange Zeit hinweg aus der Interaktion zwischen Gruppenmitgliedern und Umgebung heraus entstanden. Von anderen mögen sie als absurd, lachhaft oder erschreckend bewertet werden. Der Gruppe jedoch ist dies gleichgültig, denn von ihrem Standpunkt aus haben sich diese Übereinstimmungen über Jahrzehnte oder gar Jahrhunderte hinweg bewährt. Sie sind die „Überlebensformel" der Gruppe.

> Eine Kultur entsteht aus den Übereinkünften einer Gruppe oder eines Volkes zum Zweck der Lebensbewältigung.

Gruppendynamik

Wegen ihrer großen Kraft üben diese Überlebensformeln einen machtvollen dynamischen Effekt auf den Einzelnen aus, sobald er sich einer Gruppe anschließt. Sie reißen ihn mit, sie bewirken, dass er über sich hinauswächst und zu mehr wird als einem Einzelmenschen.

Indem man den Vereinsbeitrag zahlt, stimmt man den Entscheidungen des Vereins zu, selbst wenn man nie ein Wort dazu gesagt hat. Indem man Mitarbeiter bei einer Firma ist, stimmt man der Firmenpolitik zu, selbst wenn man nur einen Halbtagsjob hat. Indem man Staatsbürger ist, wird man für die Entscheidungen seiner Regierung mitverantwortlich gemacht, selbst wenn man persönlich dagegen ist.

Allein schon dadurch, dass man dabei ist, gibt man einer Gruppe Kraft. Ihre Eigendynamik wächst und artikuliert sich in gruppentypischen Aktionen. So entstehen die je nach Gruppe unterschiedlichen, oft extremen Verhaltensweisen. Die Gruppe agiert dabei als Ganzes. Sie ist mehr als die Summe ihrer Mitglieder, sie hat ein Eigenleben. Dies lässt sich bei Karnevalsumzügen, Schützenfesten oder Fußballweltmeisterschaften ebenso beobachten wie bei Hexenjagden, Pogromen, Vandalismus, Lynchjustiz oder Mobbing.

Bei solchen Aktionen steigert sich der Einzelne unbewusst und ungewollt in Übereinstimmungen hinein, die er weder vor seiner Mitgliedschaft in dieser Gruppe gutgeheißen hätte noch danach gutheißen würde. Er gerät in Trance.

Wer dabei ist und gleichzeitig so tut, als sei er nicht dabei, fällt unangenehm auf. Die Gruppe rügt ihn. Also macht er mit, auch wenn er innerlich dagegen ist. Erst hinterher, nachdem der Schaden angerichtet ist, wundert sich so mancher über sich selbst und schämt sich zutiefst. Aber nein sagen ging auch nicht, denn dadurch hätte er die Gruppe verloren.

> Gruppendynamik heißt: Willst du dabei sein, so musst du mitmachen. Machst du nicht mit, fliegst du raus.

Öffentlich nein sagen, das ist schwer. Selbst bei lockerster Anbindung an eine Gruppe ist einem die Gruppenmitgliedschaft nie ganz egal. Denn die Gruppe stellt eine geistige Heimat dar, bietet Schutz und Geborgenheit, bringt Chancen und Privilegien mit sich.

Zum Aussteigen gehört also Mut. Nicht viele haben ihn. Und wollte man eine Gruppe kritisieren oder gar reformieren, dann würde Mut allein nicht ausreichen. Es würde Kraft brauchen, Durchhaltevermögen und vor allem eine alternative Vision. Und die haben wirklich nur ganz wenige.

Management – ein Spiel im Spiel

Zurück zu der eingangs beschriebenen Kluft zwischen „hier unten das Volk" und „da oben die Anführer". Wie kommt es, dass einer, der gestern noch zum Volk zählte, sich heute gebärdet, als habe er seinen Hintergrund völlig vergessen? Als sei er gar zum Feind des Volkes geworden? Gerade eben erst ist er vom Volk vertrauensvoll in den Rang eines Spielführers erhoben worden oder hat sich durch gute Leistungen zu dieser Position emporgedient – wie kann es sein, dass sich ein solcher Mensch unversehens ins Gegenteil verkehrt?

Die Antwort gaben wir schon: Er gehört nun einer anderen Gruppe an, nämlich der Gruppe der „Anführer", d. h. des Vorstands, des Direktoriums, der Regierung. Diese Gruppe aber hat ein völlig anderes Gruppenklima als „das Volk", d. h. einen anderen Satz Überzeugungen, ein anderes Selbstverständnis und entsprechend andere Verhaltensweisen, eine andere Kultur also. Auch hier gilt die Regel: Willst du dabei sein, so mach mit, andernfalls fliegst du raus. Und was tut unser Aufsteiger? Er macht mit. Wie unser Herr Friedrich ein paar Seiten früher.

Jede Gruppe strebt danach, sich selbst zu erhalten. Das ist das Wichtigste für sie. Es geht ihr nicht in erster Linie um die Sache, es geht ihr nicht um rationale Lösungen, sondern darum, Gruppe zu bleiben, egal wie. Es geht um Selbsterhaltung. Es geht um Macht. Es geht darum, recht zu behalten.

Die Mitspieler als Gruppe wollen recht haben. Das Management als Gruppe will recht haben. Zwei aufs engste verzahnte Gruppierungen und beide wollen sie recht haben! Verlieren sie dabei die gemeinsame Vision aus den Augen, oder hatten sie vielleicht nie eine, so geraten sie ganz böse gegeneinander.

Eine Gruppe ist genauso wenig ein „rein rationales" Wesen wie ein Einzelmensch. Genauso wie Einzelmenschen haben auch Gruppen innere Konflikte und Emotionen. Der Vorstand ist genauso emotional wie der Betriebsrat. Man bedenke: Keine Kommunikation läuft ohne Emotionen ab! Und wegen ihrer enormen Dynamik ist eine Gruppe ein noch viel gewaltigeres emotionales Pulverfass als der Einzelmensch.

Als aufschaukelndes Moment kommt hinzu, dass Großgruppen wie etwa multinationale Unternehmen, Behörden oder Staaten wiederum in Untergruppen zerfallen, die oft bestens miteinander verfeindet sind. Die emotionale Suppe kocht also an allen Ecken und in mehreren Töpfen gleichzeitig. Mit Eruptionen darf jederzeit gerechnet werden.

Als Spiel im Spiel, als Gruppe in der Gruppe wird das Management von subtilen Übereinkünften eigener Art gesteuert. Diese können bewirken, dass sich das Management der Gruppe entfremdet, der es doch eigentlich dienen sollte. Verliert ein Management die Bodenhaftung und sucht Visionen zu verwirklichen, die nicht mehr denen der Spieler entsprechen, so kommt es irgendwann zur Trennung von Gruppe und offiziellem Management. Ein neues, inoffizielles Management bildet sich heraus, sei es ein Streikkomitee, ein Rebellenkader oder eine Untergrundbewegung.

Das alte Management, das sich der Vision und den Wünschen der Mitspieler nicht mehr verpflichtet fühlt, steht nun allein da: als Management ohne Mitspieler. Oder als ein Management, dessen Mitspieler zu Gegenspielern geworden sind. Oder als ein Management, das seine Spieler durch Bedrohung und Gewaltmaßnahmen zu Spielfiguren degradieren muss, um sich halten zu können – man denke an die Bilder von gepanzerten Polizisten im Einsatz gegen das Volk.

Entmündigung

Ein Management neigt dazu, die Mitspieler zu entmündigen, sei es aus übertriebener Vorsicht, taktischer Geheimhaltung oder weil es der Gruppe gegenüber verräterische Absichten hat. Ausmaß und Tempo dieses Entmündigungsprozesses der Mitspieler hängen mit den Leichen im Keller des Managements zusammen. Vielleicht ist dies und jenes mal „dumm gelaufen“ und niemand hat sich getraut, es der Öffentlichkeit bekannt zu geben. Vielleicht spielen Intrigen, Verrat und geheimdienstliche Aktivitäten eine Rolle. So oder so häufen sich die Verheimlichungen. Wer aber viel zu verheimlichen hat, wird Vorkehrungen dafür treffen, dass man ihm nicht auf die Schliche kommt. So nimmt die Abkapselung des Managements von der Gruppe unaufhaltsam ihren Lauf.*

Ist eine solche Abkapselung tatsächlich unaufhaltsam? Theoretisch gesprochen, nein. Theoretisch gesprochen sollte man diesen Verfallsprozess mit den Mitteln von Kommunikation, Wachheit und Wahrung persönlicher Integrität aufhalten können. Ob das in der Praxis durchführbar ist, wäre noch herauszufinden. Die geschichtliche Vergangenheit der Völker dieser Erde bietet hierfür jedenfalls wenig Ermutigendes.

Die Macht kommt aus den Gewehrläufen, heißt es. Auch aus den Medien oder aus der Aktienmehrheit kommt sie. Wer die Macht hat, fühlt sich über einen kritischen Dialog mit seinen „Unterlingen" zumeist erhaben. Das hat er nicht mehr nötig, meint er. Wann immer ein Volk an seinen Diktatoren verblutete, ein Unternehmen an der Inkompetenz seiner Führungskräfte einging, eine Demokratie an der Profilierungssucht ihrer gewählten Vertreter scheiterte oder eine Familie wegen der Heimlichkeiten der Eltern zerfiel, in jedem Fall blieben die Menschen, die Angestellten, die Bürger, die Kinder auf der Strecke. Weder ein geschasstes Regime noch ein durchgebranntes Management haben je die unterschlagenen Millionen rückerstattet oder das von ihnen verursachte Leid nachträglich gelindert.

Bis dato findet auf dieser Erde Wiedergutmachung allenfalls in Form zähneknirschender Reparationszahlungen der Besiegten an die Siegermächte statt. Doch wird das geschehene Ungemach allein dadurch beileibe noch nicht wiedergutgemacht. Auf beiden Seiten türmen sich Leid und Enttäuschung auf Leid und Enttäuschung, der Frustrationspegel steigt. Kein Wunder, dass Angst und Aggressivität weltweit zunehmen. Die Kluft zwischen oben und unten weitet sich.

* Andreas von Bülow, Im Namen des Staates – CIA, BND und die kriminellen Machenschaften der Geheimdienste, Piper 1998.

Führer und Verführer

Verantwortliche Führung

Soll das bislang Gesagte etwa heißen, dass die Aufgabe eines Managements darin bestünde, der Gruppe nach dem Mund zu reden? Es ihr recht zu machen? Sollte das Management etwa der Gruppe willfährig sein? Ihr dienen?

Ja und nein. Ja, denn da Besserwisserei zur Entmündigung führt, bleibt keine andere Wahl, als der Gruppe zu dem von ihr gesuchten Glück zu verhelfen. Nein, denn sollte eine willfährige Haltung zur Verantwortungslosigkeit verkommen, zum Populismus, so ist damit nichts gewonnen.

Populismus bedeutet, dass ein Politiker das „gesunde Volksempfinden" abschmeckt. Er erfühlt, was gerade en vogue ist, und setzt sich laut krähend auf die laufende Welle, um Wählerstimmen einzuheimsen. Rollt die nächste Welle in eine andere Richtung, so setzt er sich auf diese. Immer wie der Wind weht. Ein surfender Wetterhahn.

Verantwortliches Management ist nicht populistisch. Es muss Diener sein wollen, gewiss, aber auch Diktator sein können. Es muss es der Gruppe recht machen in dem Sinne, dass es die der Gruppe innewohnenden Visionen erspürt und zu verwirklichen trachtet. Gelegentlich aber, und besonders wenn das Volk seine Vision aus dem Auge verliert, muss das Management das Volk an besagte Visionen erinnern und ihm Beine machen. Dazu muss das Management unpopuläre Maßnahmen ergreifen und sie durchziehen, egal, was das Volk dazu sagt. Das wäre das genaue Gegenteil von Populismus.

Der Mensch, so heißt es, sei von Natur aus gut und strebe nach Edlem. Um der Wahrheit Genüge zu tun, sei hinzugefügt, dass er außerdem von Natur aus faul ist und darauf wartet, dass ihm das Gute und Edle von selbst ins Maul fliege. Der Geist, so heißt es ganz richtig, sei willig, das Fleisch jedoch schwach. Aufgabe eines Managements wäre es, den Menschen an das Gute und Edle zu erinnern, das er bequemerweise vergessen hat, und ihn dahingehend erleuchten, dass Faulheit, Neid und Eigennutz keine optimalen Lösungsstrategien darstellen. Es sollte die Untugenden abwerten und die Tugenden aufwerten.

Führung durch Verblendung

Leider steht es einem Management auch offen, das Gegenteil zu tun, nämlich die Tugenden abzuwerten und die Untugenden aufzuwerten. Alle Menschen rund um den Erdball haben die gleichen grundsätzlichen Visionen. Sie wünschen sich Nahrung, Kleidung, Wohnung, Heizung, Bildung, persönliche Sicherheit, Entwicklungsmöglichkeit, religiösen Spielraum. Alle Menschen wissen, dass sie für diese Güter und Werte etwas leisten und auf die anderen Rücksicht nehmen müssen. Dennoch gibt es auf jeder gesellschaftlichen Ebene und in jeder geschichtlichen Epoche doch immer wieder Psychopathen, die es kraft ihrer visionären Energie und eines gut geölten PR-Apparates schaffen, dem Volk vorzuflunkern, Raub und Mord seien Wege zum Glück und man müsse keinen Handstreich selbst tun. Damit appellieren sie erfolgreich an die Faulheit des Volkes, rufen Begeisterungsstürme hervor und werden zu Anführern erwählt. Mit ihnen fühlt sich das Volk zunächst gut bedient, doch stößt die anfangs so bestechende Methode „Raub und Mord zur Förderung der eigenen Bequemlichkeit“ irgendwann an ihre natürlichen Grenzen. Gegenwärtig können wir diesen Vorgang auf globaler Ebene beobachten, wir, die wir die Nachwehen des Kolonialzeitalters durchleben und von den über Jahrhunderte hinweg Ausgebeuteten gerade die Rechnung präsentiert bekommen.

„Der Zweck heiligt die Mittel.“ Dieser böse Spruch rechtfertigte zu allen Zeiten Mord und Totschlag und zwar ausnahmslos im Namen der sogenannten guten Sache. Immer wieder gelang das Kunststück, Mittel zu ersinnen, die den Sinn einer Vision auf den Kopf stellen. Der zeitlos beliebte Leitsatz: „Nur ein Weltkrieg kann uns den Weltfrieden bringen“, gibt ein wunderbares Beispiel dafür. So klingt er, der Wahnsinn ideologisch verblendeten Zweckdenkens.

Dabei darf es nie der Zweck sein, der die Mittel heiligt, sondern allein das Ergebnis. Nur rückblickend kann man beurteilen, was richtig war. Nur das, was nachweislich, mit Blick auf die tatsächlichen Ergebnisse, zur Verwirklichung der Vision hingeführt hat, wäre vertretbar zu nennen. An ihren Früchten sollt ihr sie erkennen, wieder einmal.

> Nicht durch den Zweck werden die Mittel geheiligt,
> sondern durch das gute Ergebnis.

Tatsache ist aber, dass in der Realität unserer Welt immer wieder Visionen proklamiert werden, die lauthals zu Gräueltaten aufrufen und dessen ungeachtet Tausende und Millionen begeisterter Anhänger finden. Oder es mussten ethisch hochstehende Visionen, wie etwa die christliche, als Ausrede für unvorstellbare Grausamkeiten herhalten, angeblich zur höheren Ehre selbiger Vision. Doch Mord ist kein lebensförderliches Produkt und tausendfacher Mord schon gar nicht. Da kann man ihn politisch hochstilisieren, wie man will. Dass die Leute diesen halluzinierenden Visionären massenweise hinterherlaufen, kommt dadurch zustande, dass ihnen auf hypnotische Weise etwas Erstrebenswertes vorgegaukelt wird, etwas, das schlummernde Träume von Geld und Geilheit weckt und mit den entsprechenden Brandreden zum Auflodern gebracht werden kann.

Wie oben bereits festgestellt, ist der Mensch zwar hilfreich, edel und gut, aber außerdem bequem und denkfaul. Spricht man das Edle in ihm an, so spürt er mit messerscharfer Intuition, dass ihm Arbeit ins Haus steht, und er wendet sich dankend ab. Stellt man ihm hingegen in Aussicht, wie er sich, ohne einen Finger zu rühren, zu bereichern vermöchte, so spitzt er begeistert die Ohren und sein moralisches Unterscheidungsvermögen verschleiert sich proportional.

Dieser psychischen Mechanismen kann sich ein Management bedienen. Es liegt an ihm, ob es eine Gruppe, ein Volk, eine Kultur in diese oder jene Richtung anschiebt. (Mehr dazu im Kapitel zu Public Relations.)

Wir dürfen abschließend feststellen: Nicht an seinen guten Absichten und seinem liebenswerten Auftreten ist ein Management zu messen, sondern allein an seinen tatsächlich erbrachten Leistungen. Ergebnisse sind von ihm zu fordern, nachhaltige, konstruktive, der Lebensqualität förderliche Ergebnisse. Das so oft zu hörende „sorry, dumm gelaufen, aber wir wollten ja nur das Beste", das darf einfach nicht als Entschuldigung akzeptiert werden.

Fixpunkte stabilisieren eine Kultur

In jeder Gruppe bilden sich früher oder später Identifikationsmerkmale heraus, an denen man einander erkennt. Man weiß: Wer so und so gekleidet ist, solche und solche Symbole als Schmuck trägt, diese und jene Begriffe und Gesten benutzt, der gehört dazu. Der ist einer von uns.

Solche Identifikationsmerkmale verankern eine Gruppe im Strom der Zeiten und in den Stürmen der Geschichte. Als kulturelle Fixpunkte schaffen sie ein Wir-Gefühl, geben einer Gruppe innere Stabilität. Gerade in Zeiten der Not stellen kulturelle Fixpunkte ein sichtbares und anfassbares Bindeglied zur Vision dar. Sie erinnern an das, was einem wert und heilig ist. Kulturelle Fixpunkte bewirken Stabilität.

Zu Fixpunkten zählen die Vereins- oder Landesflagge, vertraute Stadt- und Landschaftsbilder, altbekannte Gesichter, Traditionen, Sitten, Gebräuche, Lieder, Tänze, Pokale, das Familienfoto auf dem Schreibtisch, das Madonnenbild in der Nische, der regionale Dialekt. Sie fügen sich zu dem zusammen, was man „Heimat" nennt.

Wie man eine Kultur zerrüttet

Wie lassen sich Spieler zu Spielfiguren degradieren? Ganz einfach indem man ihnen ihre Visionen, Werte und Symbole, ihre kulturellen Fixpunkte also, verbietet, vermiest, verwässert, entfremdet. Indem man ihre Fixpunkte übernimmt und mit anderen Inhalten und Bedeutungen belegt. Indem man neue, fremdartige Fixpunkte künstlich erschafft und sie der Gruppe mit einer Mischung aus Schlauheit und Gewalt aufzwingt.

Beispiel: Für den Christen haben Festtage wie Weihnachten und Ostern den Status echter Fixpunkte. Man feiert die Geburt und Auferstehung von Jesus Christus, stellt einen Weihnachtsbaum auf und findet unter ihm Geschenke, die das Christkind gebracht hat. Zu Ostern geht man Ostereier suchen, die vom Osterhasen versteckt wurden.

Was aber haben Weihnachtsbaum und Osterei mit Geburt und Auferstehung von Jesus zu tun? Rein gar nichts, denn bekanntermaßen sind die erwähnten Symbole durchweg heidnischen Ursprungs. Der immergrüne Weihnachtsbaum symbolisiert die Wintersonnenwende und damit das Ende der dunklen bzw. den Beginn der lichten Zeit. Und mit Osterei und Osterhase feierte man einst den Frühling und die Fruchtbarkeit. Beide Feste gehen auf vorchristliche Zeiten zurück.

Weil sie unmöglich abzuschaffen waren, wurden ihre Symbole von den damaligen Missionaren übernommen und mit neuer Bedeutung belegt, nämlich mit einer christlichen. Die von Christen als authentisch erlebten Rituale beruhen auf den vorsätzlich zerstörten Fixpunkten der untergegangenen keltischen Kultur.

Was tat der Legende nach Bonifatius, um die Germanen von der Macht seines Gottes zu überzeugen? Er hackte eine den Germanen heilige, ihrem Gott Donar geweihte Eiche um, ein machtvolles Symbol also. Weil danach kein Blitz in ihn hineinfuhr, wie das versammelte Volk eigentlich erwartet hätte, war mit peinlicher Offensichtlichkeit erwiesen, welcher Gott der stärkere war. Ein einziges Symbol wurde entweiht und eine ganze Kultur verlor damit ihre Stabilität.

Persönliche, familiäre und kulturelle Identität und Stabilität entstehen durch Fixpunkte. Will ich eine Kultur destabilisieren, so muss ich, wie angedeutet, ihre zentralen Fixpunkte entweder verbieten, sie übernehmen und inhaltlich neu besetzen oder ganz neue Fixpunkte vorgeben. Dieses Unterfangen ist den Mitspielern entweder mit geschickten propagandistischen Mitteln schmackhaft zu machen oder ihnen brutal aufzuzwingen, je nach Führungsstil.

Als die Engländer vor dreihundert Jahren Schottland und Irland überfielen, um aus einem einfachen Britannien ein Großbritannien zu machen, wurden sowohl die gälische Sprache als auch die Volksmusik über Generationen hinweg mit eiserner Hand verboten. In Australien entriss man Ureinwohnerfamilien noch vor wenigen Jahrzehnten gewaltsam die Kinder, um sie in weißhäutigen Pflegefamilien zu ordentlich zivilisierten Bürgern heranziehen zu lassen. Im Zuge der Christianisierung des Abendlandes vor zwölfhundert Jahren wurde auf jeder zerstörten Kultstätte ein christliches Kapellchen errichtet.

Cortez und Pizarro, die notorischen Konquistadoren im Dienste Spaniens, was stellten sie auf die rauchenden Trümmer indianischer Kulturen? Das Kreuz. Eigentlich Symbol des Erlösers, wurde es degradiert und mutierte zu einem Symbol spanischer Weltmacht. Symbole markieren den Weg der Sieger.

Die Marken der Sieger

Jeder Sieger hinterlässt gerne sein Zeichen. Er markiert das Terrain seines Triumphes mit Symbolen. Einem Hundeführer ist diese Erscheinung nicht unbekannt. Er weiß, Rüden markieren ihr Revier mit Pissmarken.

Während des Zweiten Weltkrieges trugen die Fahrzeuge und Flugzeuge sowohl der amerikanischen als auch der sowjetischen Armee einen fünfzackigen Stern, ein „Pentagramm". Größe und Form waren identisch, nur war der amerikanische Stern weiß, der russische rot. Das Pentagramm ist ein uraltes Zeichen, das in der Magie als „Drudenfuß" bekannt ist. Auch von den Freimaurern wird es verwendet. Heute ziert selbiges Pentagramm die europäische Flagge in Form von zwölf Sternen. Das militärische Hauptquartier der USA hat die Form eines Pentagons, also eines Pentagramms mit verbundenen Zacken. Hinterlässt da jemand seine Pissmarke?

Das MacDonalds-Markenzeichen über Peking, Coca-Cola-Reklameschilder in Bagdad, Wolkenkratzer von Banken und Versicherungen, die höher emporragen als Kirchtürme und mittlerweile in jeder Großstadt Amerikas, Europas und Asiens zu finden sind, sind das die Pissmarken der Sieger?

Eine Gruppe, der die angestammten Fixpunkte genommen wurden, fühlt sich geschwächt und degradiert. Sie besteht aus Spielfiguren, die von anonymen, unbekannten Drahtziehern aus dem Hintergrund heraus gegängelt werden. Weil sie ihre Gegner nicht kennt, weiß sie sich nicht zur Wehr zu setzen. In dem vergeblichen Versuch, ihre Situation zu begreifen, starrt sie in ihre Vergangenheit, zerpflückt diese und ergeht sich in hilflosen Selbstbezichtigungen. Mangels verbindlicher Visionen produziert sie keine kulturellen Werte mehr. Sie erneuert sich nicht. Die Zukunft ist ihr nebulös und fragwürdig. Diese Gruppe, diese Kultur ist am Ende.

Tipps für den Alltag:

- Schauen Sie sich einmal Ihre Familie an, Ihre Firma, Ihren Verein: Wie sieht deren Hierarchie aus? Wie ist sie gegliedert? Wie viele Stufen hat sie? Wer steht oben, wer unten, wer ist auf gleicher Höhe miteinander?
- Beruht diese Hierarchie auf allseitiger Übereinstimmung? Wird sie freiwillig und bewusst erschaffen und erhalten? Oder ist sie überaltert und beruht nur noch auf althergebrachter Gewohnheit? Gründet sich diese Hierarchie gar auf Bedrohung, Repressalien und Angst?
- Welchem Spiel dient diese Hierarchie? Welchen Visionen, Ergebnissen, Spielregeln sollte sie zuarbeiten? Tut sie es tatsächlich?
- Welche Formen, Rituale und Symbole bewirken den Gruppenzusammenhalt? Ist deren Sinn bekannt oder handelt es sich nur noch um sinnleeres Getue? Sollte es mehr solcher Rituale geben? Oder eher weniger?

Raum für Ihre Notizen

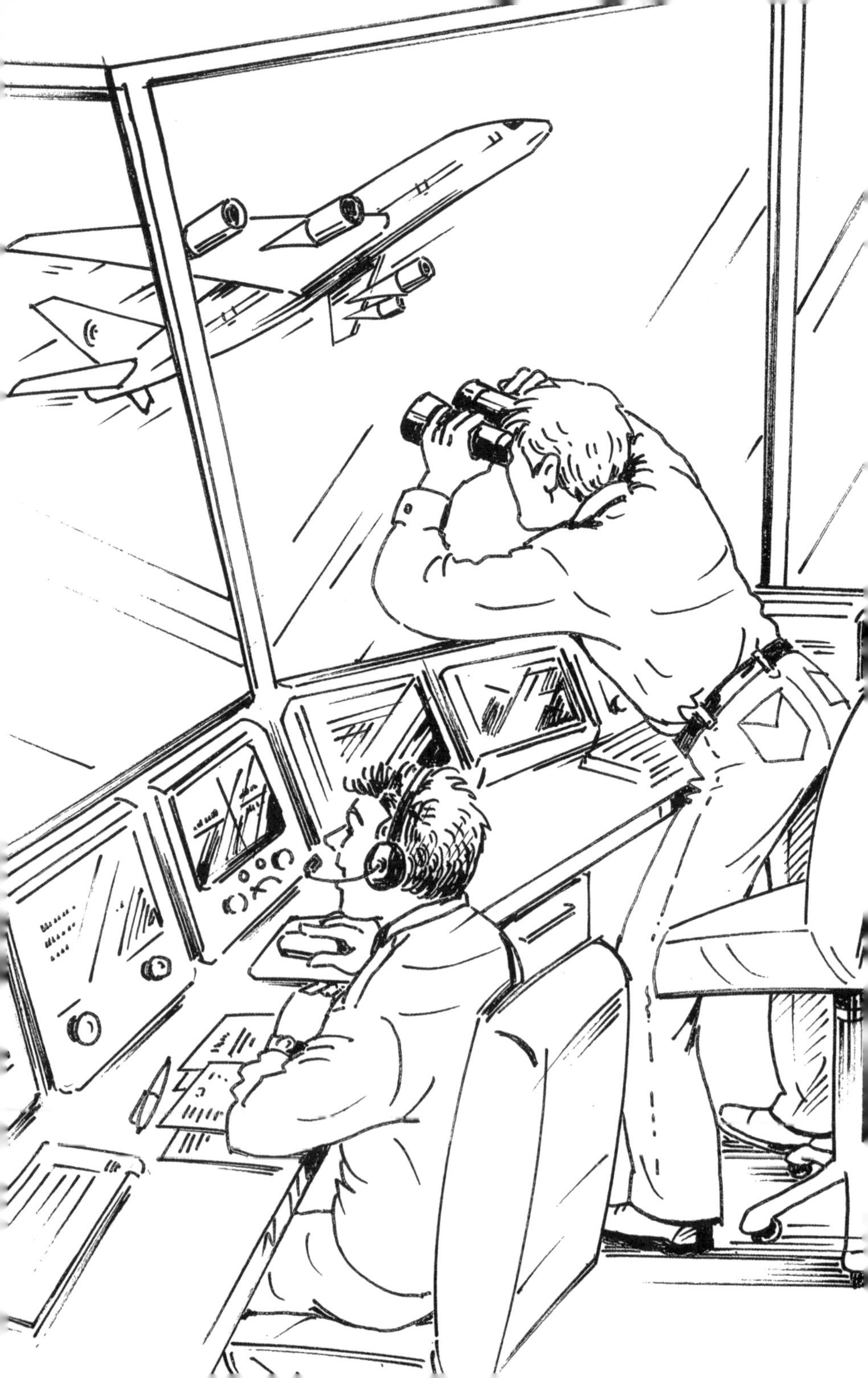

8
Führung: Miteinander statt Gegeneinander

Führungsqualität

Im letzten Kapitel sprachen wir von der Gefahr einer Entzweiung von Gruppe und Management. Damit sie gar nicht erst entstehen kann, bedarf es verständnisvoller Führung und ganzheitlicher Organisation, keine Frage. Nur, wie bringt man solches zustande? Darum soll es in diesem Kapitel gehen.

Gruppe-Management-Vision: ein Stromkreis

Alle Wünsche und Hoffnungen, alle Energien strömen hin zu unseren Wunschträumen und deren Erfüllung. Hier steht man, dort will man hin. Ist-Zustand und Soll-Zustand. Zwischen dem, was ist und dem, was sein soll, besteht eine Differenz und damit Spannung. Es ist wie mit den zwei Polen einer elektrischen Batterie. Die Mitspieler stellen den einen Pol dar, die Vision bildet den anderen. Die motivierenden Kräfte der Mitspieler, ihre Sehnsüchte und Hoffnungen, erzeugen einen Kraftstrom, der zur Vision hindrängt. Auf seinem Weg trifft er auf das dazwischen geschaltete Management und dieses wird davon gespeist wie eine Glühbirne von der Elektrizität.

Nur indem das Management diesen Kraftstrom fördert, kann es selbst existieren. Es lebt davon. Es hat nur so lange Bestand, wie man ihm vertraut. Nur über das Vertrauen der Mitspieler fließt ihm Kraft zu. Ein gewisses Maß an Unregelmäßigkeiten darf sich ein Management zwar leisten, sollte es den Spielern jedoch zu bunt werden, so entziehen sie ihm ihre Loyalität. Sie drehen ihm sozusagen das Licht ab. Und wie so manche Revolution beweist, kann es dabei nicht nur für das Management dunkel werden, sondern auch für die revolutionären Mitspieler.

In den Augen der Mitspieler taugt ein Management nur dann etwas, wenn es ihnen beim Erreichen ihrer Wunschträume hilft. Nur hieran beurteilen sie den Wert der vom Management angeordneten Leistungsziele. Entspricht ein Management dieser Anforderung, so ist es „gut", und man akzeptiert seine Autorität. Entspricht es dem nicht, so ist es „schlecht", und die Mitspieler boykottieren es mit „innerer Kündigung", mit Streik und Sabotage.

Vision, Management und Mitspieler bilden die Komponenten einer Managementtriade, von deren Ausgewogenheit die Qualität der Produkte und Leistungen des betreffenden Spieles abhängt: Je ausgewogener die Triade, desto besser die Ergebnisse.

In den Spielregeln drückt sich aus, wie sich Vision, Management und Mitspieler zueinander verhalten. Sie, die Spielregeln, bilden den ruhenden Punkt im Zentrum der Dynamik. Eine Triade kann nicht ausgewogener sein, als es die Spielregeln zulassen.

Führung und Leistungsergebnis

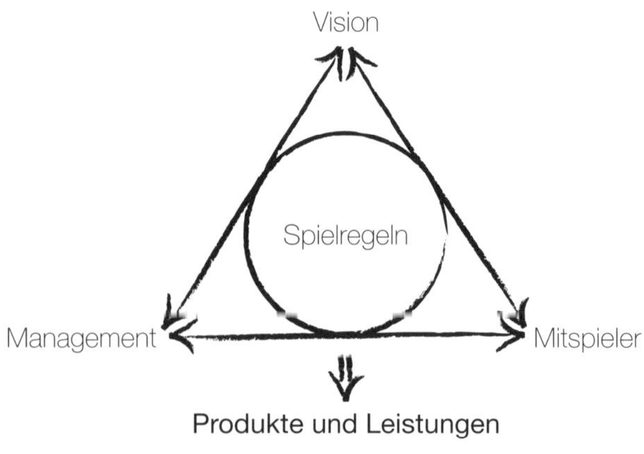

Checkliste für ein ideales Management

Aus den bisherigen Überlegungen lässt sich ableiten, was ein Management zu beherzigen hätte:

- **Die Vision des Spieles deckt sich mit den individuellen Wunschträumen der Mitspieler.** Dazu müssen Management und Mitspieler hinsichtlich der Vision miteinander im offenen Dialog stehen.
- **Das Management bekennt sich zur Vision des Spieles,** befürwortet die Ideale der Mitspieler und arbeitet beidem zu.
- **Das Spiel hat ein eindeutiges, begreifbares Spielkonzept.** Es besteht aus Vision, W.E., Organisation, Spielregeln und Statistiken. Es ist schriftlich niedergelegt und für jedermann jederzeit einsehbar.
- **Motiviertheit wird dadurch erzeugt, dass Produktionsziele auf die Vision des Spieles hin ausgerichtet sind.** Dies wird den Mitspielern auf verständliche Weise vermittelt. Indem sie die Ziele und Produkte in Augenschein nehmen, können sie sich selbst davon überzeugen, ob der Vision tatsächlich zugearbeitet wird oder nicht.
- **Die Spielregeln beschreiben die für das Spiel wesentlichen Kommunikations- und Produktionslinien.** Damit ist reibungslose Interaktion zwischen allen Beteiligten gewährleistet. Weil die Einhaltung der Regeln Erfolgserlebnisse bringt, werden sie von den Mitspielern als vernünftig betrachtet.
- **Das Nichteinhalten von Spielregeln wird geahndet.** Art und Ausmaß der Ahndungen sind schriftlich festgehalten und den Mitspielern bekannt. Ahndungen haben den Sinn, die Rückkehr eines Mitspielers in die Gruppe zu ermöglichen. Nicht Bestrafung bezwecken sie, sondern Wiedereingliederung.
- **Auswahl wie auch Entlassung von Mitspielern erfolgen allein auf Grundlage des Spielkonzeptes.** Willkürentscheidungen aufgrund persönlicher Bevorzugung oder Abneigung kommen nicht vor.
- **Bei Streitigkeiten können sich die Mitspieler jederzeit auf das Spielkonzept berufen.** Weil es eindeutig formuliert ist, kann es

nicht heute so und morgen so ausgelegt werden. Deswegen fühlen sich die Spieler bestens orientiert. Sie fühlen sich sicher und haben den Mut, ihren Standpunkt zu vertreten.

- **Die Mitspieler können dem Spiel freiwillig beitreten und es auch freiwillig wieder verlassen.** Weil sie bestens darüber informiert sind, um was es bei dem Spiel geht, können sie sich dafür oder auch dagegen entscheiden. Sie sind mündig.

Wie es nicht sein sollte:

- **Das Management hat kein Spielkonzept.** Es agiert wild drauflos, „weil man doch was machen muss". Blinder Aktionismus soll über den Mangel an Zielen und Visionen hinwegtäuschen. Ergebnis: Vergeudung von Mitteln, Enttäuschung bei den Mitspielern, sinnlose und fehlerhafte Produktion.
- **Das Management kennt die traditionell im Spiel verankerten Werte nicht oder ignoriert sie.** Es arbeitet gegen die heiligen Ideale der Mitspieler. Das Ergebnis davon ist, dass die Mitspieler abblocken. Management und Mitspieler arbeiten nun gegeneinander. Es kommt zu Streik und Sabotage. Weil sich die Kräfte gegenseitig blockieren, ist die Produktion reduziert.
- **Das Management spielt heimlich sein eigenes Spiel.** Es verfolgt eine Vision, die nur wenigen Insidern bekannt ist. Den Mitspielern wird eine vorgeschobene Vision präsentiert. Im Klartext: Das Management belügt und betrügt die Mitspieler. Sobald die Mitspieler den Vertrauensbruch bemerken, stellen sich Misstrauen und Chaos ein. Es kommt zur Revolte. Die Produktionskräfte verpuffen. Produktion findet nicht mehr statt. Die Spieler wandern ab. Das Spiel zerfällt.

Ohne Organisation keine Produktion

Die Triade Organisation, Produktion, Führung

Das Wort „Organisation", aus dem Griechischen kommend, bedeutet „Werkzeug, Hilfsmittel". Organisation ist somit ein Werkzeug, um Ideen in die Wirklichkeit zu überführen. Die im Rahmen eines Spielkonzeptes anfallenden Aufgaben werden auf die vorhandenen Mitspieler verteilt, um die vorgesehenen „Wertvollen Endergebnisse" zu erzielen.

Lassen Sie uns die Begriffe „Organisation" und „Produktion" gegeneinander abgrenzen. Unter „Produktion" wollen wir den eigentlichen Herstellungsvorgang des Wertvollen Endergebnisses verstehen. Beim Bäcker wäre das der Backvorgang im Ofen, bei der NASA der Raketenstart von der Rampe und bei der Oper die Aufführung vor vollem Haus. Demgegenüber wären unter „Organisation" die Koordination aller zum W.E. hinleitenden, untergeordneten Aktionsabläufe zu verstehen. Organisation schafft die für die Produktion nötigen Voraussetzungen.

Schon das einfache Backen eines Brotes erfordert eine ganze Reihe vorbereitender Aktionsabläufe. Zutaten und Geräte wollen bereitgestellt sein. Raum, Zeit, Energie und Personal müssen verfügbar und am Platze sein. Erst dann kann der Teig angerührt werden. Zwar hat jeder organisatorische Aktionsablauf innerhalb der Produktionskette sein eigenes, sinnvolles Ergebnis, jedoch kein „Wertvolles Endergebnis". Dies herzustellen, ist Aufgabe der Produktion. Organisation hat vorbereitenden Charakter, Produktion ausführenden.

> Organisation macht Produktion möglich.

Organisation bedeutet Leute ausbilden, Abläufe einrichten, Material und Geld bereitstellen, Zielgruppen und Märkte erschließen. Organisieren bedeutet vorsorgen, eine eher bescheidene, glanzlose Rolle im Vergleich zum Produzieren mit seiner Dynamik von Kampf, Sieg oder Niederlage, Beifall oder Schmährufen. Produzieren bringt Geld, organisieren aber kostet Geld. Aus diesem Grund wird der Wert guter Organisatoren nicht immer gewürdigt. Sie gelten oft als überflüssig und zu teuer. Wer hingegen produziert, der hat etwas vorzuzeigen. Er steht an vorderster Front im Kampf gegen die Schliche der Konkurrenz und die Ausreden der Kundschaft. Er misst sich an anderen, prahlt mit seinen Siegen.

Ohne Organisation kein Spiel

Vor lauter Spaß am Produzieren vergisst man häufig das Organisieren. Expandiert das Spiel nun eines Tages, so kommt man mangels Organisation mit der Produktion nicht nach. Riesenhetzerei, Stress und, wenn man Pech hat, Zusammenbruch des Spieles. Falsch wäre es natürlich, alles perfekt organisieren zu wollen, bevor man loslegt. Wollte man nach dieser Richtlinie einen Acker bestellen, so wäre man noch vor dem ersten Spatenstich verhungert.

Organisation ist ohne Produktion genauso wenig denkbar wie Produktion ohne Organisation. Organisieren und produzieren müssen sich die Waage halten, damit nachhaltiges Wachstum stattfinden kann. Wer sorgt dafür? Die Führung. Weder Organisation noch Produktion kämen ohne koordinierende Führung aus. Eine Führung wiederum, die keine Produktions- und Organisationsergebnisse vorzuweisen hat, wäre ein Unding. Einmal mehr sind wir auf eine Triade gestoßen.

Das besondere Kennzeichen einer Triade ist, dass man nie direkt von A nach B kann, sondern immer über C gehen muss. Bei Triaden geht es immer „um die Ecke". Angewandt auf die hier dargestellte Organisationstriade bedeutet das: Will die Organisation die Produktion beeinflussen oder umgekehrt, so muss sie über die Führung gehen. Will die Führung die Produktion beeinflussen, so muss sie die Organisation berücksichtigen. Und umgekehrt.

Sein, Tun und Haben – das felsenfeste Fundament

Ein Organisator verteilt anfallende Aufgaben auf vorhandene Mitspieler, sagten wir oben. Er weist seinen Mitspielern Ämter und Zuständigkeitsbereiche zu. Man könnte auch sagen: Er weist ihnen ein Sein, ein Tun und ein Haben zu. Diese unscheinbare Feststellung hat mehr Gewicht, als man auf den ersten Blick glauben mag. Sie wird uns eine Weile beschäftigen.

Sein, Tun und Haben ist eine weitere Verkleidung, die der Aktionsablauf annehmen kann. Wir haben ihn bereits als Start-Aktion-Stopp kennengelernt, als Absicht-Durchführung-Ergebnis und als Geist-Energie-Materie. Ebenso gut lässt er sich als Sein-Tun-Haben beschreiben.

Der Satz: „Der Bäcker backt Brot“ gibt einen Aktionsablauf im Sinn von Sein, Tun und Haben wieder. „Brot“ ist das Haben, das Wertvolle Endergebnis. „Backen“ ist das Tun. „Bäcker“ ist das Sein.

Um Brot zu haben, muss man etwas tun, nämlich es backen. Um zu backen, muss man wer sein, nämlich Bäcker. Man braucht nicht Bäcker von Beruf sein, um ein Brot zu backen. Aber man muss zumindest gewillt sein, so lange Bäcker zu spielen, bis das Brot fertig ist.

Um etwas zu erreichen, muss man es haben wollen. Dazu muss man die zugehörigen Dinge tun wollen. Und um sie zu tun, muss man wer sein wollen. So betrachtet, lässt sich ein Aktionsablauf nicht nur als Start-Aktion-Stopp oder Absicht-Durchführung-Ergebnis beschreiben, sondern genauer noch als eine Gewilltheit, zu sein, zu tun und zu haben.

> Ein Aktionsablauf beruht auf der Gewilltheit, zu sein, zu tun und zu haben.

„Sein“ bedeutet, einen Beruf ausüben, ein Amt innehaben, „Tun“, im Rahmen des Amtes oder Berufs aktiv werden, „Haben“, etwas Fertiges vorzeigen können.

Wenn einer nicht Bäcker sein will, gibt’s keine Brötchen. Wenn einer zwar Bäcker spielen will (Sein), sich aber die Hände nicht schmutzig machen mag (nichts tun will), gibt’s ebenfalls keine Brötchen (kein Haben). Ohne Sein kein Tun, ohne Tun kein Haben.

Doch gilt auch das Umgekehrte: Ohne Haben kein Sein! Damit ich jemandem sein Sein abnehmen kann, muss er mir schon ein Produkt oder eine Leistung vorzeigen können, sonst glaube ich ihm nicht. Er behauptet, er sei Bäcker. Wo sind seine Brötchen, bitte? Er sagt, er sei Schriftsteller. Wo sind seine Bücher? Sehe ich kein Produkt, so bin ich vorsichtig. Woher soll ich wissen, dass ich es nicht vielleicht mit einem Hochstapler zu tun habe?

Bewusst oder unbewusst beurteilt man seine Mitmenschen nach ihrem Sein, Tun und Haben. Stehen bei einer Person die drei Komponenten in ausgewogenem Verhältnis miteinander, so hat man Respekt vor ihr. Da redet jemand nicht nur, sondern handelt entsprechend und hat am Ende etwas vorzuweisen. Offenbar ein Mensch von charakterlicher Integrität. Wer dagegen viel verspricht, d. h. ein glanzvolles Sein vorgibt, aber nichts hält, also nicht mit dem entsprechenden Tun und Haben aufwartet, der erscheint einem unglaubwürdig.

Sein, Tun und Haben sind untrennbar miteinander verbunden. Keine Komponente kann für sich allein stehen. Es gibt weder ein „reines Sein" noch ein „reines Tun" noch ein „reines Haben". Jede Komponente bedingt die beiden anderen. Wie es bei Triaden eben so ist.

Wer mit ganzem Herzen eine Vorstellung verwirklichen, sie mit allen Kräften realisieren will, wer also etwas haben will, für den sind Sein und Tun nie ein Hindernis. Er wird jedes Angebot annehmen, wenn es ihn nur in Richtung auf das gewünschte Haben weiterbringt. Wer wirklich seine Freiheit haben will, der ist sich nicht zu schade dafür, mit bloßen Händen einen Tunnel unter der Gefängnismauer hindurchzugraben. Denn erst im Haben erfüllt sich die immaterielle Vision, die ein Mensch in seinem Sein in sich trägt und die den Anfang des Aktionsablaufes markiert. Das Haben, das materielle Ergebnis draußen in der Welt, schließt den Aktionsablauf ab.

Man frage daher nie, was jemand sein will: „Was willst du denn einmal werden, wenn du groß bist?" Sondern man frage, was er haben möchte. Denn damit er einmal haben können wird, was ihm vorschwebt, muss er unter Umständen etwas ganz anderes sein oder werden wollen, als er je vermuten würde.

Erst wenn man sich über das Haben Klarheit verschafft hat und zweifelsfrei dahintersteht, lässt sich überlegen, welches Berufsbild und welche Tätigkeit dorthin führen. Beispiel: Die siebzehnjährige Veronika möchte zum Theater. Bühnenerfolge mitgestalten, das ist ihr Wunschtraum, das ist, was sie haben möchte. Die Bühne, die Aufführung, das Publikum, der Beifall, der Erfolgsrausch, das fasziniert sie, dort leuchtet ihre Vision. Was sie dazu sein und tun müsste, da gibt es die verschiedensten Möglichkeiten: Schauspielerin, Regisseurin, Requisiteurin, Bühnenbildnerin, Maskenbildnerin usw. Welche dieser Aufgaben sie letztendlich übernehmen wird, in welches Sein sie im Lauf der Zeit hineinwachsen und welches W.E. sie genau herstellen wird, kann Veronika kaum vorausahnen. Es ist auch nicht so wichtig. Was mehr zählt als alles andere, ist der geleistete Beitrag zum Gelingen des Ganzen und zur Erfüllung des Wunschtraumes.

Sein-Tun-Haben

Vielleicht wollte Veronika eigentlich Schauspielerin werden. Doch hatte das Schicksal es anders mit ihr vor und so wurde sie Maskenbildnerin. Darüber könnte sie sich nun ein Leben lang grämen. Dabei sollte sie sich eigentlich darüber freuen, auf diese Weise ihrem Wunschtraum nähergekommen zu sein, der da heißt: „Bühnenerfolge mitgestalten".

An ihren Früchten sollt ihr sie erkennen

Von den drei Komponenten der Triade Sein-Tun-Haben kann nur das Haben als Messlatte zur Beurteilung von Mitspielern und Management dienen. Denn „Haben" bedeutet: Ein Aktionsablauf wurde abgeschlossen. Es liegt ein Produkt vor. Was sein Wert oder Unwert ist, entscheidet der Vergleich mit der Vision des Spieles. Das reale Haben findet im idealen Haben seinen Maßstab. Nur an ihren Früchten erkennt man den Wert seiner Zeitgenossen.

Fährt einer mit einem gemieteten Luxuswagen den Boulevard auf und ab und telefoniert dabei gut sichtbar mit einem geliehenen Handy, so mag das auf den Uneingeweihten vielleicht überzeugend wirken. Doch der Kenner weiß: nichts weiter als Show, keine Ergebnisse. Ein aufgeblähtes Sein, ein eindrucksvolles Tun, aber kein Haben. Alles heiße Luft.

Der andere Fall ist der, dass jemand ein bestimmtes Sein nicht annehmen will und sich weigert, eine bestimmte Rolle zu spielen, und sei es auch nur für kurze Dauer. Er ist sich zu gut dafür. Beispiel: Spielplatz im Park, ein Herr mit Hund schaut den spielenden Kindern zu. Der Hund benutzt die Gelegenheit, sein Geschäft im Sandkasten zu verrichten. Entsetzen bei den anwesenden Müttern. Sie fordern den Mann auf, den Hundehaufen zu entfernen. Dem schwillt der Kamm: „Was! Bin ich hier etwa der Straßenkehrer?" Und er stapft davon.

Straßenkehrer will er nicht sein. Unter seiner Würde. Also kein Tun (Wegräumen), demzufolge kein Haben (kein sauberer Sandkasten). Der Haufen bleibt.

Im Gegensatz dazu bringen es manche Menschen problemlos fertig, sich in alle möglichen Rollen hineinzuversetzen und jedes beliebige Sein gedanklich anzunehmen. Doch hakt es in ihrem Fall beim Tun. Solche Zeitgenossen bauen Luftschlösser, entwickeln rosarote Zukunftsvisionen und verkaufen einem das Blaue vom Himmel herunter. Was sie einmal alles sein werden! Unglaublich. Und am besten gleich morgen. „Wenn ich erst mal an der Regierung bin ..." Nur erwächst daraus merkwürdigerweise nie ein Tun. Sie kommen ihren Zielen nicht näher. Kein Haben.

Wiederum andere bringen es zwar fertig, etwas zu tun, verlieren aber vor lauter Emsigkeit das Haben aus den Augen. Sie tun und tun und tun, hetzen von einem Termin zum nächsten, springen auf zehn verschiedenen Veranstaltungen gleichzeitig herum, sind überall dabei, tun sich fürchterlich wichtig. Außer viel Stress kommt nichts dabei heraus. Aktion ja, aber keine Produkte, keine Leistungen, kein Haben.

Das hoch dotierte Sein

Wenn das Haben tatsächlich wichtiger ist als alles andere, so darf man fragen, wieso Menschen dann zumeist für ihr Tun bezahlt werden. Oft entlohnt man sie gar nur für die am Arbeitsplatz verbrachte Zeit, unabhängig davon, ob sie etwas getan haben oder nicht. Man zahlt ihnen einen „Stundenlohn". Kommt das nicht einer Entehrung gleich?

Nicht weniger rätselhaft ist die Gepflogenheit, einer Person ausschließlich für ihr Sein ein hohes Honorar zu zahlen, wobei man nicht im Geringsten erwartet, dass der Betreffende etwas dafür täte. Nicht Haben, Tun oder Zeitaufwand sind hier Bewertungsgrundlage des Honorars, sondern ganz allein der gesellschaftliche Rang und Status. Bei Beamten und Politikern pflegte dies der Fall zu sein und in manchen Ländern ist es heute noch so. Sie werden nach Gehaltsstufen bezahlt, nicht nach Leistung. Ähnlich verhält es sich bei verarmten Adligen, abgehalfterten Schauspielern, privatisierenden Industriellen und ehemaligen Sportskanonen, bei Menschen also, die ihr Ansehen aus längst vergangenen Taten beziehen. Solange solch hehre Gestalten noch von altem Glanz umstrahlt werden, stellen sie etwas dar. Man legt Wert darauf, mit ihnen gesehen oder fotografiert zu werden. Man räumt ihnen wohl dotierte Pöstchen ein, kurz, man assoziiert sich mit ihnen und lässt sich das etwas kosten. In den Augen mancher Zeitgenossen ist ein nobles Sein eben allemal seinen Lohn wert. Wie bemerkte doch Queen Elizabeth II so richtig: „Meine Aufgabe ist nicht zu handeln, sondern zu sein."

Fraktale Organisation

Jede kleinste Handreichung und jede Großtat tragen die Triade Sein-Tun-Haben in sich. Ob Bäcker, Staatspräsident, Manager oder Taxifahrer, jeder folgt bewusst oder unbewusst seinem persönlichen Spielkonzept, dessen Sein-Tun-Haben sich in jedem Aspekt des Lebens gewollt oder ungewollt ausdrückt: „Ich bin Taxifahrer, tue Leute befördern und habe als ‚Wertvolles Endergebnis' reibungslos und schnellstmöglich zum gewünschten Ziel transportierte Fahrgäste, die ihre Taxigebühr anstandslos zahlen." Ähnlich klänge es für jeden anderen, je nachdem, was sein Spiel sein mag.

Sein-Tun-Haben ist der größte wie auch der kleinste Baustein im administrativen Bereich. Als Ingenieur konzipiere ich eine Brücke. Mein Konzept gebe ich weiter an den Bauleiter. Dieser vermittelt es an seine Vorarbeiter, diese wiederum an ihre Männer bis hinunter zum letzten Aushilfsarbeiter. Jedem muss klar sein: Was immer ich bin, ob Zimmermann, Betonmischer oder Schweißer, und was immer ich im Einzelnen tue, es läuft nur auf eines hinaus, dass hier eine Brücke stehen soll. Das ist das Haben, das alle anstreben sollten. Alles Sein und Tun muss sich diesem beabsichtigten Haben unterordnen und ihm zuarbeiten, sonst wird die Brücke entweder nicht fertig oder es steht am Ende etwas anderes da.

In einer ganzheitlichen Organisation sollte das individuelle Sein, Tun und Haben eines jeden Spielers das übergeordnete Sein, Tun und Haben des Gesamtspieles widerspiegeln. Im Idealfall wüsste von der untersten Managementebene bis hin zur obersten jeder, wer er ist, was er zu tun hat und welche Ergebnisse man von ihm erwartet. Darüber hinaus würde sich jeder Mitspieler als verantwortlicher Repräsentant des gesamten Spiels begreifen. Er würde ohne Stottern darüber Auskunft geben können, wie sein individuelles Sein-Tun-Haben mit dem seiner Gruppe, dem seiner Abteilung, dem seines Bereichs und dem des ganzen Unternehmens verzahnt ist. Egal wen man fragte, ob Pförtner oder Vorstandsmitglied, um was es bei dem betreffenden Spiel denn geht, man würde von jedem eine vernünftige Auskunft bekommen.

Auf jeder administrativen Ebene, von der obersten bis zur untersten, sollte das Sein-Tun-Haben des betreffenden Spieles als charakteristisches Kernelement zu erkennen sein. Hierdurch entstünde eine alle Bereiche umfassende Einheitlichkeit, Geschlossenheit und Integrität. Deswegen handelt es sich beim Sein-Tun-Haben nicht einfach um einen administrativen „Baustein", sondern um etwas viel Raffinierteres, nämlich um ein Fraktal.

Fraktal kommt aus dem Lateinischen und bedeutet eigentlich „Bruchstück". Doch versteht man mehr darunter. Ein Fraktal ist ein Konstruktionselement, das sich innerhalb einer bestimmten Struktur vom Größten bis ins Kleinste beständig wiederholt. Es ist sich selbst ähnlich, oder auch „selbstähnlich", und lässt sich auf beliebig höheren wie auch tieferen Ebenen unverändert wiederfinden. In der Natur finden sich Fraktale im Aufbau von Schneeflocken und in der charakteristischen Struktur von Baumrinden, von Ästen und Zweigen oder von Küstenlinien. Ein Blumenkohl zum Beispiel sieht in seinen Teilen genauso aus wie im Ganzen. Die Form eines Eichenzweigs entspricht der eines Eichenastes und dieser wiederum der eines Eichenstammes. Gleiches gilt für Buche und Birke. In jedem Teil einer Eiche ist die Eiche erkennbar. Es handelt sich um Gebilde auf fraktaler Grundlage.

Beruht eine Konstruktion auf Fraktalen, so lassen sich durch vielfache Wiederholung des Fraktals Formen und Strukturen beliebiger Größe errichten. Das fertige Gebilde wird harmonisch und geordnet wirken. Das Ganze wird nicht anders sein als seine Teile. Entsprechend verhält es sich mit dem administrativen Fraktal Sein-

Tun-Haben. Es ermöglicht die Konstruktion von harmonisch organisierten sozialen Strukturen beliebiger Größenordnung.

Der Unterschied zwischen Baustein und Fraktal ist dieser: Mit Ziegelsteinen lassen sich die unterschiedlichsten Häuser bauen. Wäre aber der Ziegelstein ein echtes Fraktal und nicht bloß ein Baustein, so würde das fertige Haus unweigerlich aussehen wie ein Ziegelstein in größerer Dimension. Alle seine Räume entsprächen den Proportionen des zugrunde liegenden Ziegelsteins.

POLIZEI

9
Von Leuten mit Hüten

Wenden wir die Theorie vom Fraktal nun auf die Realität einer gelebten Organisation an. Eingangs hieß es, ein Organisator weise seinen Mitspielern Ämter, Aufgaben und Zuständigkeitsbereiche zu und definiere damit ihr Sein, Tun und Haben. Etwas salopper ausgedrückt, könnte man auch sagen: Ein Organisator setzt Leuten Hüte auf.

Abgeleitet von dem altmodischen Begriff „Amtshut", meinen wir mit „Hut" ein Erkennungszeichen. Auf den ersten Blick teilt es einem mit, mit wem man es zu tun hat. Richter tragen schwarze Hüte, Polizisten grüne, Stationsvorsteher rote, Kapitäne und Flugzeugpiloten blaue. Leute mit hohen weißen Hüten sind Köche, Leute mit hohen, goldbestickten sind Bischöfe. Und jemand, der eine rote Mütze mit weißer Borte und weißer Bommel trägt, ist ein Nikolaus. An ihren Hüten kann man sie erkennen.

Von Leuten mit Hüten erwartet man ein ganz bestimmtes Verhalten, ein ganz bestimmtes Sein, Tun und Haben. Beispiel: Ein Verkehrspolizist (Sein) regelt die Vorfahrt auf einer Kreuzung (Tun), um den Verkehr in Gang zu halten. Sein Ergebnis ist: „Rasch beseitigte Hindernisse und frei fließender Verkehr" (Haben).

Ähnlich beim Stationsvorsteher, beim Koch, beim Flugzeugpiloten: Wer einen Hut trägt, von dem erwartet man, dass er ganz bestimmte Leistungen erbringt. Terroristen z. B. tragen schwarze Wollmützen mit Augenlöchern (Balaklavas). Von Leuten mit Balaklavas erwartet man nichts Gutes. Erblickten nun die Passagiere einer Boeing 747 in der Pilotenkanzel einen Mann mit übergezogener Balaklava, so würde das ihre Reiselust nicht wenig beeinträchtigen. Mit einem solchen Hut möchten sie nichts zu tun haben.

„Seinen Hut tragen" bedeutet für den Zweck dieses Buches so viel wie „tun, was dem eigenen Zuständigkeitsbereich oder Titel entspricht, und zwar mit guten Ergebnissen". Dazu passt das Bedeutungsfeld des Wortes „Hut" übrigens sehr schön. Der Hut ist „das Schützende, Bedeckende", die Hut bedeutet „Bewachung, Behütung, Obhut, Schutz, schützende Aufsicht". Auf der Hut sein heißt „vorsichtig sein, auf Wache stehen". Mit hüten meint man „auf jemanden oder etwas aufpassen, damit ihm kein Schaden zugefügt wird". Ein Hüter ist ein Wächter, Schützer, Bewahrer. Im Englischen ist noch eine erweiterte Bedeutung zu finden, nämlich „eine Kopfbedeckung von besonderer Form und Farbe, die als Symbol für ein Amt steht".

Hüte bieten Sicherheit

Viele Menschen stehen dem Leben mit Angst gegenüber. Sie haben nichts, woran sie sich halten könnten. Sie fühlen sich ausgenutzt und gedemütigt, unterdrückt, verwirrt, wertlos. Weist man ihnen aber eine Aufgabe zu, die sie auszufüllen vermögen, so gibt ihnen das schlagartig eine Identität. Vorher waren sie nichts und niemand. Nun sind sie wer. Sie haben einen klar umrissenen Aufgabenbereich. Man hat ihnen „einen Hut aufgesetzt". Sie können nun etwas leisten und darauf stolz sein.

> Wer einen Hut trägt,
> gewinnt Sicherheit und Selbstvertrauen.

Zweifellos genügt es nicht, einem Menschen einfach ein nagelneues Sein zuzuweisen. „Du bist der Kassenwart und du der Schriftführer." „Wenn wir die Wahl gewinnen, bist du der Wirtschaftsminister und du der Forschungsminister." „Nach dem Umsturz bekommst du das Oberkommando über die Armee." Alles schön und gut. Doch wiese man jemandem lediglich ein Sein zu und nicht auch ein Tun und ein Haben, so käme nicht viel dabei heraus.

Wer in seinen Hut verliebt ist, weil er nur den Titel sieht, das Sein, der ist kein echter Mitspieler. Er liefe Gefahr, den Verführungen des Titels und der damit einhergehenden Macht zu erliegen und seine neue Position zu missbrauchen. Daher ist zu fragen: Kann der Mitspieler leisten, was das Tun und das Haben seines Hutes von ihm fordern? Hat er die dazu erforderliche Kompetenz? Die Kenntnisse? Das Verantwortungsbewusstsein? Das Kontrollvermögen? Wenn ja, ist er Gold wert. Wenn nicht, belastet er das Spiel.

Auf jedem Kopf zwei Hüte

Abgesehen von Kompetenz erwartet man von einem Mitspieler auch „anständiges Benehmen". Man erwartet, dass er sich den Grundideen des Spieles entsprechend benimmt, dem er zugehört. Zum Beispiel sollte der Pfarrer sich auch außerhalb der Kirche wie ein Pfarrer benehmen, d. h. sich seines Amtes als würdig erweisen. Man erwartet persönliche Integrität von ihm. „Integrität" heißt so viel wie „innere Geschlossenheit, Ganzheit". Man sollte in jedem Lebensbereich für das Spielkonzept einstehen, dem man sich verpflichtet fühlt.

Die Verpflichtung zum anständigen Benehmen gilt sowohl den eigenen Mitspielern als auch der Außenwelt gegenüber. Hier wird eine andere Art Hut getragen. Nennen wir ihn den Benimm-Hut, PR-Hut oder Image-Hut. Mit dem Image-Hut vertritt man die Werte eines Spieles nach außen hin. Hingegen bezieht sich der Produktionshut allein auf den Posten, den man ausfüllt. Demnach trägt jeder Spieler zwei Arten von Hüten, den allgemeinen Hut des Mitspielers und den besonderen seines Postens. Letzterer bezieht sich auf die Sachkompetenz, ersterer auf PR und Imagepflege.

Benimmt sich ein Mitspieler daneben, so könnte er trotz guter Produktionsstatistiken eventuell untragbar werden. Unter Umständen muss man sich von ihm trennen. Typisches Beispiel: Titelfotos der Boulevardpresse zeigen den ansonsten untadeligen Minister beim Bordellbesuch. Ende des Ministers. Der angeschlagene PR-Hut fegt den sehr intakten Posten-Hut vom Tisch.

Leider ist PR eine Waffe, gegen die die besten Statistiken nichts nutzen. Deswegen sollte man seine Mitspieler auf diese potenzielle Gefahr aufmerksam machen. Wenn sie sich integer benehmen und nicht durch störendes Verhalten auffallen, kann nichts schiefgehen.

Das wahre Spiel läuft zwischen Hüten ab

Denkt man an ein Fußballspiel, so sieht man vor seinem geistigen Auge ein Rechteck auf grünem Rasen mit je einem Tor links und rechts und einen Ball, der von 22 Spielern in Bewegung gehalten wird. Denkt man an ein Unternehmen, so sieht man vor sich: Gebäude, Menschen, Mobiliar, Geräte, Maschinen, Fahrzeuge, und all das in Aktion und Bewegung.

In beiden Fällen sieht man das sichtbare Spiel. Doch ist das sichtbare nur das scheinbare. Das wirkliche Spiel existiert in den Köpfen der Mitspieler. Es ist unsichtbar. Das wirkliche Spiel existiert als Übereinkunft zu unsichtbaren Kommunikationslinien und drückt sich in den Spielregeln aus.

„Wer spielt wem welchen Ball zu und wann?" Um diese Übereinkunft geht es. Ohne sie blieben die schönsten Fußballfelder, Spitzenspieler, Gebäude, Möbel, Geräte, Maschinen und Fahrzeuge inaktiv und bewegungslos. Es geht um Übereinkünfte zu Kommunikationsabläufen.

Ganz knapp zur Wiederholung: Kommunikation bedeutet „ein von Verständnis getragenes Hin und Her von Partikeln zwischen Person A und Person B". Kommunikationspartikel sind die Teile oder Impulse, die auf einer Kommunikationslinie hin- und herlaufen.

Auf geistiger Ebene handelt es sich um Vorstellungsinhalte und emotionale Schwingungen, auf materieller Ebene um akustische, optische oder elektronische Impulse oder Briefe, E-Mails, Geschenke, Kunden, Personal, Ersatzteile, Kugelschreiber, Computer, usw.

Kommunikationslinien im geistigen Sinn sind Absprachen hinsichtlich der unsichtbaren Verbindungslinien zwischen Personen im Produktionsprozess. Wer spielt wem welchen Ball zu? Auf welcher Linie und wann? Im materiellen Sinn sind es Telefondrähte, Straßen, Geleise, Funkverbindungen, der Postweg, Fließbänder oder Fertigungsstraßen. Kommunikationslinien sind die Leitbahnen für Partikel.

> Spielregeln weisen Partikeln die ihnen zugehörigen Funktionen, Funktionsträger und Kommunikationslinien zu.

Je eindeutiger diese Übereinkünfte in den Köpfen der Mitspieler verankert sind, desto stabiler steht das unsichtbare Spiel „im Kopf" und desto reibungsloser verläuft das sichtbare Spiel „da draußen".

Geordnete Kommunikation führt zu geordneter Produktion

Durch die Zuordnung bestimmter Partikel zu bestimmten Kommunikationslinien mit der Auflage, bestimmte Ergebnisse zu erzielen, entstehen charakteristische Funktionen. Diese meinen wir mit dem Begriff „Hut". Beispiel für eine charakteristische Funktion: Jemand fährt, mit einer blauen Uniform bekleidet, auf einem gelben Lastenfahrrad von Haus zu Haus und schiebt längliche, weiße Umschläge in die Hausbriefkästen. Wie nennt man diesen Hut? Briefträger. „Briefträger" ist das Sein. Die Partikel sind die Briefe, die Kommunikationslinie beginnt im Postgebäude und endet an der Tür des Adressaten. Das Befördern der Briefe ist das Tun. Das Haben ist „der unbeschädigt an die korrekte Adresse ausgelieferte Brief".

Personen und Partikel bewegen sich nicht von selbst. Sie wollen angeleitet bzw. angeschoben werden. Dazu bedarf es der Energie. Deren Quelle ist jeder einzelne Mitspieler, denn jeder Mitspieler versetzt sowohl Personen als auch Partikel in Bewegung. So gesehen, ist jeder Mitspieler ein Manager von Personen und Partikeln im Rahmen eines bestimmten Hutes.

„Seinen Hut tragen" bedeutet:
Die richtigen Partikel und Personen
auf die richtigen Kommunikationslinien schieben
und dafür sorgen, dass sie richtig behandelt werden,
damit ein Wertvolles Endergebnis entsteht.

Damit wissen wir endlich ganz genau, was ein Manager tut. Er verwaltet in eigener Verantwortung vorbestimmte Partikel auf vorbestimmten Kommunikationslinien im Hinblick auf vorbestimmte Ergebnisse. Und diese führen hoffentlich zu höherer Lebensqualität.

Wer seinen Hut richtig trägt, bei dem befinden sich Sein, Tun und Haben im Einklang. Mit Bezug auf seinen Posten besitzt dieser Mitspieler Integrität. Wer seinen Hut nicht trägt, der ist nicht im Spiel. Entweder, weil er gerade Pause hat oder weil er bezüglich seines Hutes verwirrt ist. Oder, falls es sich um einen Agenten oder Saboteur handelt, weil er heimlich und vorsätzlich etwas anderes tut als das, was seinem Hut entspricht.

Voraussetzung für das Tragen von Hüten ist natürlich, dass die Spielregeln stimmen. Ohne vernünftige Spielregeln herrscht Willkür und da kann keiner seinen Hut tragen. Fehlen Spielregeln völlig, so gibt es nicht einmal Hüte. Und ohne Hüte, ohne dieses notwendige Minimum an Organisation, kommt auch das kleinste Spiel nicht zustande.

Verantwortung und Rang

Nicht jeder Spieler ist in der Lage, jeder beliebigen Verantwortungsdimension gerecht zu werden. Dem einen ist sein Hut zu klein und er langweilt sich. Dem anderen ist sein Hut zu groß und er fühlt sich überfordert. Deswegen sollte jeder den Hut tragen, der seiner persönlichen Verantwortungskapazität entspricht. Wer die meiste Verantwortung übernehmen kann, dem gebührt der größte Hut.

Bestes Kennzeichen eines gut organisierten Spieles wäre demnach: Je mehr Verantwortung einer übernehmen kann, wie seine Ergebnisse demonstrieren, desto höher ist seine Position. Wenn große Verantwortungsdimensionen mit großen Hüten einhergehen und kleine mit kleinen, so ergeben sich ganz von selbst unterschiedliche Managementebenen oder -ränge. Aus dem koordinierten Miteinander von Hüten unterschiedlicher Verantwortungsdimension ergibt sich organisch die Struktur eines Spieles: Wer oben sitzt, wer unten und wer nebeneinander. Und wer wem etwas zu sagen hat.

Zwei grundsätzliche Forderungen

Abgeleitet aus den bisherigen Überlegungen ließe sich von einem idealen Unternehmen, ob Firma, Familie oder Staatswesen, Folgendes fordern:

- **Das Spielkonzept des Unternehmens lässt sich in jedem einzelnen Hut wiedererkennen.** Es ist wiedererkennbar in jedem Ziel, jedem Plan und jeder Anweisung, in jedem beliebigen Bereich des Unternehmens. Das Spielkonzept durchdringt das Spiel auf allen Ebenen. Alle Hüte sind optimal aufeinander abgestimmt. Alles ist aus einem Guss. Alle ziehen am gleichen Strang.

- **Jeder kennt und trägt seinen Hut.** Jeder weiß, wer er ist, was er zu tun hat, welche Ergebnisse er erzielen sollte und wie diese im Zusammenhang mit Vision und W.E. stehen. Und dafür wird er geschätzt und gewürdigt, egal wie hoch oder tief er stehen mag.

Ein solchermaßen organisiertes Unternehmen wäre integer zu nennen. Hier wäre Corporate Identity im echten Sinn anzutreffen anstelle einer Firmenkosmetik, die sich auf die farbliche Abstimmung von Briefpapier und Krawatte beschränkt.

Aufbau und Ausbildung von Mitspielern

Unternehmensintegrität setzt voraus, dass jeder seinen Hut kennt und trägt. Dazu muss er ausgebildet werden. Früher hätte man gesagt, von einem Lehrer, Ausbilder oder Meister. Doch rufen diese althergebrachten Begriffe bei manchem leider unschöne Vorstellungsbilder hervor. Deswegen verwenden wir sie besser nicht, sondern ersetzen sie mit den relativ neutralen Ausdrücken Trainer, Training und Trainingspartner. Damit wird eine Vielzahl von Lebensbereichen angesprochen, ob Schule, Sport, Familie oder Berufsausbildung.

Erfolgreiches Training setzt voraus, dass sich Trainingspartner und Trainer über ein Ziel einig sind. Der Trainingspartner muss das Ziel genauso erreichen wollen wie der Trainer. Der Trainer muss das Ziel vermitteln wollen und sich sicher sein, dass er das kann.

Sofern der Trainer diese Sicherheit hat, sofern er spürt, dass der Trainingspartner das gesteckte Ziel erreichen will und ihm, dem Trainer, vertraut, darf er sich leisten, unerbittlich zu sein. Der gute Trainer liebt seinen Schüler, fordert alles von ihm und lässt ihm nichts durchgehen. Er kennt keine Kompromisse. Er versteht es, den Trainingspartner ständig an dessen Kapazitätsgrenze zu halten und ihn trotz aller Beanspruchung gewinnen zu lassen. Zwischen gekonnter Herausforderung und Überforderung verläuft eine haarfeine Grenze. Der Trainer, der diese Grenze zu erkennen und einzuhalten versteht, macht das Lernen zu einem spannenden Abenteuer.

Menschen wachsen an Herausforderungen.
Aber nur, wenn diese richtig dosiert sind!
Sonst geben die Menschen auf.

Erfolgsregeln für Training, Ausbildung, Erziehung

- **Mit Realitätsbezug trainieren!** Der Trainer muss sich selbst gegenüber treu bleiben. Er darf nichts erfragen oder fordern, das er nicht selbst kennt und erlebt hat. Er muss in seiner Darstellung mit farbiger Anschaulichkeit und konkreter Situationsbezogenheit arbeiten. Sonst ist das Gelernte nicht auf den Alltag übertragbar.
- **Immer nur einen einzigen Punkt korrigieren!** Nicht alles auf einmal – denn das überwältigt den Partner. Erst schauen, wie sich der Partner verhält, ihn beobachten, dann die stärkste Abweichung vom erwünschten Verhalten zum Thema machen. Und erst nach einem Erfolg zum nächsten Punkt übergehen.
- **Konstruktiv kritisieren!** Der Trainer arbeitet nicht mit Vermutungen, gefühlsmäßigen Einschätzungen oder Wertungen. Er beobachtet das Tun seines Partners und inwieweit es von der angestrebten Verhaltensweise bzw. dem Übungsziel abweicht. Er beobachtet, beschreibt dem Trainingspartner seine Beobachtung und vermittelt ihm so, wo es etwas zu verbessern gibt. Nur so kann der Trainingspartner bewusst und gezielt an sich arbeiten.
- **Die Anforderungen richtig bemessen und stufenweise steigern!** Unterforderung langweilt den Partner, Überforderung hingegen macht ihn verzagt. Ihn da abholen, wo er steht, und ihn immer an seiner Kapazitätsgrenze entlang führen, das macht die Sache spannend.
- **Interessiert sein, statt sich interessant machen!** Ein guter Trainer ist interessiert an seinem Schüler, an seinem Stoff, am Leben. Er ist interessiert; er macht sich nicht interessant. Gleiches gilt für den Schüler. Er sollte Interesse am Stoff haben, nicht sich dem Trainer gegenüber interessant machen.

- **Durch Erlebnisse Erkenntnisse erzielen!** Es gibt keine andere Methode. Wenn man jemandem etwas vorkaut und ihn es nachplappern lässt, erzielt man keine Erkenntnisse, sondern bedeutungsleeres Gerede. Solange ein Wort nicht auf einen erlebten Inhalt deutet, hat es keine Bedeutung.
- **Nicht aufgeben!** Beharrlich dranbleiben. Erst wenn sich der Erfolg eingestellt hat, ist das Training abgeschlossen, nicht vorher. Nicht aus Frust. Wenn der Trainer zu früh aufgibt, haben beide verloren.
- **Erfolge würdigen!** Zumindest dadurch, dass man zu deren Feier eine Pause einlegt. Bloß nicht sofort zum nächsten Trainingspunkt übergehen! Das verwässert das Erfolgserlebnis. Erschöpfung und Lustlosigkeit wären die Folge.

Tipps für den Alltag:

- Nehmen Sie die „Checkliste für ideales Management“ zur Hand und überprüfen Sie ein Ihnen bekanntes Spiel (Familie, Verein, Firma, Politik) daraufhin, ob die genannten Punkte eingehalten werden oder nicht.
- Begutachten Sie die Stimmung der Mitspieler in dem betreffenden Spiel.
- Warum sollte man ein Kind besser danach fragen, was es später einmal haben will, statt was es sein oder tun will?
- Nehmen Sie sich gedanklich einige Personen vor, die Sie gut kennen. Ist das Sein, Tun und Haben dieser Menschen ausgewogen? Oder im Ungleichgewicht? Wie wirken diese Menschen charakterlich und emotional auf Sie?
- Wie viele Hüte tragen Sie auf Ihrem Kopf? Was müssen Sie im Lauf der Woche alles sein, tun und haben? In wie vielen Bereichen sind Sie der Knotenpunkt, die Radnabe, bei der die Speichen zusammenlaufen? Machen Sie eine Liste aller Hüte, die Sie tragen, und der wichtigsten Partikel, die Sie jeweils dabei managen. Bestimmen Sie, welchen Endergebnissen Sie damit zuarbeiten und ob diese wertvoll sind.

- Schauen Sie sich Trainingssituationen in Ihrer Umgebung an: die Erziehung von Kindern, Hunden oder Pferden, die Ausbildung von Schulkindern oder Berufstätigen. Werden dabei die acht „Erfolgsregeln“ eingehalten? Falls Sie irgendwo beobachten, dass das Training keine Freude macht, so fragen Sie sich: Welche der acht Erfolgsregeln werden verletzt?

„Hutnetz" statt Organigramm

Die Struktur eines Spieles lässt sich bildhaft als Organigramm darstellen. „Organigramm" bedeutet so viel wie „aufgeschriebenes Werkzeug"; von Griechisch „organon", Werkzeug und „gramm", das Aufgeschriebene. Im Allgemeinen weist ein Organigramm eine Anzahl von Rechtecken auf, die durch Pfeile und Linien miteinander verbunden und mit Abteilungsnamen beschriftet sind. Um aber wirklich brauchbar zu sein, sollte eine solche Darstellung mehr zeigen als nur die herrschende Hierarchie. Sie sollte vor allem Abläufe verdeutlichen und Funktionen darstellen. Das „wahre Spielfeld" sollte auf diese Weise veranschaulicht werden.

Ein brauchbares Organigramm sollte Personen, Partikel und Kommunikationslinien aufzeigen. Es sollte grafisch darstellen, welche Partikel in das Spielfeld einströmen und von wo, wie sie innerhalb des Spielfeldes verarbeitet werden und von wem, welche Partikel vom Spielfeld nach außen verströmt werden und wohin.

Eine solche Darstellung wäre kein Organigramm im üblichen Sinn, sondern ein „organisatorisches Funktionsdiagramm". Es zeigt die Vernetzung der Hüte: wie der Hut heißt, wer ihn trägt, was dabei getan wird, was dabei herauskommen soll. Deswegen wollen wir dieses Gebilde für den Zweck dieses Buches „Hutnetz" nennen.

Organismen: Vorbilder für Organisationen

Zur Darstellung lebendiger Organismen halten wir Funktionsdiagramme für selbstverständlich. Bei der Pflanze werden uns Wasserhaushalt und Chlorophyllgewinnung gezeigt, beim menschlichen Körper Blutkreislauf und Stoffwechsel. Wir können erkennen, auf welchen Leitbahnen welche Partikel wohin fließen, wo und wie sie umgewandelt werden, was das Ergebnis davon ist, wie dieses dem Organismus zugute kommt und auf welche Weise andere Organismen davon betroffen sind.

Wenn uns solche Diagramme Klarheit über biologische Organismen verschaffen, läge es nahe, sie auch zur Darstellung des Organismus „Firma“ zu nutzen. Allerdings brächte das ein gewaltiges Umdenken mit sich, denn die traditionelle Vorlage für menschliche Organisation entstammt dem Militär und dem Kaiserreich und ist entsprechend starr, monolithisch und diktatorisch. Der eine oben bestimmt, der Rest hat zu folgen. In der Natur ist das anders. Dort findet man nicht das „Recht des Stärkeren“ als universales Ordnungsprinzip. Man findet keine diktatorischen Systeme. Im Gegenteil, man trifft jede Menge Existenznischen an, wo Starke und Schwache nebeneinanderher leben und sich gewähren lassen.

Leben blüht da am besten, wo Koordination und Kommunikation gedeihen und wo gewisse Spielregeln beachtet werden, die dem gemeinsamen Fortkommen zuträglich sind. Leben bedeutet Synergie. Es wäre demnach sinnvoll, der Natur ihre Organisationsformen abzulauschen und sie für menschliche Zwecke zu adaptieren.

Alles in der Natur besteht aus Ordnungssystemen, die selbst wiederum aus kleineren Ordnungssystemen bestehen, die ihrerseits aus noch kleineren Ordnungssystemen bestehen. Umgekehrt betrachtet, ist jedes Ordnungssystem Teil eines größeren Ordnungssystems, das selbst wiederum Teil eines noch größeren ist. Zum Beispiel Atom-Molekül-Zelle oder Zelle-Organ-Organismus. Die Zelle baut sich aus Molekülen auf, die Organe bauen sich aus Zellen auf, der Organismus baut sich aus Organen auf.

Ein ganz wichtiger Aspekt solcher Ordnungssysteme ist durchgängig die Kooperation und Kommunikation der einzelnen Bestandteile. Der vorpreschende Alleingang einer Einzelfunktion zum Schaden aller anderen lässt sich so gut wie nie beobachten. Und sollte so etwas doch einmal vorkommen, wie etwa beim Krebsgeschwür, so ist es todbringend.*

Konstruktionsprinzip eines Hutnetzes: das administrative Fraktal

Wir haben den Aktionsablauf mit seinen Komponenten Absicht-Aktion-Ergebnis kennen gelernt, ebenso die Organisationstriade mit Führung-Organisation-Produktion. In beiden steckt die

Triade Sein-Tun-Haben als administratives Fraktal. Führung entspricht dem Sein, Organisation dem Tun, Produktion dem Haben; alle drei entsprechen dem Aktionsablauf.

Wie bekannt, ist bei einer Triade keine der drei Komponenten für sich allein denkbar. Produktion ohne Organisation und Führung, das geht schief. Führung und Organisation ohne entsprechende Produktion ist nicht zu bezahlen. Führung ohne Organisation mündet nicht in Produktion.

Kein Sein ohne Tun und Haben. Kein Tun ohne Haben und Sein. Kein Haben ohne Sein und Tun. Organisationstriade, Aktionsablauf und das Fraktal Sein-Tun-Haben sind im Grunde eins. Es handelt sich um drei Erscheinungsformen desselben Prinzips.

Lebendigkeit

Dreimal drei Funktionen beschreiben das Leben

Ohne einheitliches Ordnungsprinzip kann ein Expansionsschub leicht außer Kontrolle geraten und zum Chaos führen. Ist ein einheitliches Ordnungsprinzip jedoch gegeben, so erfolgt Expansion dynamisch und dennoch kontrolliert. In einem lebendigen Organismus sind es die Gene, die hierfür sorgen. Sie enthalten Ordnungsprinzipien, nach denen der Organismus auf ganzheitliche Weise wächst, sich heilt, sich fortpflanzt und sich dabei selbst immer ähnlich bleibt. Zum Beispiel wird ein Hund durch Wachstums- und Heilungsprozesse nicht zu einer Katze. Er bleibt immer ein Hund.

Im Fall menschlicher Organisationen ist ein vergleichbares Ordnungsprinzip mit der Triade Sein-Tun-Haben gegeben. Vernünftigerweise sollte ein Hutnetz deshalb auf ihr beruhen. In einem solchen Fall würde sich die Triade Sein-Tun-Haben in jedem der drei Bereiche Führung, Organisation und Produktion potenziell endlos wiederholen und in Untertriaden aufsplittern lassen. Wegen dieser „Einheitlichkeit in der Vielfalt" würde der Wachstumsprozess nie außer Kontrolle geraten.

Dieser Vorgang der unendlichen und dennoch geordneten Wiederholung lässt sich in der unbelebten wie auch in der belebten Natur an vielen Stellen beobachten. Er entspricht dem Muster, nach dem sich Eiskristalle ausbreiten, wenn im Winter die Pfützen und Bäche gefrieren oder sich am Fenster Eisblumen bilden. So sehr die Eisfläche auch wächst und sich ausbreiten mag, besteht sie doch aus nichts anderem als aus sich ständig wiederholenden Dreiecken. Ganz ähnlich verhält es sich mit dem Wachstum von Quarzkristallen. Auch bei manchen Pflanzen wie etwa dem Bambus ist es so. Vom kleinsten bis hinauf zum größten Gebilde wiederholt sich das fraktale Gestaltungsmuster.

Wenden wir das Modell dieses Kristallisationsvorganges nun auf menschliche Organisationen an. Wir untergliedern jeden der drei Bereiche Führung, Organisation und Produktion nach dem Ordnungsprinzip Sein-Tun-Haben in jeweils drei Unterfunktionen.

Auf diese Weise entstehen aus den drei Hüten Führung, Organisation und Produktion neun Hüte.

Beginnen wir mit den drei Hüten innerhalb des Bereichs Führung. Hier wird das Spiel nach außen hin repräsentiert, für rechtliche Absicherung gesorgt und sich um die Geschäftsführung gekümmert. Ihr Endergebnis ist „der reibungslose Spielverlauf". Dabei stellt der Präsident das Sein dar, die Rechtsabteilung das Tun und die erfolgreich erledigten Geschäfte das Haben.

Nun die drei Hüte des Bereichs Organisation: Bereitstellung, Vertrieb und Finanzverwaltung. Bereitstellung ist das Sein, die Voraussetzung für alles Weitere, und der Vertrieb das Tun. Die Finanzverwaltung beschäftigt sich mit dem hereingeflossenen Geld, dem Haben. Endergebnis dieses Funktionsbereichs ist „das expansionsorientierte Spiel".

Schließlich die drei Hüte der Produktion: Sie teilt sich auf in Herstellung, Qualitätssicherung und Public Relations. Die Herstellung von Produkten ist die Voraussetzung dafür, dass Qualitätssicherung betrieben werden kann. Die Herstellung, als Voraussetzung für alles Folgende, ist daher das Sein, die Qualitätssicherung das Tun. Das Resultat dieses besonderen Aktionsablaufs, das Haben, ist die allseitige Bekanntheit. Hierfür sorgt die PR-Abteilung. „Gute Produkte allseits bekannt gemacht" ist das Endergebnis dieses Funktionsbereichs.

Aus ursprünglich drei Funktionen sind neun geworden, neun Hüte. Sie heißen: 1. Präsidentschaft, 2. Rechtsberatung, 3. Geschäftsführung, 4. Bereitstellung, 5. Markt und Vertrieb, 6. Finanzverwaltung, 7. Herstellung, 8. Qualitätssicherung, 9. Public Relations. Zusammen bilden sie eine Matrix, mithilfe derer sich jede beliebige menschliche Aktivität analysieren und beschreiben lässt. Egal, was man unternehmen mag, neun Hüte wollen getragen werden, und sei es auf einem einzigen Kopf. In Abhängigkeit von Größe und Art des Spieles ergeben sich zwangsläufig weitere, feinere Untergliederungen in zahllose weitere Hüte. Doch werden auch sie sich immer im Rahmen der neun Funktionen halten.

Die nachstehenden Diagramme zeigen uns die Sache in allen Einzelheiten. Sie zeigen, wie die neun Hüte zu benennen sind, aber auch, welche Ergebnisse man von ihnen erwarten darf. Denn auch hier genügt nicht das Tun „mit guten Absichten und nach besten Kräften", sondern was ganz allein zählt, ist das ordnungsgemäße Haben.

Stellt man sich nun vor, dass dieses Hutnetz als Tafel an der Wand hinge und bei jedem Hut der Name des Hutträgers stünde, so würde damit anschaulich dargestellt, wer wo sitzt und wer wem etwas zu sagen hat. Hüte und Linien wären in der Waagrechten wie der Senkrechten nachvollziehbar dargestellt. Die Hierarchie wäre transparent. Gerade für den neuen Mitspieler böte sich hiermit eine hervorragende Orientierungsmöglichkeit.

Hutnetz griffiger als „work flows"

Führungspersonen größerer Unternehmen kennen den betriebswirtschaftlich gängigen Ausdruck „work flows". Er beruht auf der Vorstellung, die anfallenden betrieblichen Aufgaben in „primäre Prozesse" und „sekundäre Prozesse" aufzugliedern. Zu den primären Prozessen zählen beispielsweise Einkauf, Produktion und Verkauf, zu den sekundären z. B. Personal, EDV, Management, Controlling.

So sehr sich dieses Modell in großen Unternehmen bewährt hat, kann der Kleinunternehmer wenig damit anfangen, denn es entbehrt der Anschaulichkeit und Umsetzbarkeit. Das macht es schwierig, es in einen kleinen Rahmen zu übertragen. Mit den hier vorgeschlagenen neun Aufgabenbereichen oder „Hüten" hingegen sind Anschaulichkeit und Umsetzbarkeit gegeben. Neun Hüte wollen getragen sein, damit ein „Wertvolles Endergebnis" erstellt werden kann. Mit dieser Vorstellung kann auch der Friseur um die Ecke etwas anfangen, der Installateur von gegenüber oder die Heilpraktikerin in ihrer Einpersonenpraxis.

Wie der Kleinunternehmer oder der Selbstständige ihre unterschiedlichen Aufgaben den neun Hüten zuordnen, ist Ermessenssache. Da hat jeder weiten kreativen Spielraum, um für sich und sein Geschäft eine passende Lösung zu finden.

Der Führungsbereich

Die Führung richtet den Blick sowohl nach außen als auch nach innen. In der Funktion des Präsidenten vertritt sie das Spiel der Welt gegenüber (nach außen hin) wie auch den Mitspielern gegenüber (nach innen). In der Funktion als Rechtsberatung (die in vielen Fällen aus nichts weiter als einem Steuerberater oder Rechtsanwalt bestehen mag) sorgt sie für einen abgesicherten rechtlichen Rahmen, in dem sich das Spiel ungehindert entfalten kann. Hier geht der Blick vor allem nach außen. Drittens obliegt der Führung die Geschäftsführung, d. h. die Koordination aller internen Abläufe. Hier geht der Blick nach innen.

Führung

Präsident	Recht	Geschäftsführung
Visionen und Ziel des Spiels nach außen hin wie auch den Mitspielern gegenüber überzeugend repräsentiert.	Ein rechtlich abgesicherter Raum., in dem sich das Spiel ungehindert entfalten kann.	Spielregeln, Hüte und Kommunikationslinien klar definiert. Ein solventes, expandierendes Spiel.

Ein reibungsloser Spielverlauf

Der Organisationsbereich

Organisation muss sein, damit Produktion stattfinden kann und ein W.E. hergestellt werden kann. Sie gliedert sich in drei Hüte. Erstens in die Bereitstellung von Mitspielern, Räumlichkeiten und Material. Zweitens in die Erkundung von interessierten Zielgruppen. Drittens in die Sicherung der Mittel zur Durchführung des Spieles.

Organisation

Bereitstellung	Markt & Vertrieb	Finanzverwaltung
Räumlichkeiten sinnvoll eingerichtet, Produktionsmittel bereitgestellt, kompetente Mitspieler gefunden und eingestellt, funktionstüchtige Kommunikationsmedien installiert.	Die Bedürfnisse des Marktes erkundet, die Leistungen des Unternehmens optimal präsentiert und verkauft, mit Kunden positive Verbindungen aufgenommen und aufrecht erhalten. Das W. E. in die Hände des zufriedenen Kunden überführt.	Ausreichend Geldmittel und Ressourcen verfügbar gemacht; Zahlungsverkehr fehlerlos verwaltet; Reserven für Notfälle bereitgelegt. Ausgaben kleiner gehalten als Einnahmen.

Ein expansionsorientiertes Spiel

Der Produktionsbereich

Die drei Funktionen oder „Hüte" des Produktionsbereiches kreisen um das W.E. Hier wird es hergestellt. Hier sorgt man sich um die Sicherung der Qualität von Produkt, Produzierenden und Produktionsvorgang. Hier prahlt man mit den tollen Produkten. Qualitätssicherung wie auch PR sind deswegen unter „Produktion" untergebracht, weil erst einmal ein Produkt vorliegen muss, bevor man dessen Qualität prüfen und sie in alle Welt hinausposaunen kann.

Produktion

Herstellung	Qualitätssicherung	PR
Das W. E. in gewünschter Zahl termingerecht hergestellt	Personal, Geräte, Räumlichkeiten, Abläufe und Leistungen mit der im Managementkonzept verankerten Idealvorstellung verglichen, auf den höchsten Stand gebracht und dort gehalten.	Extern: Breite Bekanntschaft des Unternehmens und allseitige Anerkennung seiner Leistungen erzielt, auch bei Nichtkunden. Intern: Zwischen Managern und Mitspielern einen freundlichen Umgangston eingeführt und gepflegt.

Gute Produkte allseits bekannt

Das Hutnetz in der Praxis: zwei Beispiele

Wollten wir die Komplexität der Firma IBM mithilfe des Hutnetzes analysieren, so würde das den Rahmen dieses Buches sprengen. Halten wir uns besser an etwas Einfaches, zum Beispiel an das Organisieren eines Tagesausfluges oder eines Familienpicknicks. Wenn es nämlich stimmt, dass bei jedem Spiel neun Hüte anfallen, so muss das im Kleinen genauso gelten wie im Großen und umgekehrt. Und im Kleinen können durchaus auch einmal alle Hüte auf einem einzigen Kopf sitzen.

Erstes Beispiel: Ich habe eine Tageswanderung vor. Hier sitzen alle Hüte tatsächlich auf einem Kopf. Das zugrunde liegende Spielkonzept besteht aus den bekannten fünf Schritten: Erstens, einer Vision von Ungebundenheit, Waldesruhe und körperlichem Wohlbefinden. Zweitens einem W.E. namens „sportliche Herausforderung souverän bewältigt“. Drittens eine Organisation, auf die wir gleich zu sprechen kommen werden. Viertens eine wichtige Regel, die da lautet: „Wege wählen, wo man möglichst niemanden trifft.“ Fünftens die Fitnessstatistik „Anzahl von Wanderstunden pro Woche“.

Das in dieses Spielkonzept eingebettete Hutnetz sähe ungefähr so aus: Ich gebe meiner Familie bekannt, dass ich eine Tageswanderung vorhabe. Damit agiere ich als Präsident meines Spieles (Hut 1). Ich hole die Schuhe aus dem Regal und vergewissere mich, dass es meine eigenen sind und nicht die meines Sohnes (rechtliche Situation geklärt, Hut 2). Ich denke kurz darüber nach, was ich an Karten, Kleidung und Wegzehrung mitnehmen sollte (Geschäftsführung, Hut 3) und packe diese Dinge in meinen Rucksack (Bereitstellung, Hut 4). Bevor ich losgehe, werfe ich noch einen Blick auf das Wetter und auf meine eigene Wanderlust. Will ich wirklich los? Der Hund jedenfalls ist begeistert, keine Frage (Markt und Interesse erkundet, Hut 5). Ich überprüfe, ob ich genügend Geld für eine Mahlzeit und eventuell eine Taxifahrt dabei habe (Finanzen gesichert, Hut 6). Nun marschiere ich los (Herstellung, Hut 7). Ich achte darauf, nicht zu schnell zu gehen, um meine Kräfte zu schonen und die Umgebung bewusst zu genießen (Qualitätssicherung, Hut 8). Wieder zu Hause angekommen, erzähle ich Freunden von meinem Riesenmarsch: „Sieben Stunden am Stück, mein Lieber!“ So stärke ich mein Image als größter Wandersmann aller Zeiten (PR, Hut 9).

Zweites Beispiel, der Familienausflug mit verteilten Hüten. Am Sonntagnachmittag ist die Familie zum Picknick im Park. Die Kinder toben auf dem Rasen herum, Vater und Mutter lesen Zeitung und unterhalten sich. Alle tragen auf ihre Weise zur Herstellung von Spiel und Spaß bei (Hut 7, Herstellung). Speisen und Getränke, bereitgestellt von der Mutter, stehen auf einem ausgebreiteten Tischtuch (Hut 4, Bereitstellung). Die Speisen sind klug ausgewählt. Es ist für jeden etwas Leckeres dabei (Hut 5, Markt und Interesse erkundet), wodurch das Budget jedoch nicht gesprengt wurde (Hut 6, Finanzen). Plötzlich springt ein großer Hund zwischen die Kinder und verängstigt sie. Mutter weiß: Solche Hunde gehören angeleint (Hut 2, Rechtsberatung). Vater spricht den Hundebesitzer daraufhin an (Hut 1, Präsident). Nach dem Picknick helfen alle beim Zusammenräumen, Mutter koordiniert die Aktion (Hut 3, Geschäftsführung). Alle haben einen Supertag verbracht (Hut 7, Herstellung). Trotzdem wollen die Kinder beim nächsten Mal woanders hin, wo man auch schwimmen gehen kann (Hut 8, Qualitätssicherung). Wieder zu Hause, erzählt die Mutter der beeindruckten Nachbarin, was für einen tollen Ausflug die Familie gemacht habe (Hut 9, PR).

Neun Hüte – ein synergetisches Ganzes

Das Beispiel „Wandersmann“ lässt vielleicht glauben, dass die Hüte einer nach dem anderen getragen würden. Das ist jedoch nicht immer der Fall. Jede Reihenfolge ist denkbar. Denn weil dem Hutnetz eine Triade zugrunde liegt, sind alle Funktionen gleichzeitig vorhanden. So wurden beim Familienpicknick alle neun Hüte je nach Situation mal von dem einen, mal von dem anderen in wechselnder Reihenfolge getragen. Nicht um ein lineares Nacheinander handelt es sich beim Hutnetz, sondern um ein ganzheitliches, gleichzeitiges Miteinander.

Wir erinnern uns: Wer ans Sein denkt, denkt auch ans Tun und ans Haben. Wer eine Idee hat, denkt sowohl an das materielle Ergebnis als auch an den zu erwartenden Kraftaufwand bei der Realisierung. Wer an Führung denkt, denkt auch an Mitspieler und Produkte.

In einer Triade kann das eine nicht ohne das andere sein. Weder Präsident noch Geschäftsführer könnten ohne interne und externe PR auskommen. Weder Finanzabteilung noch Rechtsabteilung hätten eine Daseinsberechtigung ohne die Herstellungsabteilung. Qualitätssicherung ohne Personal und Geräte wäre gegenstandslos. Jeder sollte ständig bei den anderen mitdenken, denn mal schafft man die Voraussetzungen für die Arbeit des anderen, mal bekommt man die Auswirkungen von dessen Tun zu spüren.

Ein neues Spiel, gerade frisch aus der Taufe gehoben, wird naturgemäß von oben her organisiert. Denn unvermeidlich fängt alles mit der Führung an. Zumeist ist es der Spielgründer selbst, der anfangs die Spielführerposition, mit allen neun Hüten auf dem eigenen Kopf, einnimmt.

Was als nächstes kommt, ist allerdings variabel. Personal einstellen? Den Vertrieb aufbauen? Finanzen sichern? Kunden gewinnen? Rechtsfragen klären? In welcher Folge sich das Spiel organisiert, hängt von den Gegebenheiten der jeweiligen Situation ab. Es handelt sich um eine dynamische, interaktive Entwicklung, die nie ein Ende haben wird, solange das Spiel läuft.

Das Tun, so sahen wir im Kapitel zum Spielkonzept, ergibt sich wie von selbst aus den jeweils vorliegenden Notwendigkeiten. Es führt problemlos in die richtige Richtung, solange Spielern und Spielführern Vision und W.E. klar vor Augen stehen. Flexible Führung ist daher nur möglich, wenn ein Manager das komplette Hutnetz mit allen seinen neun Funktionen und deren Wechselspiel im Kopf hat. Nur so kann er intuitiv und spontan die in einem Unternehmen durcheinander wuselnden Personen und Partikel den richtigen Linien und Bereichen zuordnen. Nur so kann er in kritischen Situationen die richtige Entscheidung treffen.

Würde jeder Spieler alle neun Hüte bedenken
und nicht nur seinen eigenen,
so wären sämtliche Kräfte und Hüte aneinander ausgerichtet:
gebündelt wie das Licht in einem Laser.

Solch geballter Intensität und zielgerichteter Intention könnte kein Hindernis widerstehen.

* Reinhard Eichelbeck, Das Darwin-Komplott – Aufstieg und Fall eines pseudowissenschaftlichen Weltbildes, Riemann 1999.

Kybernetik im Management

Kybernetik ist die Wissenschaft von Steuerungsvorgängen und Regelkreisen. Regelkreise erfassen den Ist-Zustand eines Systems und steuern es, bis es den Soll-Zustand erreicht hat. Ein jedermann bekannter Regelkreis ist der Thermostat. Die Temperatur fällt. Das ist der Ist-Zustand. Ein Sensor registriert dies. Die Heizung schaltet sich an und die Temperatur steigt. Auch dies registriert der Sensor. Ist der Soll-Zustand erreicht, die vom Benutzer eingestellte Temperatur, so schaltet sich die Heizung wieder ab.

Idealerweise sollte ein Unternehmen wie ein Regelkreis funktionieren. Das könnte so aussehen: Der Soll-Zustand ist durch die im Spielkonzept verankerte Vision definiert. Den Ist-Zustand erlebt jeder Mitspieler alltäglich in seinem Versuch, den angestrebten Soll-Zustand im Rahmen seines Hutes zu verwirklichen.

Beobachtet er eine Abweichung, deren Handhabung über seine Aktionsbefugnis hinausgehen würde, so meldet er sie nach oben an die dafür zuständige Steuerstelle weiter. Dort wird die Meldung geprüft. Erweist sie sich als stichhaltig, so erfolgen Anweisungen zur Kurskorrektur, um eine größtmögliche Annäherung an die Vision zu erreichen. Eigentlich ganz simpel: Eine Abweichung wird beobachtet und ein Bericht nach oben geschickt. Dort wird er geprüft, ausgewertet und zu einer Anweisung formuliert. Diese wird nach unten geschickt, dort sinngemäß ausgeführt und so das Optimum wiederhergestellt. Damit wäre der Regelkreis geschlossen.

Eine Organisation kann allerdings nur dann als Regelkreis funktionieren, wenn sie über eindeutig definierte Kommunikationslinien und Hüte verfügt. Und wenn die Personen an den beiden Enden der Kommunikationslinien synergetisch gesinnt sind, d. h. ihre Kräfte bündeln („syn-Energie“) und an den Bedürfnissen des Gemeinwohls oder der geteilten Vision ausrichten. Doch in der Praxis haben Menschen oft keine Lust, leiden unter Ängsten und Zweifeln, trauen sich nicht, und häufig haben sie einfach Missverständnisse. All das lähmt den Synergieeffekt, schafft Unwägbarkeiten, durchkreuzt die Planung. Die Lösung: Kompetenz steigern! Motivieren! Schulen!

Drei Interaktionslinien halten ein Unternehmen zusammen

Beim Organisieren einer Aktivität entstehen ganz unvermeidlich Hüte unterschiedlicher Ranghöhe. Hieraus ergeben sich die drei wesentlichen Interaktionslinien eines Unternehmens.

- **Kommunikation auf gleicher Ebene: der Austausch.** Hier laufen Partikel, ob Akten, Telefonate oder Ziegelsteine, zwischen Mitspielern auf gleicher Ebene im Rahmen ihrer bestehenden Entscheidungsfreiheit hin und her. – Erwartete Rückmeldung: Der Sender erwartet vom Empfänger die für dessen Hut festgelegten Handlungen.
- **Kommunikation von unten nach oben: Anfragen und Berichte.** Wenn für das anstehende Problem keine Entscheidungsfreiheit gegeben oder die Situation zu unübersichtlich ist, schickt der Rangniedere einen Bericht an den ranghöheren Hut. – Erwartete Rückmeldung: eine Bestätigung oder Hilfe von oben. Wurde meine Anfrage angenommen oder abgelehnt? Mit welcher Begründung?
- **Kommunikation von oben nach unten: Anweisungen.** Anweisungen von oben erfolgen teilweise aufgrund von Führungsentscheidungen und teilweise auf Anfragen von unten hin. – Erwartete Rückmeldung: Fortschrittsberichte, Verlaufsstatistiken und am liebsten das Wörtchen „erledigt!"

Der Großteil der Kommunikation im Tagesgeschäft verläuft in der Waagrechten zwischen Hüten vergleichbaren Ranges. Wo aber Entscheidungen gefällt werden müssen, die über den Horizont des eigenen Hutes hinausgehen und nicht mehr überschaubar sind, muss man oben nachfragen.

Koordination von höherer Ebene her ist unumgänglich. Genau darin liegen ja Sinn und Verpflichtung der „höheren Hüte". Sie haben den Überblick. Deswegen fällt ihnen die Aufgabe der Koordination zu. Nichtsdestoweniger bestimmen alle mit, jeder auf seiner Ebene, sofern das Unternehmen als Regelkreis angelegt ist. Verlässlichkeit, Vertrauen und Respekt in beide Richtungen sind die unabdingbare Voraussetzung dafür.

Sinn und Unsinn von Anweisungen

Eine Anweisung sollte begreifbar begründet sein. Ist sie das nicht, so würde ihre Ausführung den Hut des Anweisungsempfängers gefährden, denn ohne Kenntnis von Sinn und Zweck kann dieser keine Verantwortung für die Ausführung übernehmen. Die Ausgewogenheit seiner persönlichen Kompetenztriade Kenntnis-Verantwortung-Kontrolle wäre gestört. Deswegen ist der Anweisungsempfänger schon allein aus Sorge um sich selbst aufgerufen, die Sache zu klären. Steht eine Anweisung gar in offensichtlichem Widerspruch zu den Visionen, Zielen und Spielregeln des Unternehmens, so darf und muss ihr widersprochen werden.

Im Vergleich gesprochen, entspricht die Führung eines Unternehmens dem Kapitän eines Frachtschiffes, die Mitspieler seiner Mannschaft. Die Mannschaft ist auf Deck oder unter Deck beschäftigt und kümmert sich um ihre Aufgaben. Sie sieht nicht viel von der Umgebung, wohl aber vom Zustand des Schiffes. Der Kapitän hingegen sitzt oben auf der Brücke. Er überblickt das weite Meer und die stürmischen Wogen, erspäht die gefährlichen Klippen und die feindlichen Seeräuber. Vom Zustand des Schiffes weiß er nur das, was er von seiner Mannschaft dazu erfährt.

Um den Kurs auf den sicheren Hafen festlegen zu können, muss der Kapitän alle Daten kennen. Sowohl die externen aus der Umgebung, die er selbst beobachtet, als auch die internen aus dem Schiff, die er von der Mannschaft bezieht.

Kapitän und Mannschaft hängen voneinander ab. Deswegen darf der Kapitän weder einfach machen, was er will, noch darf er allen Vorschlägen der Mannschaft unbesehen nachkommen. Er muss seine Entscheidung im Sinne des übergeordneten Zieles, des sicheren Hafens, abwägen. Ihm stehen mehr Daten zur Verfügung als sonst jemandem an Bord. Um kluge Entscheidungen zu treffen, die zum Erfolg führen, muss er sämtliche Daten berücksichtigen. Darin besteht seine Steuerfunktion.

Gibt der Kapitän eine Entscheidung bekannt, so muss er diese selbstverständlich mit Bezugnahme auf seine Datenbasis einerseits und das angesteuerte Ziel andererseits begründen können. Weigert er sich, seine Entscheidung zu begründen, so besteht Verdacht auf Willkür, persönliche Bereicherung, Machtspiele. Die Mannschaft wird unruhig, weil ihr etwas verheimlicht wird. Verheimlichungen aber sind Sprengstoff, wie wir wissen.

Zweifellos wird der Kapitän gelegentlich über die Köpfe der Mannschaft hinweg entscheiden müssen, besonders dann, wenn Gefahr im Verzug ist und alles sehr schnell gehen muss. In solchen Fällen ist es jedoch unerlässlich, dass er der Mannschaft bei allernächster Gelegenheit Rede und Antwort steht. Sonst beginnt die Mannschaft zu murren. Gerüchte werden fabriziert und schon ist der Vertrauensbruch da.

Zum Schutz des Spieles und dessen Zukunft ist die Führung den Mitspielern gegenüber zur Entscheidungstransparenz verpflichtet. Wer seine Mitspieler für dumm verkauft, befindet sich bald in einem verdummten Spiel: keine Mitspieler mehr, nur noch Spielfiguren.

> Unsinnig erscheinende Anweisungen
> sind zurückzuweisen.

Die Entscheidungsvorlage (EVL)

Übersteigt die Lösung eines Problems die Verantwortungsdimension des betreffenden Hutes, so muss der Mitspieler notgedrungen eine Etage höher anklopfen. Dort sollte er jedoch kein Problem vortragen, sondern besser gleich eine Lösung vorschlagen. Das spart dem Chef Zeit und Gehirnschmalz, vorausgesetzt, die Anfragen und Vorschläge von unten sind in begreifbarer Form abgefasst.

> Man präsentiert niemals Probleme,
> sondern Lösungen.

Zu diesem Zweck verfasst der rangniedrigere Mitspieler eine „EVL“, eine Entscheidungsvorlage. Eine EVL besteht im Prinzip aus drei Sätzen. Erstens: „Was ist los?“ Das ist die Situation. – Zweitens: „Was ist daran so schlimm?“ Das ist der Kontext. Hier wird deutlich, wieso diese Situation überhaupt ein Problem darstellt. Aus der Beschreibung des Kontextes geht die Dringlichkeit, Schwierigkeit und Größenordnung der Situation hervor. – Drittens: „Wie ist zu verfahren?“ Das ist die Lösung.

Situation – Kontext – Lösung. Das ist die ganze EVL. Simples Beispiel: „Mein Auto hat einen Platten (Situation). Ich muss dringend jemanden vom Flughafen abholen. Wir sind verabredet. Er hat kein Handy. Ich kann ihm nicht Bescheid sagen (Kontext). Leihst du mir deinen Wagen (Lösung)?“

Noch ein simples Beispiel, eine Nachricht per SMS: „Ich kann unsere Verabredung um 15:30 Uhr am Bahnhof nicht einhalten (Situation). – Sitze im ICE, der hat Verspätung. Ich verpasse den Anschlusszug und habe lange Verzögerung (Kontext). – Wir treffen uns bitte um 19 Uhr im Panorama-Hotel (Lösung).“

Selbst Entscheidungen größten Ausmaßes beruhen auf sehr grundsätzlichen und einfach darstellbaren Überlegungen, die sich mit wenigen Zeilen zu Papier bringen lassen. Beispiel: Sagt der Wirtschaftsminister zum Präsidenten: „Wir haben bald kein Erdöl mehr“ (Situation). „Das Nachbarland“, so sagt er weiter, „hat welches, verkauft es uns aber unverschämt teuer und droht sogar, uns den Ölhahn abzudrehen“ (Kontext). Damit ist die Gesamtsituation skizziert. Der Wirtschaftsminister schlägt eine Lösung vor: „Wir befreien die Ölquellen des Nachbarlandes aus den Händen der unterdrückerischen Nachbarn.“ – „Akzeptiert“, sagt da der Präsident. Und gibt Anweisungen an seinen Verteidigungsminister. So einfach kann Weltpolitik sein.

Eine EVL sollte nie länger als eine DIN A4-Seite sein. Gewiss gehören zu einer gewichtigen Entscheidung auch entsprechend gewichtige Begründungen. Sie aber kommen in den Anhang. Die EVL selbst sollte knapp und überschaubar bleiben.

Auf den nachfolgenden Seiten sehen sie zwei Beispiele für eine EVL, ausgeführt in ordentlicher schriftlicher Form:

An: Frau Leonore (Vermieterin)
Über: Herrn Wilhelm (Hausmeister)
Von: Familie Ludwig (Mieter)

17.2.2005

Problem:
Im Hinterhof ist es zu dunkel.

Kontext:
Im Hinterhof stehen die Mülltonnen. Wenn man im Winter spätnachmittags oder frühmorgens seinen Müll ausleeren will, ist es so dunkel, dass man auf der Hoftreppe ins Stolpern kommt und außerdem die Mülltonnen kaum findet. Gerade bei Eis und Schnee ist das besonders gefährlich. Wir haben dem Hausmeister gesagt, er solle Lampen anbringen, aber er meint, dazu hätte er kein Budget und das müssten Sie als Vermieterin entscheiden.

Lösung:
Bitte im Hinterhof drei Lampen anbringen. Eine an der Hoftür, die andere an der Hoftreppe und die dritte an den Mülltonnen.

Unterschrift Absender: Walter Ludwig

Angenommen: ______________________
(Datum, Unterschrift)

Abgelehnt (Begründung beiliegend): ______________________
(Datum, Unterschrift)

An: Bereichsleiter Unternehmenskommunikation Post
Von: Abteilungsleiter Unternehmenskommunikation Post

10.12.02

Problem:
Gefahr eines Engpasses in der Paketauslieferung wegen nicht informierter Mitarbeiter.

Kontext:
Der Vorstand hat die Umstrukturierung der Auslieferungsabteilung für Paketpost beschlossen. Es gibt neue Arbeitsräume, neue Anlagen und neue Computersysteme. Laut Abteilungsleiter der Auslieferung müssen rund 2800 Mitarbeiter sowohl hier in der Zentrale als auch in den Filialen schnellstens von der Umstellung unterrichtet werden, damit die Auslieferung weiterhin glatt vonstattengehen kann.

Lösung:
Wir drehen ein Trainingsvideo. Dies lässt sich leicht herstellen und bei geringen Kosten in großer Zahl in den Filialen verteilen.

Anlage:
Kalkulation von Kosten und Dauer der Videoherstellung.

Unterschrift Absender: Hilde Rehbein

Angenommen: ______________________
(Datum, Unterschrift)

Abgelehnt (Begründung beiliegend): ______________________
(Datum, Unterschrift)

Die Form einer EVL

- **Die Route: Immer von Hut zu Hut.** Der Sender, die Zwischenempfänger wie auch alle, die es zur Kenntnisnahme wissen sollten, und schließlich der Endempfänger sind in korrekter Folge von unten nach oben vermerkt. Die Zwischenempfänger machen ihr Häkchen und leiten die EVL weiter zum Endempfänger. Eine EVL geht nicht von Privatperson zu Privatperson oder von Name zu Name, also nicht von Fritz zu Hans, sondern von Hut zu Hut. Hat man nämlich Pech, so gibt es die Person, von der man vermutete, sie trage den Hut, in der betreffenden Abteilung nicht mehr, und die Kommunikation läuft ins Leere. Schreibt man hingegen zum Hut, so kommt die Mitteilung hundertprozentig an, denn Hüte bleiben erhalten, auch wenn die Köpfe wechseln.
- **Das Problem: Immer in wenigen Worten.**
- **Der Kontext (wieso dies ein Problem ist): Immer in wenigen Sätzen.** Wieso diese Situation ein Problem ist, wird knapp und einleuchtend umrissen. Damit wird die nachfolgende Lösung begründet. Ist zur Begründung eine ausführlichere Darstellung nötig (mehr, als auf eine DIN A4-Seite passen würde), so wird sie der EVL als Informationspaket angehängt.
- **Die Lösung: Immer knapp.** Ein konkreter Lösungsvorschlag oder mehrere Vorschlagsalternativen werden angeboten.
- **Die Unterschrift.** Sie signalisiert, dass der Sender Verantwortung für die Richtigkeit und Abgeschlossenheit der Darstellung übernimmt. Eine EVL ohne Unterschrift ist nicht gültig, denn es könnte sein, dass sie versehentlich losgeschickt wurde, noch bevor ihr Verfasser fertig war.
- **Die Zeile „angenommen" / „abgelehnt".** Diese Zeile wird vom Empfänger der EVL abgezeichnet. Nimmt er die EVL an, so leitet er sie an die zuständigen Hüte zur Ausführung weiter. Der Sender bekommt eine entsprechende Kurzmitteilung.

Wird die EVL abgelehnt, so geht das komplette Datenpaket mit verstehbarer Begründung zurück zum Sender. Benötigt der Empfänger mehr Informationen, um die Situation beurteilen zu können, so weist er darauf hin, lässt die EVL zurückgehen und der Vorgang wiederholt sich.

Sinn einer EVL

Eine EVL, sofern sie ordentlich bestätigt wurde, schließt einen Kommunikationsablauf ab. Im Falle ihrer Akzeptanz leitet sie einen Aktionsablauf ein. Nichts bleibt in der Luft hängen. Klare Verhältnisse wurden geschaffen. Entspannung setzt ein.

Man mag fragen, wie es angehen kann, dass sich ein Mitspieler in niederer Position Gedanken zur Lösung einer Situation machen darf. Stände das nicht eher dem Chef persönlich zu? Ja, das tut es. Letztlich ist es ja auch der Chef, der grünes Licht gibt. Die Vorarbeit dazu kann ihm der Mitspieler auf unterer Ebene jedoch bestens abnehmen. Als der Mann am Ort des Geschehens kennt er sich vielleicht besser in der Materie aus als sonst jemand. Möglicherweise hat er eine prima Lösung parat und brauchte lediglich eine Bevollmächtigung. Gibt man ihm Gelegenheit, zum Geschehen konstruktiv beizutragen, so wertet ihn das auf. Seine Entscheidungsfreudigkeit und Verantwortungsbereitschaft steigen und damit naturgemäß auch seine Kompetenz.

Eine EVL erzieht den Mitspieler zum Mitdenken und Entscheiden. Hinsichtlich seiner Position wird er dadurch ein besserer Manager. Er lernt, seinen Hut besser zu tragen.

> Entscheidungsvorlagen
> erziehen Mitspieler zu Managern.

EVLs sparen unglaublich viel Zeit. Wenn der Untergebene selbst denkt, wenn der Vorgesetzte nicht für den Untergebenen mitdenken muss, wenn der Untergebene nicht untätig herumsitzen und abwarten muss, bis der Vorgesetzte mit dem Denken endlich fertig ist – das spart enorm viel Zeit.

Auch der Faktor Transparenz schlägt zu Buche. Sind nämlich mehrere organisatorische Schaltstellen zu berücksichtigen, und durchläuft eine EVL sie tatsächlich, so wird kein Entscheidungsträger übergangen. Keiner braucht beleidigt zu sein. Alle wurden aufgefordert, die Sache einzusehen und eventuell zu kommentieren. Auch hier gilt: Bloß keine Heimlichkeiten! Das ist das Wichtigste für ein friedliches Betriebsklima.

Leben ohne Mobbing

Wo Menschen zusammenleben und arbeiten, kommt es unvermeidlich zu Reibungen. Haben diese erst einmal Kreise gezogen und mehr als zwei oder drei Einzelpersonen erfasst, so werden sie zum Gruppenphänomen. Ein Mob baut sich auf. Aus dem Englischen kommend, bedeutet „Mob“, die aufgewiegelte Volksmenge, die ungeordnete Gruppe mit gewaltsamen Absichten. Spürt man eine solche Stimmung, so sollte das klärende Gespräch die erste Maßnahme sein, denn oft beruht Missstimmung auf Missverständnissen.

Nicht jeder hat den Mut zu einem solchen Gespräch. Und selbst wenn er ihn hätte, kommt es vielleicht deswegen nicht dazu, weil sich die andere Partei als unzugänglich erweist. Oder aber ein Gespräch findet statt, jedoch ohne Erfolg. Als Folge solcher Enttäuschungen neigen wir dazu, die Demütigung oder den Übergriff wegzustecken, uns zurückzuziehen, uns unsichtbar zu machen, so zu tun, als wäre es nie gewesen. Was aber, wenn man mit dem betreffenden Kollegen täglich zu tun hat, wenn der Job und damit die Existenz auf dem Spiel stehen? Was, wenn sich die Sache bereits zum Gruppenphänomen aufgebauscht hat und sich gegen einen richtet? Wie sich da verteidigen?

Konstruieren wir eine Situation. Irgendjemand, sagen wir Wolfgang, hat etwas an Ingrid auszusetzen und traut sich nicht, ihr das offen zu sagen. Damit sitzt er auf einer Verheimlichung, die ihm innere Anspannung verursacht. Vielleicht geht es um nichts weiter als um Kleinigkeiten, die mit der Zusammenarbeit von Hut zu Hut absolut nichts zu tun haben. Vielleicht ärgert es Wolfgang, dass Ingrid als einzige Tee trinkt und alle anderen Kaffee. Vielleicht passt es ihm nicht, dass sie eine Frau ist. Er legt sich mit ihr an, zieht sie auf, erhält jedoch eine Abfuhr.

Nun fühlt er sich unterlegen. Er zieht sich zurück und schmollt. Ein lächerlicher Anlass, aber das reicht schon aus. Wolfgang sucht sich nun Verstärkung. Hinter vorgehaltener Hand redet er mit den Kollegen über Ingrid. Er macht Stimmung gegen sie. Die Spannung steigt.

Allmählich hat sich eine Gruppe gebildet, die Anti-Ingrid-Partei. Wolfgang ist nicht mehr allein. Die Gruppe hat sich durch ihre Übereinkünfte eine gemeinsame Realität geschaffen. Sie „weiß", was Ingrid für eine ist und was von ihr zu halten sei. Wie jede Gruppe will die Anti-Ingrid-Partei recht haben und recht behalten.

Um sich selbst zu bestätigen, was Ingrid für eine ist, gehen einzelne Gruppenmitglieder nun hin und provozieren Ingrid so ganz nebenher und hinterhältig. Ihre Teebeutel verschwinden aus der Frühstücksecke, über ihre Rechnertastatur wird „zufällig" Kaffee gekippt. Ingrid hat den Schaden und wird dafür obendrein noch gehänselt. Dumm für sie ist, dass sie nicht weiß, wer es gewesen ist. Doch noch hat sie Courage. Sie verbittet sich dieses Verhalten lautstark und in entsprechendem Tonfall, ein „an alle" gerichteter Rundumschlag.

Darin sieht die Anti-Ingrid-Partei den Beweis, dass Wolfgang recht hat und Ingrid einfach nicht dazugehört. Sie ist ein Störenfried. Man verstärkt die Maßnahmen gegen sie und vergrault sie von ihrem Arbeitsplatz. Dies zieht sich über mehrere Monate hin. Ingrid wird zunehmend depressiv, ein weiterer Beweis für ihre Gegner, dass sie einfach nur stört. Eine sich beschleunigende Abwärtsspirale ist entstanden, die damit endet, dass Ingrid die Firma verlässt.

So neu uns „Mobbing" als Modewort ist, so alt ist diese Erscheinung doch. Typisch ist, dass das Opfer keine Chance zur Verteidigung erhält. Außerdem wird jede seiner Verhaltensweisen, egal welche, gegen es ausgelegt. Bereits 1630 erschien ein Buch zu diesem Thema, der „Cautio Criminalis" von Friedrich Spee, der als Beichtvater in Paderborn einer großen Zahl von Hexenprozessen beigewohnt hatte. Er musste erleben, dass gegen die verurteilten Frauen keinerlei Belege vorlagen. Sie wurden von Nachbarn aus Dummheit, Neid und Missgunst angezeigt. Von den Inquisitoren wurden sie aus reiner Lust an Grausamkeit gefoltert.

Hier der Kommentar des Autors Friedrich Spee: „Damit es nicht den Anschein hat, als ob der Prozess nur auf das Gerücht hin angestrengt worden wäre, ist leicht ein Indiz zur Hand, da man der Frau aus allem einen Strick dreht. Ihr Lebenswandel war entweder schlecht und sündhaft oder gut und rechtschaffen. War er schlecht, so sagt man, das sei ein starkes Indiz für Hexerei, denn von einer Schlechtigkeit darf man getrost auf die andere schließen. War ihr Lebenswandel indessen gut, so ist das auch kein geringes Indiz. Denn auf diese Weise, sagt man, pflegen die Hexen sich zu verstecken und wollen besonders tugendhaft erscheinen."* So oder so wird die Angeklagte zur Hexe abgestempelt.

Zurück zu Ingrid. Trifft vielleicht auch sie eine Schuld für diese traurige Entwicklung? Ja und nein. Ja, denn sie hat ihre bedrückende Situation nicht gemeldet. Zwar hat sie Kollegen und Freunden privat ihr Leid geklagt, offiziell gemeldet hat sie die Sache jedoch nicht. Wem denn auch?

Damit sind wir beim Kern des Mobbingproblemes. In den meisten Gruppen fehlt eine Institution für solche Zwecke, die Institution des Schlichters. Es fehlt eine Vertrauensperson, die sich an ihre Schweigepflicht hält und dennoch intelligent und konstruktiv auf eingegangene Berichte reagiert. In der Familie existiert diese Funktion in Gestalt der Großmutter, bei der sich ein Kind über das böse Management, die Eltern, ausweinen kann. Im Staatswesen übernehmen Polizei und Richter, in der Kirche der Beichtvater diese Rolle. Einen „betrieblichen Seelsorger" mit Schweigepflicht aber, den trifft man in dieser klaren Bestallung leider in keinem Wirtschaftsunternehmen an. Er könnte für viele Probleme eine Lösung sein.

Weil es ihn für Ingrid aber nun mal nicht gibt, bleibt sie auf ihrer Verheimlichung sitzen, auf einer unfreiwilligen, ihr durch einen Mangel an geeigneten Ansprechpartnern aufgezwungenen Verheimlichung.

Ein Rezept gegen Mobbing:

- **Der Betroffene schreibt einen exakten Bericht.** Exakter Bericht heißt. Ort, Zeit, Ablauf, Betroffene. Keine Wertungen, keine Vermutungen. Rein sachlich bleiben. Was war los? Wer war dabei?
- **Der Bericht geht an den „Schlichter".** Er ist an denjenigen gerichtet, dessen Hut es ist, für Schlichtung zu sorgen. Wenn es die-

sen Hut nicht gibt, so sollte man ihn in der Abteilung für Qualitätssicherung schleunigst einrichten.

- **Eine Kopie des Berichtes geht an den Angeschuldigten.** Warum das? Weil der Angeschuldigte wissen soll, dass er bemerkt wurde. Allein das reicht oft schon aus, jemanden zur Einsicht zu bringen. Zudem soll er die Möglichkeit bekommen, einen Bericht zu seiner Verteidigung abzufassen oder sich persönlich beim Betroffenen oder beim Schlichter zu melden.
- **Der Bericht wird in der Personalakte von „Opfer" wie auch „Täter" abgelegt.** Sammeln sich solche Berichte in einer Akte, so gibt das berechtigten Anlass zur Nachforschung. Auch ein einzelner, schwerwiegender Bericht würde dazu schon ausreichen. Berichte mit Ort, Zeitpunkt und Ablauf bilden eine erstklassige Gesprächsbasis, vage Erinnerungen und Gerüchte hingegen nicht.
- **Der Schlichter wird aktiv.** Er nimmt die eine oder andere Partei beiseite oder bahnt ein Gespräch mit beiden an. Er leitet Maßnahmen ein, die den Frieden wiederherstellen.

Damit dieses System funktionieren kann, wird dreierlei vorausgesetzt: Erstens, definierte Hüte. Zweitens Mitspieler, die ihre Hüte kennen, tragen und notfalls verteidigen. Drittens die Existenz eines Schlichters, der befugt ist, ungeachtet des Rangs der Beteiligten einer Sache auf den Grund zu gehen. Sind diese Voraussetzungen gegeben, so hat Mobbing keine Chance, denn es beruht auf Heimlichkeit und Feigheit.

Es mag unüblich wirken, dass nicht nur der Schlichter, sondern auch der Angeschuldigte eine Kopie der Beschwerde erhält. Im normalen bürgerlichen Leben pflegen Anzeigen anonym abgefasst zu werden. Man ruft die Polizei oder das Ordnungsamt an, weil man sich über den Nachbarn geärgert hat, und dieser wundert sich dann, wieso er ein behördliches Schreiben erhält. Doch damit erreicht man nichts Gutes. Im Gegenteil, die Luft wird dicker. Verheimlichungen sind, wie gesagt, Sprengstoff. Berichte schreiben ist besser als stilles Dulden. Natürlich möchte sich ein Mobbing-Opfer gerne ganz privat bei jemandem ausweinen und natürlich sollte man ihm zuhören. Nur führt das oft zu nichts. Im Gegenteil, es bringt die

Gruppe durcheinander. Mündliche Klagen und Beschwerden kosten die Mitspieler Zeit, fördern die Gerüchtebildung und vergiften die Atmosphäre. Mobbing mit Mobbing zu bekämpfen, führt zum Ende der Gruppe und zum Aus für das Spiel. Offizielle Berichte an die richtige, dafür vorgesehene Stelle sind hingegen das bessere Mittel.

Warum keine anonymen Berichte? Weil sie Spitzelei und Denunziantentum sprießen lassen. Und wie sollte der Empfänger ihnen auch trauen? Ebenso wenig zu empfehlen sind Berichte ohne Kopie an den Angeschuldigten. Auch sie stellen eine Verheimlichung dar. Hingegen informiert ein gut abgefasster Bericht alle, die es wissen sollten und sonst niemanden. Er ist dem Angeschuldigten gegenüber fair, erspart viel Gesprächszeit und führt nicht zur Bildung von Gerüchten.

Anonyme Anschuldigungen und Tuschelei sind Gift. Offen ausgetragene Kritik hingegen klärt die Lage.

* Aus Winfried Freund, Deutsche Literatur, DuMont 2000.

Offener Dialog zwischen oben und unten

In einem früheren Kapitel ging es um die Kluft zwischen oben und unten, die durch unterschiedliche Überzeugungen und Realitäten entsteht. Wir wollen uns nun überlegen, wie sich diese Kluft überbrücken ließe.

Das Kreuz mit der Abstimmerei

Die übliche Form der Gruppenentscheidung ist die Abstimmung. Die Mehrheit siegt, die Minderheit knirscht mit den Zähnen. Das ist eine unschöne, gespannte Situation, die wir zur Genüge kennen. Noch unglücklicher ist der Fall, wenn die an der Abstimmung Beteiligten unzureichend informiert waren oder das Angebot zur Diskussion gar nicht erst wahrnahmen. Hierzu eine authentische Begebenheit aus dem Schulalltag, Thema Klassenfahrt. Wohin es dieses Jahr gehen soll, fragt der Klassenlehrer seine 28 Schüler. Ans Meer, in die Berge oder in eine Großstadt? Eine Diskussion setzt ein, an der sich etwa fünf Schüler aktiv beteiligen. Der Rest murmelt gelegentlich Zustimmung oder Ablehnung und beschäftigt sich ansonsten mit Videospielen auf dem Handy. Nach erfolgter Diskussion wird eine Entscheidung per Abstimmung gefordert. „Wer will in die Großstadt? Wer ans Meer? Wer in die Berge? Hand hoch!" Man meldet sich, es wird ausgezählt. „Berge" hat die Mehrheit. Im Verlauf der nächsten drei Wochen aber hat die Minderheit für sich Stimmung gemacht und es heißt nun: „Keine Lust auf Berge. Wir wollen ans Meer." Erneute Diskussion. Also gut, dann eben ans Meer. Zwei Wochen vergehen. Der Lehrer stellt fest, dass Zimmerbuchungen nicht mehr möglich sind und setzt die Klasse davon in Kenntnis. Also in die Großstadt? Museen, Theater, Kultur? Diskussion. Gewählte Klassenvertreter kümmern sich per Internet um mögliche Großstadtprogramme. Nach wiederum einigen Wochen wird die Klasse davon informiert. Sie findet die Angebote mehrheitlich „doof". Ergebnis der Aktion: keine Klassenfahrt.

Woran lag es? Keine klaren Idealvorstellungen, kein Spielkonzept, kein vernünftiges Diskussionsverfahren. Daher keine Beteiligung am Gespräch. Von 28 Schülern überließen 23 den restlichen fünf die Diskussion, stimmten mit nur nebulösen Vorstellungen im Kopf ab, merkten das aber erst hinterher, und dann hieß es: „Keine Lust."

Es wurde kein Kommunikationsmodus vorgegeben, welche die Entscheidungsfindung der Gruppe dynamisiert hätte. Im Gegenteil, die Entscheidungsfindung erstickte an Unbeteiligtheit und Schläfrigkeit. Und dies, obwohl eigentlich jeder gerne auf Klassenfahrt gegangen wäre!

Wie ließe sich ein solches Fiasko vermeiden? Mit einem tatsächlich gruppentauglichen Kommunikationsmodus, mit einer Alternative zu der lästigen Abstimmerei. Erfinden wir am besten einen.

Sieben bleiben immer im Gespräch

Wie sich leicht beobachten lässt, fällt ein Gespräch auseinander, sobald eine Gruppe mehr als sieben Teilnehmer hat. Ob bei Konferenzen oder in privater Runde, sind mehr als sieben Teilnehmer dabei, so reißt der Faden. Kleine Gesprächsinseln bilden sich, die „Murmelgruppen", wo jeweils zwei oder drei die Köpfe zusammenstecken. Der „Abseileffekt" setzt ein. Die Großgruppe zerkrümelt in Untergrüppchen. Die Form der Diskussion geht verloren. Am Ende hebt man die Hand, ohne zu wissen, um was es geht, oder ohne den Beitrag geleistet zu haben, den man eigentlich leisten wollte.

Dieses gruppendynamische Phänomen entsteht dadurch, dass sich der Stärkere durchsetzt. Der Stärkere, das ist der Lautere und Selbstsicherere, nicht aber unbedingt der Klügere. Auch die Leisen und Zurückhaltenden haben gute Ideen. Doch trauen sie sich aus Unsicherheit oft nicht hervor. Mit dem Ergebnis, dass weder Gespräch noch Abstimmung die Gruppenmeinung reflektieren.

Im Gegensatz dazu kann man sich in Kleingruppen mit nicht mehr als sieben Teilnehmern gegenseitig ausreichend Interesse und

Aufmerksamkeit schenken, um selbst die Zurückhaltenden zum Mitreden zu animieren. In einer kleinen Gruppe fällt es auf, wenn einer zu lange schweigt. Man wird ihn direkt ansprechen, ihn motivieren, ihm seine Unsicherheit nehmen, ihn zum Reden bringen.

Hätte sich unser Klassenlehrer dieser Vorgehensweise bedient, so wäre seine Abstimmung anders verlaufen. Die 28 Schüler hätten sich zu vier Siebenergruppen zusammengefunden. Nach erfolgter Diskussion hätten vier Sprecher dem Forum klare Zahlen genannt, z. B.: „Von dieser Gruppe wollen zwei ans Meer, einer in die Großstadt, drei in die Berge, einem ist es egal." Und so weiter, Gruppe für Gruppe. Am Ende wird ausgezählt. „Ans Meer" bekommt den Zuschlag. Üblicherweise ist die Minderheit sauer, nachdem die Mehrheit gesiegt hat. Nicht hier! Denn noch ist nicht Schluss. Nun läuft die zweite Diskussionswelle durch. Die vier Gruppen tun sich wieder zusammen und machen sich mit dem Gedanken vertraut, dass es ans Meer gehen soll. Die Idealvorstellung wird ausgearbeitet: „Wie sieht das eigentlich aus, wenn wir ans Meer fahren? Was können wir da unternehmen?" Ziele und Pläne werden gemacht, ein Spielkonzept skizziert. Die Begeisterung der einen steckt die anderen an. Viel Muffeligkeit und schlechte Laune werden auf diese Weise aufgefangen. Viele, die anfangs nur deswegen dagegen waren, weil sie mit dem Vorschlag nichts anfangen konnten, sind nun dafür. Und auch diejenigen, die sich aus vielleicht gewichtigen Gründen nicht mit dem Vorschlag anfreunden können, werden nun gehört. Für sie werden Lösungen gefunden oder sie müssen eben zu Hause bleiben.

Das Schöne dabei ist, alle sind im Gespräch. Alle sind beteiligt. Jeder wird gehört. Die Stimmung stimmt.

Als Alternative zur Abstimmerei: die „Sprecherpyramide"

Bei 28 Diskussionsteilnehmern würden sich vier Gruppen mit je sieben Teilnehmern bilden. Deren vier Sprecher würden am Schluss miteinander konferieren. Wie aber liefe das bei größeren Gruppen ab? Angenommen, die Gruppe hätte ein paar tausend Mitglieder, wie wäre das dann? Da würde sich eine Diskussionspyramide aufbauen, die aus mehreren Diskussionsebenen besteht.

Am Beispiel eines kleinen Dorfes mit dreitausend Einwohnern sei dies aufgezeigt: Man will sich eine Kulturhalle leisten. Die Sportvereine sind begeistert. Kritische Stimmen aber warnen, dass die bislang schuldenfreie Gemeinde sich dadurch massiv verschulden würde. Andere mutmaßen, der Bürgermeister wolle sich ein Denkmal setzen, und nur darum ginge es. Die Volksseele köchelt vor sich hin, aber was soll man machen? An den Gemeinderat, an „die da oben", kommt man nicht heran.

Soweit die Situation. Würde man hier die Sprecherpyramide einsetzen, so könnte sich die längst schon fällige Diskussion zur Lage endlich doch ergeben. Wegen der Vielzahl der Teilnehmer würde sie sich über mehrere Ebenen hinweg vollziehen. Bei dreitausend Einwohnern sähe das etwa so aus: Dreitausend Personen aufgeteilt in Siebenergruppen ergibt rund vierhundertdreißig Diskussionszellen auf der Basisebene „B". Deren vierhundertdreißig Sprecher teilen sich nun ebenfalls in Siebenerzellen auf. Das ergibt rund 62 Zellen auf der darüber liegenden Ebene B+1. Die 62 Sprecher von B+1 bilden erneut Siebenerzellen. So entstehen neun Zellen auf der nächsthöheren Ebene B+2. Die neun Sprecher dieser Ebene teilen sich in zwei Zellen auf. Damit sind wir auf der Ebene B+3 angelangt. Die beiden Sprecher dieser beiden Zellen unterhalten sich auf B+4. Einer dieser beiden übernimmt auf B+5 die Rolle des Präsidenten. Fazit: Bei einer dreitausendköpfigen Gruppe entstehen zwischen Basis und Präsident lediglich vier Ebenen.

Eine Diskussionswelle brauchte nur fünf Tage, um in einer Richtung durchzulaufen, vorausgesetzt, man träfe sich an aufeinander folgenden Tagen. Mit anderen Worten, innerhalb von fünf Tagen könnte klar sein, was die Dorfgemeinschaft von der geplanten Kulturhalle hält. Der Präsident der Sprecherpyramide würde es dem Gemeinderat vortragen.

Danach liefe die Welle wieder nach unten. Bei einer so großen Zahl von Menschen ein Forum einzuberufen, wäre in einem Dorf mangels entsprechend großer Räumlichkeiten nicht durchführbar. Deswegen würden sich die identischen Gruppen von B+4 bis hinunter zur Basisebene erneut formen, in vielen verschiedenen Wohnzimmern und Kneipen, und das Ergebnis der Diskussion zwischen Präsident und Gemeinderat würde Ebene um Ebene nach unten durchgegeben. Dieser Prozess würde wiederum fünf Tage dauern. Einmal ging es rauf, einmal runter. Anschließend würde die nächste Welle hinauf- und wieder hinunterlaufen. Das ginge so lange, bis sich die Sache erledigt hat. Und alle wären daran beteiligt gewesen.

Eine Diskussionswelle stellt einen Kommunikationsablauf dar. Erst wird eine Botschaft von unten nach oben durchgereicht, dann die Antwort von oben nach unten. Damit wäre das Ende des ersten Kommunikationsablaufes gegeben. Wenn nötig, könnte nun der zweite Kommunikationsablauf beginnen. Eine neue Welle würde hinauf und hinunterlaufen. Und so weiter und so fort, bis es zu diesem Thema nichts mehr zu sagen gibt und hoffentlich eine einvernehmliche Lösung gefunden wurde.

Ist dieses Endergebnis eingetreten, so fällt die Sprecherpyramide in sich zusammen wie ein leerer Luftballon. Sie löst sich auf wie eine Seifenblase. Ihre Struktur existiert nur so lange, wie Kommunikationspartikel zu einem bestimmten Thema durch sie hindurchlaufen. Nach Ende der Kommunikation gibt es für diese Struktur keinen Existenzgrund mehr. Sie bricht zusammen. Es ist der Vorgang der Kommunikation selbst, der die Struktur schafft. Sie existiert nicht unabhängig von ihm. Ist die Kommunikation vorüber, so ist es auch mit der Struktur vorbei.

Letzteres, dass sie nach Gebrauch verschwindet, ist der große Unterschied zwischen der hier vorgeschlagenen Sprecherpyramide und dem „Blockwartsystem“ oder anderen Spitzelnetzwerken aus faschistischen und sozialistischen Zeiten. Weil sich bei jedem neuen Thema eine neue Sprecherpyramide mit unterschiedlich zusammengesetzten Gruppen und jeweils neuen Sprechern formiert, können sich keine festen Seilschaften und Machtstrukturen etablieren. Sollte es jemand versuchen, so würde es den benachbarten Gruppen und Sprechern sehr bald auffallen. Die Sprecherpyramide ist gegen eine feindliche Übernahme durch infiltrierende Cliquen immun.

Spielregeln für die Sprecherpyramide:

1. Hat eine Gruppe mehr als sieben Mitglieder, so teilt sie sich in zwei oder mehr Kleingruppen auf. Die Größe einer Kleingruppe liegt damit zwischen zwei und sieben Mitspielern. Wir nennen sie eine „Zelle". Eine Zelle bildet sich spontan auf der Basis emotionaler und sachlicher Nähe. Das ist die beste Voraussetzung für offene und geschwinde Kommunikationsabläufe. Ihre Zusammensetzung wird nicht „verordnet". Die Chemie zwischen den Leuten muss stimmen. Sonst läuft nichts.

2. In der Zelle wird die anstehende Frage oder Entscheidung diskutiert, bis das Ergebnis eindeutig ist. Es braucht nicht einstimmig zu sein. Das wäre zu viel verlangt. Aber eindeutig muss es sein.

3. Jede Zelle wählt einen Sprecher. Der Sprecher ist einfach jemand, dem die Zelle zutraut, dass er sie für diesen bestimmten Zweck nach außen hin ordentlich vertritt. Aufgabe des Sprechers ist die Repräsentation der Wünsche, Bedürfnisse, Absichten und Vorschläge der Zellenmitglieder nach außen hin. Die Wahl erfolgt nach offener Diskussion darüber, wer der geeignetste ist. Diese Wahl ist einstimmig, nicht nur eindeutig.

4. Ein Sprecher ist zum vollständigen Weitergeben der Botschaft seiner Zelle verpflichtet. Er darf sie nicht verschleppen, verschlampen, abändern oder zurückhalten.

5. Fühlt sich eine Zelle durch ihren Sprecher nicht adäquat repräsentiert, so gibt es drei Möglichkeiten: a) Die Zelle korrigiert ihn und gibt ihm eine weitere Chance. b) Die Zelle setzt ihn ab und wählt einen anderen Sprecher. c) Die Zelle schließt ihn als Mitglied aus, falls sein Verschulden entsprechend groß ist oder sie sich außerstande sieht, ihn zu korrigieren.

6. Nach erfolgter Wahl der Sprecher tun sich diese zur gemeinsamen Diskussion zusammen. Fand die ursprüngliche Gesprächs-

runde auf der Basisebene statt und bezeichnen wir diese mit „B“, so findet die Gesprächsrunde zwischen den Sprechern demzufolge eine Etage höher auf der Ebene B+1 statt.

7. Sollte die Runde der Sprecher auf Ebene B+1 mehr Teilnehmer haben als sieben, so teilt sie sich gemäß Regel 1 in mehrere Gesprächszellen auf. Ähnlich wie ursprünglich auf der Basisebene B entstehen nun auch auf der Ebene B+1 mehrere Zellen.

8. Die Zellen auf B+1 wählen ihrerseits je einen Sprecher. Diese treffen sich als koordinierende Körperschaft wiederum eine Ebene höher auf B+2. Dieser „Destillationsvorgang“ setzt sich über beliebig viele Ebenen hinweg fort. Er endet ganz von selbst damit, dass ganz oben, auf der Ebene B+x, schließlich nur noch ein einziger Sprecher sitzt. Dieser repräsentiert das gesamte Spiel bzw. die Großgruppe, die ihn hervorgebracht hat. Wir nennen ihn den „Pyramidenpräsidenten“.

9. Der Pyramidenpräsident überbringt die Gruppenentscheidung dem Repräsentanten der äußeren Instanz, z. B. dem Klassenlehrer, dem Firmenchef, dem Bürgermeister. Er diskutiert die Angelegenheit mit ihm durch. Das Ergebnis gibt er seiner Gruppe bekannt. Bei kleineren Gruppen könnte dies im Forum mit einer kurzen Ansprache erfolgen. Bei größeren Gruppen würde eine Diskussionswelle nach unten in Gang gesetzt, wobei sich dieselben Zellen erneut formieren würden, um das Gehörte zur jeweils unteren Ebene weiterzugeben, bis die Basisebene erreicht ist.

10. Eine erneute Diskussionswelle, diesmal wieder von unten nach oben, könnte die Folge sein. Diese, wie auch eventuelle spätere Diskussionswellen, laufen so lange von unten nach oben und zurück, bis die Sache mit abschließendem Ergebnis ausdiskutiert ist. Bei jeder neuen Gesprächsrunde können sich anders zusammengesetzte Zellen bilden als zuvor. Auch können die Sprecher jeweils neu gewählt werden. Dementsprechend könnte auch der Pyramidenpräsident bei jeder neuen Aufwärtswelle ein anderer sein.

Diskussionswelle auf Diskussionswelle

Das in Regel 10 beschriebene Hinauf und Hinunter von Diskussionswellen mag wie eine mühsame und langwierige Prozedur wirken, ist es aber nicht. Denn selbst bei großen Gruppen sind die zu durchlaufenden Ebenen von erstaunlich kleiner Zahl. Will man ausrechnen, wie viele Ebenen anfallen, gilt die Faustregel: Die Anzahl der Gruppenmitglieder auf der Basisebene durch sieben teilen, das Resultat wieder durch sieben, usw., bis eine einzige Person übrig bleibt. Jeder Teilungsvorgang entspricht einer Ebene. Diese Anzahl plus die Basisebene ist die Gesamtzahl aller Ebenen.

Man möge bedenken, wie viel Geld gespart wird, wie viel Groll gar nicht erst entsteht, wenn sich alle einig sind. Wie viele Fehler würden so vermieden werden, die hinterher wieder repariert werden müssten, was wiederum Zeit und Geld kosten und neuen Groll mit sich bringen würde. Unterm Strich rechnet es sich schon, wenn zuerst gedacht und danach gehandelt wird, statt dass man zuerst handelt und hinterher seine Zeit damit verbringt, das zerbrochene Porzellan zu kitten.

Führt man sich vor Augen, dass bei einer wirklich großen Gruppe, sagen wir bei einem Wirtschaftsunternehmen mit 20.000 Mitarbeitern, nur sechs Ebenen zwischen Basis und Pyramidenpräsident anfallen, dann ist das schon ein eher geschwinder Prozess, mit dem wir es hier zu tun haben, selbst wenn die Diskussionswelle mehrfach rauf und runter schwappte. Und bei 80 Millionen Mitspielern, der Bevölkerung der Bundesrepublik, sind es nur zehn Ebenen. Würde der Bundespräsident eine Frage „an alle“ stellen, er hätte zehn Tage später die Antwort. Und alle, wirklich alle, jedenfalls die, die wollen, wären am Gespräch beteiligt gewesen.

Ein solches Spiel zu organisieren, das allerdings wäre eine echte Herausforderung.

Das erkrankte Unternehmen

Gesundheit heißt: Keine Symptome

Gesundheit ist ein schwer zu definierender Zustand, denn wenn man gesund ist, fehlt einem nichts. Wie sollte man das beschreiben? Erst wenn einen etwas zwickt, hat man etwas Greifbares, das man benennen kann. Gesundheit hat keine Symptome, Krankheit dafür umso mehr.

Was für den Körper zutrifft, gilt genauso für Organisationen, Unternehmen und Firmen. Sind sie gesund, so läuft alles normal, und man braucht sich um nichts Gedanken zu machen. Sind sie aber krank, so fallen die Missstände sofort ins Auge. Die Abhilfe liegt in den Zauberworten „Spielkonzept“ und „Hut“. Existiert ein Spielkonzept mit definierten Hüten und kennt und trägt jeder Mitspieler seinen Hut, so ist damit organisatorische Gesundheit gegeben.

> In einem gesunden Unternehmen kennt und trägt jeder seinen Hut.

Geschieht dies nicht, so erkrankt das Unternehmen. Es kommt zu den sattsam bekannten Missständen. Doch so vielfältig sie auch nach außen hin erscheinen mögen, reduzieren sie sich doch auf nichts weiter als auf gerade mal sieben Symptome. Ihr gemeinsames Charakteristikum ist die „Unarbeit“.

„Unarbeit“ verweist auf organisatorische Krankheit

Von Tugenden und Untugenden spricht man, von Wert und Unwert, Arten und Unarten, Sinn und Unsinn. Sprechen wir also ruhig auch von Arbeit und Unarbeit. Unarbeit ist unnötige, unsinnige Arbeit. Es ist der Einsatz von Energie und Arbeitskraft ohne erkennbaren Grund und ohne Ergebnis. Alle Formen von Unarbeit haben ein gemeinsames Erscheinungsbild: Die Mitspieler sind ungeheuer beschäftigt, haben keinen Augenblick Zeit, leiden unter Überarbeitung. Stress, soweit das Auge reicht. Die Krankmeldungen häufen sich. Und die Erfolgsstatistiken fallen, fallen, fallen.

Hingegen führt ergebnisreiches Arbeiten nie zu Stress. Im Gegenteil, es macht stolz und hebt die Moral. Wer mit schönem Erfolg lange und hart gearbeitet hat, fühlt sich auf angenehme Weise erschöpft, aber nicht gestresst. Nur Unarbeit führt zu Stress und Krankheit.

Testfrage zur Diagnose von Unarbeit: „Was ist Ihre Position in diesem Unternehmen, bitte?“ Blitzschnelle Antwort: „Sekretärin.“ Gleich nachhaken: „Und Ihre Leistungsergebnisse, bitte?“ Zögern. Dann: „Ja – ähm – also ich bin fünf halbe Tage da und was so anliegt, das erledige ich dann.“ – „Und wie sind Sie zufrieden?“ – „Der Stress ist halt schon groß. In vierzehn Tagen gehe ich in Kur.“

Sie kennt ihr Produkt nicht. Sie lässt sich von jedermann herumschicken. Sie macht alles andere, als ihren eigenen Hut zu tragen. Sie trägt anderer Leute Hüte halbwegs und keinen richtig. Das Mädchen für alles. Immer zu viel zu tun, nichts wie Stress. „Lösung“: Sie geht in Kur. Unarbeit, klarer Fall.

Statt dass sie sagte: „Meine Leistungen? Vorbildlich getippte Geschäftsbriefe und freundlich entgegengenommene Telefonate. Und wer was anderes will, der soll sich bitte auch woanders hinwenden. Von mir wird er nicht bedient.“

Sieben Symptome organisatorischer Krankheit:

- **Symptom Nr. 1: Es existieren keine Hüte.** Jeder gibt jedem Anweisungen. Jeder nimmt von jedem Anweisungen an. Es fehlen Ziele und Regeln. Es fehlt ein Spielkonzept. Resultat: Willkürherrschaft und großes Durcheinander.
- **Symptom Nr. 2: Hüte sind mangelhaft definiert.** Oft ergeben sich Hüte „aus Gewohnheit“, sind aber nirgends festgeschrieben.

Keiner hat sich je Gedanken darüber gemacht, ob sie richtig definiert sind. Dies führt entweder zu Lücken im Kommunikations- und Produktionsablauf oder zu Überlappungen. Im ersteren Fall entsteht Mehrfacharbeit, im letzteren verschwinden Kommunikationspartikel spurlos und Aktionsabläufe bleiben unausgeführt.

- **Symptom Nr. 3: Fremde Hüte werden getragen.** Als selbstverständlicher Teil der Zusammenarbeit trägt gelegentlich einer den Hut eines anderen. Muss es z. B. in einer Notlage schnell gehen und der zuständige Mitspieler blickt nicht durch, ist nicht greifbar oder überfordert, so greift man ihm unter die Arme, hilft mit, springt für ihn ein. Beim Fußball etwa verteidigt jeder Spieler das Tor, wenn es zum Nahkampf kommt. Man überlässt das nicht allein dem Torwart und den Verteidigern. Nach Bewältigung der Situation würde sich jedoch jeder wieder auf seinen normalen Posten zurückziehen und seinen eigenen Hut tragen.

Stützt man einen Mitspieler, der sich schwer tut, so ist das nur menschlich. Für eine Weile trägt man seine Last mit, bis er wieder selbst laufen kann. So jedenfalls sollte es sein. Gefällt sich der Mitspieler jedoch in der Rolle des „Opfers misslicher Umstände" oder gefällt man sich selbst in der Rolle des barmherzigen Samariters, so wird es problematisch.

Bei übertriebener Hilfswilligkeit gerät die eigentliche Zielsetzung des Spieles langsam in Vergessenheit. Eigentlich wollte man ja ein bestimmtes W.E. herstellen. Stattdessen heißt das Spiel jetzt: „Wie helfe ich meinem Nächsten?" Keiner trägt mehr seinen eigentlichen Hut. Da wird die Last zu groß. Das Schiff sinkt.

Trägt man einmal den Hut eines anderen, dann sollte das die Ausnahme sein. Wird die Ausnahme aber zur Regel, zur lieben Gewohnheit, die sich „aus Verständnis für den Kollegen" so eingespielt hat, so wird die Situation für beide Beteiligte kritisch. Zum einen, weil der eigentliche Hut des „Helfers" wegen Überlastung in Gefahr gerät. Zum anderen, weil der Mitspieler, der das „Opfer" markiert und quasi zur Belohnung dafür noch von jedermann umsorgt wird, auf diese Weise nicht lernt, seinen eigenen Hut besser zu tragen. Auch er gerät in Gefahr. Man sollte dem betreffenden Mitspieler daher baldigst deutlich machen, dass man ihn übergangen hat, und ihm ganz formell seinen Hut zurückgeben. Zum Schutze beider!

Kommt dieses Manöver häufig vor, so sollte man einen „offenen Brief an alle Beteiligten" schreiben, auch dies aus Selbstschutz. Man würde damit kenntlich machen, dass man im Sinne des Spieles eine Mehrarbeit leistet, die jenseits des eigenen Hutes liegt, es aber nur der Not gehorchend tut, weil der eigentlich verantwortliche Hutträger seinen Pflichten nicht nachkommt. Man selbst würde sich jedoch damit überfordert sehen, diese Mehrarbeit weiterhin aufrechtzuerhalten. Ein solcher Bericht verweist auf eine Gefahrensituation, welche die ganze Gruppe etwas angeht, und leitet die notwendige Korrektur ein. Man sollte diese Maßnahme klugerweise ergreifen, bevor man wegen angeblicher „Inkompetenz" gerügt wird.

- **Symptom Nr. 4: Mitspieler lassen sich übergehen.** Dies ist das Gegenstück zu Symptom Nr. 3. Wer sich übergehen lässt, wer es vielleicht sogar darauf anlegt, anderen seine Arbeit zuzuschustern, der mag zwar vordergründig ein gemütliches Leben führen, doch riskiert er damit seinen Job. Es ist, als sei er nicht da, als existiere er nicht. Wenn es so leicht ist, ihn zu übergehen, ist er dann nicht vielleicht unwichtig? Inkompetent? Überflüssig auf seinem Posten? Braucht man ihn überhaupt? Der Übergangene ist auf dem besten Wege, seine Stellung im Spiel zu verlieren.
- **Symptom Nr. 5: Der Chef trägt alle Hüte, bloß nicht seinen eigenen.** Die Symptome Nr. 1, 2 und 3 bezogen sich auf die Waagrechte, auf Mitspieler gleicher Ranghöhe. So sehr in der Waagrechten möglichst keiner die Hüte anderer tragen sollte, ist dies jedoch in der Senkrechten, von der Chefposition nach unten hin, kaum zu vermeiden.

Die Hüte nicht vorhandener Untergebener zu tragen, ist das tägliche Brot eines Vorgesetzten. Existiert zum Ausfüllen einer bestimmten Funktion kein Mitspieler, so kann der Ranghöhere naturgemäß an niemanden delegieren. Es bleibt ihm nichts anderes übrig, als die

Arbeit selbst zu machen. Introvertiert ein Vorgesetzter dabei so intensiv in seine Unterhüte, dass er den Haupthut, seinen eigenen nämlich, nicht mehr trägt, so ist keine Führungsperson mehr auf Posten. Die Spielführung geht verloren.

Bauen wir unseren Vergleich mit einem Schiff auf hoher See weiter aus. Der Maschinist hat Malaria bekommen und liegt mit Fieber in der Koje. Der einzige an Bord, der außer ihm noch etwas von Maschinen versteht, ist der Kapitän. Wenn der Kapitän aber im Maschinenraum beschäftigt ist, steht keiner mehr auf der Kommandobrücke. Wer soll sich nun um das Schiff kümmern? Der Steuermann kann es nicht. Er vermag zwar einen vorgegebenen Kurs zu halten, doch von Kartenlesen versteht er nichts, von Maschinen auch nicht. Als „Lösung" flitzt nun der Kapitän zwischen Maschinenraum und Brücke hin und her und bricht nach drei Tagen erschöpft zusammen. Keine Führung mehr da. Das Schiff läuft auf Grund.

Immerhin hat unser Kapitän das Klügste getan, was unter den gegebenen Umständen zu machen war. Er hat zu delegieren versucht. So gut es irgend ging, hat er dem Steuermann Teile des Kapitänshutes aufgesetzt. Nicht jeder wäre so offen. Dem zwanghaft Misstrauischen etwa käme es nicht im Entferntesten in den Sinn zu delegieren. Selbst wenn genügend Mitspieler zur Verfügung stünden, an die er delegieren könnte, trüge er doch lieber alle Hüte auf seinem eigenen Kopf. Er tut es „Zur Sicherheit", wie er behauptet. In Wirklichkeit aber motivieren ihn Mißtrauen und Eifersucht. Keinem traut er über den Weg. Keinem gönnt er einen eigenen Hut. Er muss sie alle selbst tragen. An ihm kommt keiner vorbei. Er ist der Alleinherrscher. Und ein Bremsklotz ist er auch! Denn jede Entscheidung muss über seinen Tisch gehen. Vor lauter Hüten verliert er den Überblick und sein Chefhut geht unter. Er ist überfordert, die Mitspieler sind unterfordert, und aus ist das Spiel.

- **Symptom Nr. 6: Das „endlose Hin und Her".** Hier wird enorm viel kommuniziert, ohne dass jedoch etwas Vernünftiges dabei herauskäme. Nach außen hin gerne als „intensiver Dialog" dargestellt, als „eingehende Auseinandersetzung" oder „kritische

Diskussion", ist so eine Aktivität oft nichts als ein ergebnisloses Hin und Her von Argumenten, Meinungen, Gutachten, Empfehlungen, Briefen, E-Mails und Telefonaten.

Das Rezept zum Lahmlegen eines Spiels ist simpel und funktioniert immer. Es lautet: Erstens thematisieren, zweitens problematisieren, drittens diskutieren. Ein einfaches Beispiel aus dem häuslichen Bereich. Situation: Mutter sitzt mit Tochter am Esstisch. Sagt die Mutter: „Birgit, rühr deinen Kakao bitte nicht mit dem Messer um!" Korrekt erkannte Abweichung vom Idealverhalten nebst Thematisierung. – Tochter: „Warum denn nicht?" – Mutter: „Weil sich das nicht gehört!" Die Problematisierung ist hiermit erfolgt. – Tochter: „Das macht meine Freundin Karin aber auch immer!" – Mutter: „Glaub ich nicht! Ich werde nächstens mal ihre Mutter fragen. Die würde so etwas nie erlauben." – Tochter: „Die ist aber mit der ganzen Familie in Urlaub. Du kannst sie nicht fragen." – Mutter: „Ach ja? Wohin sind sie denn?" – Womit der Einstieg ins endlose Diskutieren gegeben wäre.

Keiner denkt mehr an das ursprüngliche Problem. Birgit rührt weiterhin mit dem Messer im Kakao. Aber alle sind sie fleißig am „Kommunizieren".

Wer sich als Führungsperson auf ein Hin und Her einlässt, leitet den eigenen Autoritätsverfall ein. Es gibt kaum ein besseres Mittel. Vorgesetzte, mit denen sich leicht Schlitten fahren lässt, nimmt keiner ernst.

Einziges Gegenmittel bei aufkeimender Diskutiererei ist die unerbittlich zu wiederholende Frage: „Wo ist das Produkt? Das in Aussicht gestellte Leistungsergebnis? Wann kann ich damit rechnen? Wann genau?" Auf Seiten des Befragten, der sich mit seiner Diskutiererei um eine Antwort herummogeln will, führt dies zu bemerkenswerten Explosionen. Er habe doch „alles versucht", „sein Bestes gegeben", „kann doch auch nicht mehr als arbeiten", usw. Schön und gut nur, wo ist das Produkt?

- **Symptom Nr. 7: Schlampiges Delegieren.** Wann delegiert man? Wenn man seine Position verlässt und sie einem Nachfolger übergibt oder wenn man neue Mitspieler bekommt und ihnen Teile des eigenen Hutes aufsetzt, um sich zu entlasten. In beiden Fällen werden Hüte übergeben. Bei kleinen Hüten geht so etwas mündlich. Große aber sollte man aufschreiben. Wird ein Hut schlampig übergeben, so hat der Nachfolger Probleme und das Spiel ist verlangsamt oder sogar gefährdet. Auch schlampiges Delegieren ist eine organisatorische Krankheit.

Einen Hut übergeben bedeutet, der eine lernt den anderen an. Das funktioniert nur, wenn sich der Übergebende über das Sein, Tun und Haben seines eigenen Hutes in jedem Detail klar ist. Das aber ist keineswegs eine Selbstverständlichkeit.

Das schriftliche Übergeben eines Tätigkeitsbereiches an einen Nachfolger ist keine kleine Aufgabe. Es bedeutet, ein begreifbares Spielkonzept für einen Hut austüfteln, den man vielleicht schon seit Jahren trägt und in dem man buchstäblich lebt.

Wie viele Routinevorgänge gibt es da, von denen man mit falscher Bescheidenheit annimmt: „Das weiß doch sowieso jeder.“ Wie viele Handgriffe und Entscheidungen sind einem so in Fleisch und Blut übergegangen, dass man sie überhaupt nicht mehr bemerkt. Wie viele Kommunikationslinien kontrolliert man gewohnheitsmäßig, ohne darüber nachzudenken. Da soll ein Nachfolger jetzt im Handumdrehen einsteigen? Undenkbar.

Steckt man bis über beide Ohren in einem Sachgebiet drin, so ist einem die Komplexität des eigenen Postens oft nicht klar. Umso schlechter bringt man es fertig, Neueinsteigern zu vermitteln, um was es bei dem Job geht. Hier ist das Aufschreiben eines Spielkonzeptes für den eigenen Hut unabdingbar. Es zwingt einen dazu, sich selbst klarzumachen, was man routinemäßig und intuitiv denkt und tut. Beim Aufschreiben entäußert man sich seines Wissens. Nur so lässt sich delegieren.

Ohne Hutniederschrift ist
erfolgreiches Delegieren undenkbar.

Tipps für den Alltag:

- Nehmen Sie ein Spiel, bei dem Sie besonders engagiert mitmachen, und untergliedern Sie es in neun Hüte.
- Fragen Sie sich, welcher dieser Hüte Sie am meisten in Anspruch nimmt und welcher am wenigsten.
- Hinsichtlich des Spielkonzepts, das Sie weiter oben für sich selbst ausgearbeitet haben, bestimmen Sie Folgendes:
- Werden in dem betreffenden Spiel alle neun Hüte in ausgewogener Form getragen?
- Tragen Sie selbst alle oder wurden manche bereits an andere Mitspieler delegiert?
- Vernachlässigen Sie möglicherweise den einen oder anderen Hut?
- Welchen der neun Hüte sollten Sie verstärkt tragen, damit Ihr Spiel besser läuft?
- Haben Sie schon einmal einen Hut übergeben? Wie haben Sie das gemacht?
- Überlegen Sie, wo und wem gegenüber Sie gerne einen Vorschlag machen möchten. Verfassen Sie dazu eine EVL.
- Wo ließe sich Ihrer Beobachtung nach eine Sprecherpyramide einsetzen?

10
Public Relations: Ohne Image geht es nicht

PR steuert Emotionen

Immer ein Image

Ohne Image geht es nicht. Selbst wenn wir keines wollen, haben wir trotzdem eins. Denn in den Augen der Leute hat man unvermeidlich immer irgendein Erscheinungsbild, oft ein ganz anderes als man glaubt und oft zum eigenen Nachteil. Mit seinem Sein, Tun und Haben gibt man ein Bild von sich ab, ein Image. „Image", vom Lateinischen ins Englische hinübergewandert und schließlich ins Deutsche übernommen, heißt „Bild".

Statt sein Image dem Zufall zu überlassen, ist man gut beraten, sich bewusst eines zu erschaffen. Will man auf jemanden eine bestimmte Wirkung erzielen, so entwirft man für diesen Zweck ein überzeugendes Image und pflegt es. Und schon sind wir beim Thema „Public Relations", oder kurz „PR", angelangt.

Public Relations ist nicht bloß reine Produktwerbung. Es bedeutet wörtlich „Beziehungen zur Öffentlichkeit herstellen" und hat den Zweck, einen bestimmten Eindruck zu erwecken, ein erwünschtes Image aufzubauen. Bei der „Öffentlichkeit", auf die diese Aktion abzielt, mag es sich um die Bürger eines Staates handeln, um die Mitarbeiter eines Unternehmens oder die Mitglieder einer Familie.

Wenn z. B. Mama bei Papa etwas durchsetzen möchte, benutzt sie PR. Sie baut ein Image auf, eine erstrebenswerte Wunschvorstellung. Sie erweckt Lust und Laune. Papa würde das bei Mama genauso machen. Für ein Unternehmen sind Markt und Kundschaft Zielpunkte von PR-Aktionen. Für einen Staat ist es das Nachbarland, das man wahlweise zum Handelspartner gewinnen oder zum Kriegsgegner hochstilisieren will. Und schließlich, auf privater Ebene, ist es jede Frau bzw. jeder Mann, zu der oder dem man eine erotische Beziehung aufzubauen wünscht. Alles PR, alles ein Spiel mit dem Image.

Public Relations unterliegen den gleichen Gesetzmäßigkeiten wie jede andere Form von Kommunikation. Gerade zum Steuern von Emotionen eignen sie sich besonders gut. Denn wie bereits ausgeführt, entscheiden wir Menschen nur selten auf rein sachlich rationaler, dafür aber umso öfter auf emotionaler Grundlage. Wir sehen die Welt durch die Brille unserer Emotionen und Überzeugungen. Selbst dort, wo wir rein sachlich entscheiden sollten, kommen uns häufig unsere Emotionen und Überzeugungen in die Quere. Wir bemerken es nicht einmal.

Weil Emotionen die Brille sind, durch die der Mensch seine Umgebung wahrnimmt, sind geschickter Manipulation Tür und Tor geöffnet. Es genügt, die Emotionen von Menschen zu beeinflussen, und schon steuert man ihre Wahrnehmung. Mit PR kann man Menschen dazu bringen, Dinge, Personen oder Zustände in gutem oder schlechtem Licht zu sehen, je nachdem, wo man die Leute hinhaben will. Man baut ein Image vor ihnen auf.

Nach erfolgter Suggestion sehen die Menschen nicht mehr das wirkliche Ding, die wirkliche Person oder den wirklichen Zustand direkt vor ihrer Nase, sondern ein vor sie hingezaubertes, über die Realität gestülptes Bild. Nicht mehr das Ding, wie es wirklich ist, halten sie für wahr, sondern das ihnen vorgegaukelte Trugbild. Sie sehen das Image. Sie sehen, was sie sehen möchten. Oder das, was man sie zu sehen gelehrt hat.

> PR lenkt die Aufmerksamkeit auf ausgewählte Aspekte einer Leistung oder eines Sachverhaltes. Es ist Kommunikationsmittel wie auch Führungsinstrument.

Manipulation

Um Suggestion und Manipulation scheint es also bei PR zu gehen, das klingt ganz nach einem bösen Tun, hinter dem sich ein finsterer Manipulator verbirgt. Eines solchen Monsters bedarf es jedoch überhaupt nicht. Es geht ganz ohne Big Brother. Wir selbst sorgen dafür, dass wir die Welt so sehen, wie sie uns am besten in den Kram passt. Ständig machen wir uns etwas vor. Unvermeidbarerweise! Denn unser psychischer Apparat ist so gebaut.

Wenn ich ein Auto sehe, dann sehe ich ein anderes Auto als Sie, selbst wenn wir zusammen vor dem gleichen Auto stehen. Meine Erfahrungen mit Autos sind anders als die Ihren. Deswegen sind meine Erinnerungen andere als Ihre. Deswegen eröffnen sich mir andere Assoziationsfelder im Zusammenhang mit Autos, deswegen denke ich anders über Autos. Sie mögen diesen Autotyp, ich nicht. Oder umgekehrt. Jeder lebt in seiner eigenen Welt, die er ständig für sich selbst fabriziert.

Wir erschaffen das Heute auf der Basis des Gestern und des Morgen. Das Morgen fließt ein in Form unserer Hoffnungen, Wünsche und Sehnsüchte, das Gestern in Form unserer guten und schlechten Erfahrungen. Ich sehe nicht das Auto vor mir, wie es ist, sondern eine Mischung aus Zukunft (Vision) und Vergangenheit (Erfahrung).

Da diese psychischen Mechanismen uns Menschen nun einmal mitgegeben sind, ist es nicht allzu verwunderlich, wenn sie von jemandem für PR-Zwecke genutzt werden. Dazu muss er kein Monster sein. Wie immer und überall kommt es auch hier auf die Absicht an. Nicht das Werkzeug ist schuld, sondern derjenige, der es führt. Sie möchten, dass ich dieses Auto in glorreichem Licht sehe, weil Sie vorhaben, es mir zu verkaufen? Setzen Sie PR ein. Steuern Sie meine Emotionen. Unterstützen Sie mich dabei, Assoziationsfelder aufzubauen, die mir das Auto attraktiv und erstrebenswert erscheinen lassen.

Um angenehme Assoziationsfelder aufzubauen, vergleichen Public Relations Neues mit bereits Bekanntem. Dabei färben die Emotionen des bereits Bekannten auf das Neue ab. So erscheint einem das Neue allmählich ähnlich gut oder ähnlich schlecht wie das Bekannte. Fotografiere ich ein Parfüm auf der Kühlerhaube eines Rolls Royce, so vermittle ich die Idee von edlem Luxus. Verbinde ich den Videoclip eines Autos mit dem eines Panthers, so entsteht die Assoziation ungezügelter Wildheit. Zeige ich eine goldene Armbanduhr am Handgelenk eines befrackten Herrn, so verknüpfe ich handwerkliche Qualität mit Traditionsbewusstsein. Zeige ich bei jeder Reportage über Palästina einen zornig brüllenden, mit Gewehren fuchtelnden Mob bärtiger Männer, so baue ich dadurch mit der Zeit ein recht einseitiges und düsteres Bild von diesem Volk auf.

Wenn es mir schließlich gelungen ist, Sie einzuwickeln, dann nur, weil Sie dabei mitgeholfen haben. Wie üblich gehören zwei dazu.

Führung durch Trance

Wir kaufen Symbole

Gründungsvater von Public Relations im modernen Sinn war der Amerikaner Edward L. Bernays, ein Neffe von Sigmund Freud. Geboren 1892, entwickelte er die Kunst, nicht Dinge zu verkaufen, sondern Symbole. Er begleitete seine Schöpfung bis zu seinem Tod im Jahr 1995, mehr als einhundert Jahre später.*

Hieß es vor Bernays noch: „Kauft Kartoffeln! Heute im Angebot!", so klingt es seitdem eher so: „Iss dich gesund mit heiligen Kartoffeln aus original tibetischen Anbaugebieten!" Nicht etwa weil man Hunger hätte, isst man Kartoffeln, sondern weil man etwas für die unterdrückten Tibeter und die eigene Heiligkeit tun möchte. Man isst sie nicht als Nahrungsmittel, sondern als Symbol für etwas.

Die Kartoffel steht für Freiheit, denn indem man tibetische Kartoffeln kauft, glaubt man etwas gegen die Unterdrückung der Tibeter zu tun. Weiterhin steckt hier die Vision von Gesundheit drin, denn nicht bloß um schnöde Sattheit geht es. Darüber hinaus wird die Vision von Heiligkeit angesprochen, denn zumindest bei uns im Westen gelten Tibeter als heilig. Dieses Bündel von Visionen motiviert die Kaufkraft. Als sein Platzhalter fungiert das Symbol, in diesem Fall eine bescheidene Kartoffel.

Mit dem Mittel der Symbolisierung erhob Bernays den Warenkonsum in den Rang eines Glaubensbekenntnisses. Ähnlich wie man in früheren Zeiten bereit war, „sein Blut für die Fahne" zu geben, für ein ideologisches Symbol also, oder „für das Kreuz in den Tod" zu gehen, ebenfalls für ein Symbol, gibt man seit Bernays sein Geld für Konsumartikel aus, die vorsorglich mit Symbolen besetzt wurden. Für die wechselseitige Identifikation von Vision, Symbol und Konsumartikel sorgt die PR-Kunst.

Eine von Bernays Ende der 1920er Jahre orchestrierte Kampagne der US-Tabakindustrie, welche die bis dahin abstinenten Amerikanerinnen innerhalb weniger Jahre in Zigarettenraucherinnen verwandelte, gibt ein gutes Beispiel ab für perfekte PR-Illusionskunst.

Noch bis zum Ersten Weltkrieg rauchten noch nicht einmal Männer Zigaretten. Zigaretten galten als unmännlich. Man rauchte Pfeife, Zigarren oder kaute Tabak. Der Krieg änderte das, weil Soldaten im Einsatz ihr Nikotinbedürfnis leichter mit einer schnellen Zigarette befriedigen konnten als mit der langsamen und umständlichen Pfeife oder Zigarre. Ganz von selbst erlangte die Zigarette einen Status, ein Image. Sie wurde zum Symbol für „our boys in Europe". Wer als Amerikaner nach Kriegseintritt eine Zigarette rauchte, identifizierte sich dadurch mit der kämpfenden Truppe an der Front und den edlen Bestrebungen des Vaterlandes.

Bei aller Freude über steigende Verkaufsstatistiken war es der Tabakindustrie ein Dorn im Auge, dass nur Männer rauchten, nicht aber Frauen. Ein riesiger Markt bot sich hier zum Erschließen an. Bernays ging in mehreren Schritten vor. 1928 schuf er für die Firma Lucky Strike den Slogan: „Reach for a Lucky instead of a sweet" („Greif lieber zur Lucky statt zu einer Süßigkeit"). Er kreierte das Image der schlanken, graziösen Frau, die sich gerade eine Zigarette ansteckt.

Von höchsten Instanzen ausgestellte Gutachten bekräftigten die gesunden Auswirkungen des Rauchens. So bescheinigte der ehemalige Leiter der British Association of Medical Officers of Health, des Verbandes britischer Gesundheitsbeamter, eine Mahlzeit ließe sich nur mit Früchten, Kaffee und anschließend einer Zigarette auf gesunde Weise abschließen. Die Zigarette säubere die Zähne und habe desinfizierende Wirkung. Lifestyle-Magazine empfahlen gesunde Ernährung, gefolgt von einer Zigarette statt von einem Nachtisch.

Edward L. Barneys bewegte die Ziegfeld-Girls, eine seinerzeit berühmte Revue-Truppe von superschlanken Tänzerinnen, den „Contour, Curve and Charm Club" zu gründen und ein „Gelöbnis" zu unterzeichnen, worin sie sich statt zu den „falschen Verführungen der Festtafel" zum Zigarettenrauchen bekannten. Abschluss und ideologischer Höhepunkt von Bernays Kampagne bildete der „Emanzipationsmarsch" am Ostersonntag, 31. März 1929, bei der eine Anzahl prominenter Frauen die New Yorker Fifth Avenue entlangparadierten und dabei demonstrativ Zigaretten als „Fackeln der Freiheit" entzündeten. Um die Gleichberechtigung ginge es, um das

Beseitigen antiquierter Vorurteile wie dem, dass Frauen nicht zu rauchen fähig seien.

Bernays entwarf ein Skript für diese Parade, ein Drehbuch, das strikt befolgt wurde. Das Protokoll sah vor, dass insbesondere vor den Kirchen, an denen der Zug während des laufenden Ostergottesdienstes vorbeidefilieren würde, Fotos von Zigaretten schmauchenden Titelblatt-Persönlichkeiten zu schießen seien. Wie man sich vorstellen kann, war Bernays Kampagne ein Riesenerfolg. Die Presse stürzte sich auf die sensationelle Beute und in Windeseile verbreitete sich im ganzen Land, dass die rauchende Frau eine emanzipierte Frau sei. Die Sache machte Schule. In den Tagen danach formierten sich in verschiedenen Städten improvisierte Emanzipationsmärsche. Amerikaweit inhalierten Frauen Emanzipation in Form von blauem Dunst. Die Zigarette war zum Freiheitssymbol avanciert. Bernays selbst rauchte übrigens nicht. Er bevorzugte Schokolade.

Propaganda und Trance

Der Begriff „Trance" bezeichnet einen Zustand, in dem man seine Aufmerksamkeit so ausschließlich auf einen bestimmten Zielpunkt fokussiert, dass der Rest der Welt um einen herum entschwindet. Jeder hat das schon einmal beim Lesen eines spannenden Buches erlebt. Man ist so sehr auf die Lektüre fixiert, dass man nicht wahrnimmt, wie jemand neben einen tritt, und aufschreckt, wenn man angesprochen wird.

Auf ähnliche Weise lassen sich Menschen mit propagandistischen Mitteln lenken: Man richtet ihre Aufmerksamkeit auf bestimmte Inhalte und suggeriert ihnen gleichzeitig bestimmte Aktionen. Solchermaßen in Trance versetzt, schaltet sich die rationale Wachheit aus. Man tut, wie geheißen. Eine Erziehung nicht durch Mündigmachen, nicht durch das Erwecken eines kritischen Bewusstseins, sondern durch Trance.

Setzt man PR zum Zweck der Trance im großen Stil ein, so lassen sich nicht nur Käuferscharen, sondern ganze Völker durch

Verführung führen. Zum Beispiel beriet Edward L. Bernays im Jahr 1919 das Lithuanian National Council und bewirkte, dass Litauen von den USA als neu gegründeter Staat anerkannt wurde. 1952 griff er in die ganz große Politik ein, indem er einen „antikommunistischen" Propagandafeldzug zum Schaden des Landes Guatemala und zum Nutzen der United Fruit Company führte. Bereits seit 1940 hatte Bernays dieser US-amerikanischen Gesellschaft als PR-Berater gedient, die in Zentralamerika Land und Leute praktisch ihr eigen nannte. Ihr Erfolg kam dadurch zustande, dass Bernays es geschafft hatte, die Banane zum positiv besetzten Leitbild für Gesundheit zu erheben.

Als in Guatemala nach einem Regierungswechsel die Enteignung der United Fruit drohte, erhob Bernays den ohnehin negativ besetzten Kommunismus zu einem Anti-Leitbild und verpasste der neuen Regierung von Guatemala ein hassenswertes, kommunistisches Image. Zu diesem Zweck versorgte er führende amerikanische Zeitungen mit entsprechenden Informationen und Artikeln. Es gelang ihm, die amerikanische Öffentlichkeit erfolgreich von den real existierenden Sklavenhaltermethoden der United Fruit abzulenken und eine Regierung abzuschießen, die es sich vorgenommen hatte, gegen genau diese Ungerechtigkeiten vorzugehen.

Einen weiteren Erfolg, zumindest als Zuschauer, konnte Bernays 1992 verbuchen. An seinem einhundertsten Geburtstag zogen die USA in ihren ersten Golfkrieg. Getreulich den Fußstapfen des PR-Gründervaters folgend, gelang es der von der amerikanischen Regierung angeheuerten PR-Firma Hill and Knowlton mit der Präzision einer Theateraufführung, dem amerikanischen Volk die Idee zu verkaufen, es habe die Freiheit der Kuwaiter unter allen Umständen gegen den Aggressor Saddam Hussein zu verteidigen. Die wahren Hintergründe für den Feldzug wurden erfolgreich in den Hintergrund gedrängt.

Für Saddam sah das Drehbuch die Rolle des finsteren, waffenstarrenden Bösewichts vor. Das irakische Militär wurde bei düsteren Kampfhandlungen gezeigt, wohingegen man die Soldaten Kuwaits als junge, wache Vaterlandverteidiger präsentierte. Entsprechend ausgewähltes und zensiertes Fotomaterial ging um die Welt.

Wer die Aktion bezahlte, war nicht etwa die US-Regierung, sondern eine Gruppe vermögender Kuwaiter. Sie sahen in dem ursprünglich vom CIA lancierten Saddam schon lange ihren persönlichen Erzfeind und ergriffen die Gelegenheit beim Schopf, sich endlich seiner zu entledigen.

Der Schleier der Maya

Für den über die Welt geworfenen Schleier aus Übereinkünften, der uns davon abhält, die Dinge so zu sehen, wie sie wirklich sind, hatten die alten Inder den Begriff „Maya". Von daher der bekannte Ausdruck „der Schleier der Maya". Nicht um eine Frau geht es hier, sondern um einen Zustand der Verblendung. Dieser Schleier ist das Ergebnis langfristiger PR-Kampagnen.

Wir leben in einer durch massive Medienbeschallung heraufbeschworenen Welt. Wir halten sie für eine Welt der Tatsachen, doch ist sie viel eher eine des Glaubens. In erzkatholischen Zeiten glaubten wir an Gott und den Teufel, an Heilige und Hexen, und interpretierten die Welt in diesem Sinn. Heute glauben wir an Treibhauseffekt, Klimawandel und Ozonloch, an Terrorismus und Al-Quaida, an den Fluch des Cholesterins und den Segen rechtsdrehender Milchsäuren. Wir glauben an den Urknall, die Langsamkeit der Evolution, an die Unmöglichkeit einer zeitlichen Koexistenz von Menschen mit Dinosauriern und an die historische Realität Karls des Großen.**

Bei all diesen Dingen wissen wir nicht so ganz genau, wovon die Rede ist, also glauben wir daran. Was bliebe uns auch anderes übrig? Die wahren Zusammenhänge bleiben uns schleierhaft, denn für jede Darstellung einer hochdotierten Autorität finden sich Gegendarstellungen von nicht weniger autoritativem Gewicht.

So wie es früher die Priester taten, erschaffen heute die Wissenschaftler ein Bild der Welt für uns. Die Medien sorgen dafür, dass die frohe Botschaft noch in den letzten Winkel des Landes getragen wird. Gegenwärtig gipfelt dieses priesterliche Bild darin, dass der

Geist des Menschen ein Produkt seiner Gene und Hirnzellen sei und Embryonen ein industriell verwertbares Produkt.

Selbst wenn dabei dieses oder jenes unserer persönlichen Erfahrung zuwiderlaufen sollte, widersprechen wir nicht. Entweder sind wir eingelullt von dem, was uns die schillernde PR-Oberfläche vorgaukelt, oder wir fühlen uns ohnmächtig und hilflos. Dabei läge in dieser unserer persönlichen Erfahrung und Erkenntnis unsere einzige Chance zur Befreiung. Zum Zwecke der Entschleierung müssen wir aus unserer Trance erwachen, ein jeder aus seiner eigenen. Wir müssen erkennen, aus welchen eingeflüsterten Übereinkünften unsere persönliche Realität gestrickt ist und die Verantwortung für unseren Anteil am Strickmuster dieser Welt übernehmen. „Glaube dir selbst", das ist die beherzigenswerte Botschaft.

Desinformation

Ist eine Gruppe von Menschen durch eine schnelle Folge von Ereignissen durchgeschüttelt worden und weiß keiner, was wirklich geschehen ist, so entsteht Unsicherheit. In solchen Zeiten wuchern die Gerüchte wie Unkraut. Gerüchte füllen das Vakuum, schaffen Sicherheit, reduzieren Angst. Der Mensch sucht Stabilität. Hat er eine Wahrheit, an die er sich klammern kann, und sei es auch nur eine konstruierte, so verringert dies Zweifel und Unsicherheit. Hier liegt das Aufgabenfeld von PR.

Vereinfacht gesagt, dienen Public Relations dazu, Wahrheiten bereitzustellen, die als stabile Orientierungspunkte dienen. Sie sollen den Mitspielern ein Gefühl der Sicherheit vermitteln. Wem dies gelingt, der wirkt vom Standpunkt der Mitspieler aus als Retter in der Not. Er genießt verständlicherweise ihr Vertrauen und gewinnt Einfluss auf sie.

Diesen Wunsch nach Stabilität seitens der Mitspieler kann sich ein Management auf faire wie auch unfaire Weise zunutze machen, um seine Position zu festigen. Die unfaire Methode sieht vor, das eigene Team dadurch aufzuwerten, dass man die Konkurrenz abwertet. Indem man ihre Fähigkeiten in Zweifel zieht und ihre Ideale lächerlich macht, verpasst man ihnen ein schlechtes Image. Dadurch soll das eigene Team in Siegesstimmung versetzt werden, in säbelrasselnde Kampflüsternheit, das gegnerische aber in Verzagtheit und Apathie. Auf Weltherrschaft bedachte Diktatoren sind hierfür Spezialisten. Das haben sie uns durch zwei Weltkriege und allem, was danach kam, glaubwürdig demonstriert.

Dieser Einsatz von Hetzpropaganda legitimiert sich durch den Erfolg. So jedenfalls sehen es die Drahtzieher. Der Zweck heiligt die Mittel, mal wieder. Nichtsdestoweniger ist die Methode unfair, denn sie beruht auf Desinformation.

> Desinformation ist nicht gleichbedeutend mit falscher Information. Vielmehr ist sie geschickt akzentuierte Information, die kein klares Bild vermittelt, sondern ein Zerrbild.

Man mache aus einer nebensächlichen Mücke einen Elefanten, lenke dadurch von dem tatsächlich existierenden Elefanten ab und reduziere diesen somit auf die Größe einer Mücke. Anschließend lasse man das Produkt dieses Ablenkungsmanövers, die Mücke, dezent unter dem Teppich verschwinden, und die leidige Angelegenheit ist vom Tisch.

Man sage nur die Hälfte, nur das, was verträglich und „politisch korrekt“ ist, und unterschlage den Rest. Und so fort. Das Unwichtige aufbauschen und das Wichtige allenfalls andeuten. Das ist das Rezept. Was man aufblähen will, dorthin lenkt man die Aufmerksamkeit der Menschen. Und was man in Vergessenheit geraten lassen will, davon zieht man sie ab.

Der lange Atem des Gewinners

Würde man beim Einsatz von PR lügen, so wäre das dumm und peinlich, denn Lügen haben kurze Beine. Geschickte PR-Leute lügen daher nicht, sondern setzen Akzente. Geschickte PR-Maßnahmen schneiden die Wahrheit auf ein verträgliches Maß zu, lenken die Aufmerksamkeit auf bestimmte Punkte, steuern Emotionen. So lassen sich Mitspieler, Gegenspieler, Kinder und Kunden in die gewünschte Richtung beeinflussen.

> Bei geschickt eingesetzter PR
> wird nicht gelogen.

Eine solche Vorgehensweise ist zunächst einmal weder gut noch schlecht. Auch die „guten" Public Relations bedienen sich dieser Technik, nicht nur die „bösen". Wie weiter oben aufgezeigt, gibt es gutartige wie auch bösartige Verheimlichungen. Zum falschen Zeitpunkt den falschen Leuten die volle Wahrheit sagen, das kann genauso verderblich sein wie auf heimtückische Weise eine infame Lüge verbreiten. Die Qualität von Absicht und Ethik, das ist das einzig Entscheidende.

Im Falle einer groß angelegten Desinformationskampagne zum Vorteil einer Machtclique ist die üble Absicht natürlich eindeutig. Wie geht man damit um? Der Leichtgläubige gleitet ohne Widerstand in die angebotenen Übereinstimmungen hinein. Der kritische Freigeist hingegen wehrt sich gegen sie. Er hat einen eigenen Standpunkt, ihm kann man so leicht nichts verkaufen. Doch ob leichtgläubig oder kritisch, wie sollte man in Ermangelung vergleichbarer Informationsquellen beurteilen können, ob einem etwas vorgegaukelt wird oder nicht? So geht bei einem langfristig angelegten PR-Programm selbst dem Kritischsten irgendwann einmal die Puste aus.

Wer gewinnt, ist immer der mit dem längeren Atem. Wer die Informationsquellen kontrolliert, der hat die Macht. Public Relations sind somit weit mehr als bloß ein Instrument zum Anpreisen von Leistungen und Produkten. Sie dienen zu weit mehr als zur Waschmittel- und Schokoladenwerbung.

Public Relations dienen als Führungsinstrument zum Zweck der Expansion.

Welche Richtung diese Expansion nimmt, ist eine Frage der ethischen Ausrichtung derer, die das Spiel bestimmen. Ein Beispiel: Anlässlich des von tschetschenischen Rebellen durchgeführten Massakers an einer russischen Schule im September 2004 sprach Tony Blair, der englische Prime Minister, dem russischen Präsidenten Putin sein Beileid für diesen „schwarzen Tag für das russische Volk" aus (so etwa der Nachrichtentext im Radio), verbunden mit dem Aufruf, sich in noch größerer Verbundenheit und noch entschlossenerem Einsatz gegen den weltweiten Terrorismus durchzusetzen. Was er damit sagt, ist: Wir, die etablierten Kräfte, sind die Guten und wir wollen zusammenhalten gegen die rebellischen Bösen.

Seine Worte sind eine PR-Maßnahme in eine ganz bestimmte Richtung mit der Auswirkung, die bestehenden Mauern und Fronten noch zu verfestigen. Sie führen zwangsläufig zu einer weiteren Eskalation des Terrors, denn weder die terroristischen Söldner noch ihre englischen, deutschen, amerikanischen oder russischen Waffenlieferanten sind durch solcherlei Floskeln zu beeindrucken.

Eine ganz andere PR-Richtung hätte Tony Blair mit folgenden Worten einschlagen können, so er gewollt hätte: „Als oberster Regierungsvertreter dieses Landes entschuldige ich mich öffentlich für alle Massaker, Vertreibungen und widerrechtlichen Landnahmen, welche die englische Regierung in den letzten fünfhundert Jahren weltweit veranlasst hat. Insbesondere bitte ich bei den Völkern von Schottland, Irland, Wales, Ägypten, Palästina, Afghanistan, Indien, Pakistan, China, sowie bei den Urbevölkerungen von Afrika, Australien und Nordamerika um Entschuldigung. Und ich ermutige Präsident Putin, eine ähnliche Entschuldigung für die Rolle der russischen Regierung hinsichtlich Tschetscheniens auszusprechen. Denn nur dadurch, dass wir Verantwortung für die Untaten unserer Vergangenheit übernehmen, können wir den Frieden in die Welt tragen."

Hätte Blair dies gesagt, so wäre aus einigen Konflikten in der Welt mächtig die Luft herausgegangen. Sich bei den Leuten zu entschuldigen, die man geschunden hat, das wäre doch mal etwas. Etwas ganz Neues. Doch hat Blair es nicht getan. Warum? Weil seine Expansionsgedanken und damit seine PR-Strategie in eine andere Richtung gehen.

Wie gesagt, Public Relations sind ein Führungsinstrument zum Zweck der Expansion, was auch immer die angestrebte Vision sein mag.

* Larry Tye: The Father of Spin – Edward L. Bernays and the Birth of Public Relations, New York 1998. / Vance Packard: Die geheimen Verführer – der Griff nach dem Unbewussten in jedermann, Bertelsmann 5203/1000 (Original: The Hidden Persuaders, 1957.)

** Hans-Joachim Zillmer: Darwins Irrtum, Langen-Müller 1998 / Hans-Joachim Zillmer: Kolumbus kam als Letzter, Langen- Müller 2004 / Heribert Illig: Das erfundene Mittelalter – die größte Zeitfälschung der Geschichte, Econ 1996.

PR kann auch fair sein

Es muss nicht immer unfair zugehen. Auch auf ehrliche Weise lassen sich Public Relations zum Zwecke der Führung und Expansion einsetzen. Man vergesse nie, dass es sich bei PR lediglich um ein Kommunikationsinstrument handelt, das eigentlich wertfrei ist. Wie und zu welchem Zweck man damit umgeht, hängt ganz allein vom Benutzer ab.

Die Faustregel ist: Public Relations setzen Akzente, um Emotionen zu steuern. Wollte ein faires Management schlechte Stimmung und sinkende Moral mithilfe von PR in den Griff bekommen, um die Produktion zu steigern, so dürfte dabei auf keinen Fall gelogen werden. Viel besser geht es mit Offenheit.

So geht ehrliche PR:

- **Anerkennen der bestehenden Schwierigkeiten und Hindernisse.** Ihre Existenz bestätigen, ohne sie zu beschönigen oder plattzureden. Nichts schlimmer darstellen, als es ist. Die Befindlichkeit der Gruppe und des Spieles zutreffend umreißen. Offenheit und Ehrlichkeit demonstrieren. Fehler zugeben. Das schafft Vertrauen.
- **Die Mitspieler an die Visionen und Ziele des Spieles erinnern.** Die Werte und Fähigkeiten der Mitspieler würdigen. Konkrete Ressourcen, Verbündete und Hilfsmaßnahmen benennen. Das bestärkt die Mitspieler in ihrem Glauben an die Erreichbarkeit ihrer Wunschvorstellungen und der Vision des Spieles.
- **Mut, Kraft und Zuversicht ausstrahlen.** Das tröstet die Mitspieler und gibt ihnen Hoffnung. Besonders in solchen Momenten haben Führer die Rolle von Vorbildern.
- **Lösungen parat haben.** Kurzfristig erreichbare Ziele setzen. Erfolgserlebnisse in Aussicht stellen. Das stärkt Moral und Zukunftsorientiertheit.
- **Die Gefahrensituation analysieren.** Wie kam sie zustande? Ross und Reiter nennen. Personelle Konsequenzen ziehen.

- **Spielregeln angleichen, um zu verhindern, dass sich die Gefahrensituation wiederholt.**

Und dann die Ärmel hoch und ran und diese Aktionsziele auch tatsächlich erreichen. Das schafft Selbstvertrauen. Nachdem sich die Situation erholt hat, geht es dann ganz normal weiter. Man hat etwas erlebt und es verarbeitet. Nun geht man frohgemut in die nächste Runde.

Tipps für den Alltag:

- Wie setzen Sie persönlich Emotionen ein, um bei anderen etwas zu erreichen? Achten Sie einmal darauf. Falls Sie das gezielt und bewusst tun können, sind Sie ein erfolgreicher PR-Manager in eigener Sache.
- An welcher Stelle sollten Sie verstärkt mit PR arbeiten (statt mit der Brechstange), um Ihr eigenes Spiel ins Laufen zu bringen?

Raum für Ihre Notizen

11
Vom Ist-Zustand zum Soll-Zustand

Unumgänglich: die Situationsanalyse

Zur Beurteilung einer Situation besuchen wir nur selten persönlich den Schauplatz des Geschehens. Zumeist sind wir auf Berichte angewiesen. Beispielsweise machen wir uns von der politischen Situation in fernen Weltgegenden bestimmte Vorstellungen, ohne je dorthin gereist zu sein. Nicht auf der Grundlage persönlicher Inspektion urteilen wir, sondern aufgrund von Presseberichten. Naturgemäß stellt sich die Frage, wie verlässlich diese Berichte sind. Wie verlässlich sind Bote und Botschaft?

Wie für alles auf der Welt gibt es auch für Berichte eine Idealvorstellung. Der ideale Bericht sollte alle wesentlichen Details enthalten. Er sollte in sich schlüssig, widerspruchsfrei und einleuchtend sein. Der Leser sollte die geschilderte Situation auf Anhieb nachvollziehen können. Am allerwichtigsten dabei sind Auffassungsgabe und Ehrlichkeit des Berichterstatters. Hat er tatsächlich alles gesehen, was sich zutrug? Gibt er es so wieder, wie es sich tatsächlich abspielte? Oder berichtet er tendenziös, suggestiv, parteilich?

Ein brauchbarer Bericht enthält die „4W": Wann war's? Wo war's? Wie lief es ab? Welche Motive lagen vor? In einem brauchbaren Bericht sind Zeitpunkt und Dauer des Geschehens korrekt angegeben. Die Örtlichkeiten sind korrekt benannt. Die Ereignisse werden in der richtigen Reihenfolge geschildert, die beteiligten Personen werden vollzählig aufgeführt, beeinflussende Begleitumstände wie Wetter oder Umgebungsfaktoren, die den Kontext des Geschehens begreifbar machen, sind erwähnt. Absichten, Intentionen und Motive, soweit sie sich anhand von Worten und Taten belegen lassen, werden verdeutlicht oder zitiert. Widersprüche zwischen proklamierten Intentionen und tatsächlichen Handlungen werden aufgezeigt. Mit einem solchen Bericht lässt sich etwas anfangen.

> Erst die Fakten, dann das Urteil.

Fakten und Meinungen – ein Riesenunterschied!

Eine Situation setzt sich aus beobachtbaren Fakten zusammen. Ein guter Bericht gibt diese wahrheitsgetreu wieder. Fakten sind nachweisbar. Sie sind personenunabhängige Beobachtungen und Beschreibungen dessen, was ist. Fakten sind nicht Meinungen.

Meinungen im Gegensatz zu Fakten sind von Personen abhängig. Es sind Schlussfolgerungen. Um stichhaltig zu sein, müssen sie auf Fakten beruhen. Meinungen sind nicht bloß deswegen richtig, weil sie persönlicher Natur sind. „Das ist eben meine Meinung, fertig!“ So nicht! Auch Meinungen unterliegen den Gesetzen der Logik. Lassen sie sich nicht von Beobachtungen ableiten und entsprechend begründen, so sind sie unsinnig.

Beispiel: Die Äußerung: „Schau, da unten geht gerade der Herbert vorbei!“ bezieht sich auf ein Faktum. Hingegen stellt der Kommentar des Gesprächspartners: „Der ist ja schon wieder dicker geworden“ eine Meinung dar. Wie ist sie begründet? Welcher Vergleichswert wird hier in Betracht gezogen? Reichte der kurze Blick aus dem Fenster, um die genannte Schlussfolgerung zu rechtfertigen? Sollte man Herbert nicht erst auf eine Waage stellen, bevor man über ihn befindet? Mit Meinungen muss man vorsichtig sein, sonst tut man jemandem gegebenenfalls Unrecht. Man verschafft ihm ein schräges Image und er bekommt PR-Probleme.

Meinungen können durchaus den Status von Fakten erlangen. Dies geschieht in dem Moment, da eine Meinung öffentlich geäußert und aufgezeichnet wird. Sie wird dadurch zu einem Faktum hinsichtlich des Meinungsträgers. Dass er gesagt hat, was er gesagt hat, seine Meinung also, ist ein Faktum: „Du hast gesagt, der Herbert sei dicker geworden. Ich hab's genau gehört, also rede dich nicht heraus!"

> Ein Faktum ist keine Meinung.
> Doch eine Meinung ist ein Faktum!

Bewertung heißt: Pluspunkte und Minuspunkte vergeben

Zum Zweck einer Situationsanalyse werden die gegebenen Fakten zunächst gesichtet. Sie geben den Ist-Zustand wieder. Danach werden sie bewertet. Entsprechen die Fakten dem geforderten Soll-Zustand oder sind ihm förderlich, so nennen wir sie Pluspunkte. Weichen sie von ihm ab, so handelt es sich um Minuspunkte.

Beispiel: Fliegt man als Urlauber nach Mallorca, so ist jeder Sonnentag ein Pluspunkt und jeder Regentag ein Minuspunkt. Denn Regentage vertragen sich nicht mit der Vision von trockenem Sandstrand und ungetrübten Badefreuden.

Wonach wir uns richten: Erwartungswerte und Idealwerte

Bei der Vergabe von Plus- und Minuspunkten spielen zwei Bewertungsgrundlagen eine Rolle, zum einen die Erwartungswerte, zum anderen die Idealwerte.

Erwartungswerte beruhen auf Erfahrung. Sie beziehen sich auf das, was man in einer gegebenen Situation normalerweise erwarten würde. Wo Rauch ist, erwartet man ein Feuer. Das hat mit Idealen nichts zu tun, sondern bezieht sich auf physikalische Wirkungszusammenhänge. Wo es geregnet hat, erwartet man Pfützen und nasse Dächer. Wo stark gebremst wurde, erwartet man Reifenspuren auf dem Asphalt.

Bleiben in einem Bericht Ereignisse unerwähnt, die man erwartet hätte, oder enthält der Bericht Abweichungen vom Erwarteten, die unkommentiert bleiben, so wundert sich der Leser. Denn in beiden Fällen handelt es sich um ungewöhnliche Vorgänge. Der Leser weiß aber nicht, ob das Ungewöhnliche tatsächlich geschehen ist oder ob der Bericht schlampig abgefasst wurde. Letzteres wäre ein Mangelpunkt für den Bericht.

Idealwerte, im Gegensatz zu Erwartungswerten, beziehen sich nicht auf das, was man anzutreffen gewohnt ist, sondern auf Erwünschtes und Erhofftes. Sie leiten sich aus der Vision für das betreffende Spiel ab. Idealwerte sind Indikatoren, die darauf verweisen, ob man sich der Idealvorstellung annähert oder sich von ihr entfernt.

Dass zum Beispiel bei einem Boxkampf der Schwergewichtsklasse Blut fließt, ist zu erwarten (Erwartungswert). Erwähnt ein Bericht dies, so wundert man sich nicht, denn es gehört dazu. Pluspunkt für den Bericht. Erwähnt der Bericht dies nicht, so fühlt sich der Leser verunsichert. Ein Boxkampf ganz ohne Blut? War es wirklich so oder blieben die Blessuren nur unerwähnt? Minuspunkt für den Bericht.

Floss aber viel Blut und der Bericht bringt dies tatsachengemäß, so ist das ein Pluspunkt für den Bericht. Der Leser kommt zu der berechtigten Auffassung, es müsse sich bei jenem Boxkampf um eine rechte Schlächterei gehandelt haben. Denn „viel Blut“ entspricht nicht der Idealvorstellung eines guten Boxkampfes. Zwar kann so etwas vorkommen, stellt aber kein Ideal dar.

„Viel Blut“, „Schläge unter die Gürtellinie“ oder „Hufeisen im Handschuh“ sind Minuspunkte für die Situation. Die diesbezüglich wahrheitsgetreue Berichterstattung hingegen ist ein Pluspunkt für den Bericht.

Für was ein bestimmtes Faktum einen Indikator darstellt, ob es als Plus- oder als Minuspunkt zu werten ist und mit welchem Gewicht es in der Gesamtwertung zu Buche schlägt, das gibt immer Anlass zu Diskussionen. Heißt „viel Blut“ wirklich, dass es ein schlechter Boxkampf war? Oder war es nicht vielleicht doch, an bestimmten technischen Kriterien gemessen, ein guter?

Hierüber kann man trefflich streiten. Insofern ist die Zuordnung von Plus- und Minuspunkten zu Fakten letztlich Meinungssache. Fakten sind Fakten, gewiss. Aber auf was weisen sie hin? Auf einen Trend in Richtung Sollwert oder auf einen Trend in die Gegenrichtung?

Für was die vorliegenden Fakten Indikatoren darstellen, hängt von der Bewertungsgrundlage des Beurteilenden ab, von dem Kontext, in den der Beurteilende das Faktum stellt. Ob ein Regentag auf Mallorca als Plus- oder Minuspunkt zu bewerten ist, kommt ganz allein auf den Beurteilenden an. Der Urlauber wird dazu etwas anderes sagen als der Landwirt oder der Golfplatzbetreiber.

Als Beispiel: ein Erlebnisbericht samt Situationsanalyse

Auch bei persönlicher Inspektion und direkter Beobachtung bewertet man spontan im Sinne von Erwartungs- und Idealwerten. Ohne dass man viel darüber nachdächte, verteilt man Pluspunkte und Minuspunkte. Beispiel: Als Kunde hat man die Idealvorstellung, rasch, freundlich und aufmerksam bedient zu werden. Auf dieser Grundlage bewertet man spontan und intuitiv die Behandlung, die einem seitens eines Ladengeschäfts oder Unternehmens zuteil wird.

Hierzu der folgende Erlebnisbericht: Ich suche ein metallverarbeitendes Unternehmen auf, um eine stählerne Außentreppe in Auftrag zu geben. Durch eine Glastür betrete ich das Firmengebäude und befinde mich in einem schmucklosen Korridor. Im Hintergrund höre ich das Dröhnen und Scheppern von Stahl und Blech. (Auswertung: Umgebung erwartungsgemäß. Normale Firma, normale Nüchternheit im Erscheinungsbild, normaler Lärm.) Mehrere Türen gehen vom Korridor ab und führen zu Räumen links und rechts.

Es ist niemand zu sehen. Ich schaue in das erste Zimmer, dessen Tür offen steht. Ein Mitarbeiter sieht zerstreut vom Computer auf, während er gleichzeitig telefoniert. Er zeigt keinerlei Reaktion auf meine Anwesenheit. Die Geschäftigkeit ist zweifellos ein Pluspunkt, die nicht erfolgte Begrüßung eines Kunden jedoch ein Minuspunkt. Das nächste Zimmer ist leer. Während ich vom Korridor aus hineinschaue, eilt ein Mitarbeiter durch die geöffnete Tür an mir vorbei ins Zimmer hinein, setzt sich und beginnt zu arbeiten. Zu mir sagt er kein Wort. (Plus- und Minuspunkte wie oben.) Im dritten Zimmer höre ich hinter einer Zwischenwand jemanden telefonieren. Der vordere Teil des Raumes wirkt der Ausstattung nach wie ein Sekretariat. Während ich hineinschaue, kommt durch eine Tür im Hintergrund eine junge Dame, setzt sich an den Sekretariatsschreibtisch, tippt ein paar Zeilen und geht wieder. Kein Gruß, keinerlei Augenkontakt. (Plus- und Minuspunkte wie oben.)

Suchend bewege ich mich zu der erwähnten Zwischenwand und schaue dahinter. (Keine erkennbare Leitung eines Kunden durch das Gebäude. Minuspunkt.) Am Schreibtisch sitzt ein Mann und telefoniert. Erst später erfahre ich, dass er der Chef ist. Ich stehe vor ihm, die Hände auf der Lehne des Besuchersessels. Er blickt mir direkt in die Augen, während er seinem telefonischen Gesprächspartner blumenreich und detailliert von einem Wasserschaden berichtet, den die starken Regenfälle neulich an seinem Privathaus angerichtet haben. (Bevorzugung eines Privatgesprächs statt eines Kunden. Minuspunkt.) Nach dem Telefonat deutet er mir mit gebieterischer Geste an, ich möge noch warten, und tätigt einen weiteren Anruf. (Kunde wurde zwar bemerkt, Pluspunkt, aber ziemlich unfreundlich, daher eher Minuspunkt.) Noch ein weiterer Anruf erfolgt. Etwa zehn Minuten lang stehe ich vor ihm. (Bewusstes Ignorieren eines Kunden. Minuspunkt.) Dann bin ich dran. Nun endlich gestattet man mir gnädigst, meine Treppe in Auftrag geben zu dürfen. Die Auftragsbesprechung verlief sachlich korrekt, die spätere Lieferung vereinbarungsgemäß (zwei Pluspunkte).

Eine beachtliche Reihe von Minuspunkten in nur 15 Minuten direkter Beobachtungszeit. Eklatante Abweichungen von dem zu erwartenden Verhalten der Mitarbeiter eines größeren Handwerksbetriebs im Hinblick auf Kundenbedienung. Man fragt sich, wie sich ein solcher Betrieb zu halten vermag.

Der Datenberg: Wie man ihn auswertet

Nachdem durch Berichte und persönliche Beobachtung ein Berg von Daten und Informationen zusammengetragen worden ist, muss dieser geordnet werden. Dabei empfiehlt sich folgende Vorgehensweise:

1. **Eine chronologische Dokumentation anlegen („Chronik" oder „Verlaufsbericht").** Hier geht es um das exakte Nacheinander der Ereignisse, etwa wie in dem Erlebnisbericht oben. Mit Datum und eventuell Uhrzeit wird aufgeführt, was geschah. Welche Entscheidungen wurden getroffen und von wem? Welche Partikel strömten in das Spiel herein und aus ihm hinaus? Wer war dafür verantwortlich? Wer hat sich dem Spiel zugesellt oder es verlassen? Selbst kleine, zunächst als unerheblich erachtete Ereignisse und Veränderungen sollten vermerkt werden, denn für die nachfolgende Gesamtauswertung könnten sie von weit größerer Bedeutung sein, als man zunächst vermutet hätte.

2. **Den tatsächlichen Beginn finden.** Anhand des Verlaufsberichts lässt sich leicht erkennen, zu welchem Zeitpunkt sich der Trend zum Negativen hin änderte und welche Umstände zu jenem Zeitpunkt vorlagen. Damit hätte man den offensichtlichen Beginn aufgespürt. Medizinisch gesprochen, entspräche dies dem Krankheitsausbruch. Doch wie und wann erfolgte die Ansteckung? Das wäre der eigentliche Beginn und nach ihm wäre zu forschen. Dazu spürt man allen Anzeichen nach, die bereits Tage, Wochen oder Monate vor dem offensichtlichen Beginn auftraten und auch nur entfernt mit dem untersuchten „Symptom" zusammenzuhängen scheinen. Es fing nie erst dann an, als es unangenehm auffiel. Der eigentliche Beginn liegt früher.

3. **Eine Liste von Plus- und Minuspunkten aufstellen.** Jedes im Verlaufsbericht erwähnte Ereignis wird nun bewertet. Wie

schon ausgeführt, sind Pluspunkte Entscheidungen, Handlungen, Indikatoren und Statistiken, die zur Idealvorstellung hinführen. Minuspunkte sind Entscheidungen, Handlungen, Indikatoren und Statistiken, die von der Idealvorstellung abweichen.

4. **Die Plus- und Minuspunkte gruppieren.** Nun werden die aufgelisteten Plus- und Minuspunkte Bereichen und Personen zugeordnet. In welchem Bereich, bei welchem Hut, bei welcher Person häufen sich die meisten Minuspunkte? Dort gräbt man weiter nach, stellt weitere Fragen, schaut noch genauer hin. Man ist dabei, sich der Antwort auf die entscheidende Frage zu nähern: Woran lag es? An wem lag es? An wessen Entscheidung oder Zustimmung? – Man vergesse nie: Alle Tatsachen im menschlichen Leben sind geschaffene Tatsachen. Sie beruhen auf Gedanken und Übereinkünften, auf Entscheidungen und Zustimmungen.

5. **Den wahren Grund für den Auf- oder Abwärtstrend finden.** Der wahre Grund für eine Misere oder eine Glückssträhne ist nie der liebe Gott, das Wetter oder die Sternzeichen. Es liegt immer an guter oder schlechter Organisation. Und die wiederum hängt ab von den konkreten Entscheidungen konkreter Personen zu konkreten Zeitpunkten. Die gesamte Situationsanalyse läuft im Grunde auf die Beantwortung einer einzigen Frage hinaus: Wer hat wann was entschieden? Diese Entscheidung, die den Auslöser darstellte für die Trendwende, sie ist der wahre Grund. Bei einer Misere gilt es, sie zu ändern oder zu streichen. Bei einer Glückssträhne sollte man sie stärken.

6. **Maßnahmen treffen, um das Spiel neu auszurichten.** Erst wenn man den wahren Grund gefunden hat, lassen sich Maßnahmen ergreifen, um die unerwünschte, festgefahrene Situation zu lösen. Mit dieser Wende zum Besseren wäre rückblickend auch der Beweis dafür erbracht, dass man den wahren Grund tatsächlich gefunden hat.

> Löst sich eine Situation nicht in Wohlgefallen auf, so hat man den wahren Grund noch nicht gefunden.

„Maßnahmen treffen", das bedeutet, das Spiel den veränderten Umständen anpassen. Regeln neu formulieren, damit sich die Gefahrensituation in Zukunft nicht wiederholen kann. PR-Maßnahmen ergreifen, um allen Betroffen die Situation nebst deren Ursache und der geplanten Bewältigung begreifbar zu machen. Mit all dem wird das Tun in neue Bahnen gelenkt. Es bedeutet, all die Vorschläge aus den vorangegangenen Kapiteln zu verwirklichen.

Dabei ist natürlich zu wünschen und zu hoffen, dass eine Kurskorrektur immer in Richtung auf „mehr Ethik" vorgenommen werden möge. Ein heikles Thema! Im nächsten Kapitel werden wir uns darüber Gedanken machen.

Tipps für den Alltag:

- Überprüfen Sie eine Nachrichtensendung auf ihre Tauglichkeit hin:
  a) Sind die „4W" (Wann? Wo? Wie? Wieso?) vollständig, korrekt und wahrheitsgetreu wiedergegeben?
  b) Wird deutlich unterschieden zwischen Fakten und Meinungen?
  c) Ist erkennbar, aufgrund welcher Idealvorstellung der Berichterstatter Plus- und Minuspunkte zuteilt? Geschieht diese Zuteilung offen oder eher suggestiv?
- Wenn Sie das nächste Mal eine Situation im Sinne von „gefällt mir" oder „gefällt mir nicht" beurteilen: An welchen Erwartungs- und Idealwerten orientieren Sie sich dabei?
- Fertigen Sie zu dem folgenden, übermäßig verschachtelt abgefassten Satz einen Verlaufsbericht an. Bestimmen Sie das tatsächliche Nacheinander der genannten Ereignisse:
  „In seinem Brief vom 17. Juni, den ich erst gestern, am 26. Juni,

erhalten habe, beschwerte sich Herr Müller, dass er schon Mitte Februar dieses Jahres in einer E-Mail erklärend auf die Vorkommnisse vom November des letzten Jahres eingegangen sei, derentwegen Frau Blohm sich dermaßen beleidigt gefühlt hätte, dass sie schließlich vor acht Wochen ihr mittlerweile schon 15 Jahre bestehendes Arbeitsverhältnis unvermittelt kündigte und nun sogar mit ihrem Anwalt droht, weswegen die Sache Ende nächster Woche vor Gericht verhandelt werden wird. Dies, vermeint Herr Müller, hätte nicht geschehen brauchen, wäre Herr Meier bereits im Dezember mit der gebotenen Eile auf Frau Blohm zugegangen, wie es damals zwischen ihm, Herrn Müller, und Herrn Meier vereinbart worden war."

- Finden Sie ein Beispiel dafür, wie der tatsächliche Beginn einer Situation lange vor deren Bekanntwerden lag.
- Können Sie ein Beispiel dafür nennen, wie sich eine Situation schlagartig bereinigen ließ, nachdem man den wahren Grund für den Missstand gefunden hatte? Oder ein Beispiel dafür, wie sich etwas ewig hinzog, weil man nur am vermeintlichen Grund ansetzte?

Raum für Ihre Notizen

12
Ethik und Integrität

Ethiker sind keine Moralisten

Schlägt man ein Wörterbuch auf, so findet man „Ethik" als „Moral" definiert und umgekehrt. Die beiden Begriffe werden oft gleichbedeutend verwendet. Vermutlich liegt das daran, dass sie die gleiche Urbedeutung haben. „Ethik" kommt aus dem Griechischen, „Moral" aus dem Lateinischen. Beides bedeutet „Sitte". Doch verwenden wir die beiden Begriffe im Sprachgebrauch nicht austauschbar, sondern machen einen Unterschied zwischen Ethik und Moral.

Vielleicht hängt das mit einer weiteren Urbedeutung des Wortes Ethik zusammen, nämlich „Charakter, Eigenart". Wer Charakter hat, legt Wert auf seine Eigenarten. Aus seinem persönlichen Ehrgefühl heraus spielt er den Unterschied zwischen sich und anderen nicht herunter, sondern betont ihn, selbst wenn er dafür Unannehmlichkeiten in Kauf zu nehmen hätte. Im Gegensatz dazu ist es dem sittlich Braven am liebsten, wenn er möglichst wenig auffällt.

Wer moralisch ist, geht mit der Menge. Wer ethisch ist, hat „Ehre im Leib". Er steht zu seinen Überzeugungen. Diese hat er nicht irgendwo abgelesen, um sie als Lippenbekenntnis herzubeten wie der Moralist, sondern sie sind das Ergebnis eigenen Erlebens und Erkennens. Es handelt sich um hart erarbeitete persönliche Wahrheiten, die man nicht leugnen könnte, ohne vor sich selbst als Verräter dazustehen.

Ein Ethiker trägt seine Entscheidungsbasis in sich selbst. Er bleibt sich selbst treu. Er ist integer. Für das Verhalten des Moralisten hingegen, des Sittenpredigers, sind „die anderen" maßgeblich, nicht er selbst. Weil der Moralist seine Überzeugungen aus einem riesigen, von Brauchtum und Tradition bereitgestellten Reservoir bezieht, ist er der Mühe enthoben, sich seine eigenen Gedanken machen zu müssen. Allzeit legt er Wert auf sittliche wie auch politische Korrektheit. Der Verhaltenskodex des Moralisten ist bereits festgeschrieben, er braucht nur nachzulesen. „Lass das! Das tut man nicht!“, sagt der Moralist.

Dem Ethiker reicht das nicht. Er fragt: Wer ist „man“? Und was könnte „man“ dagegen haben, dass ich tue, was ich tue? Ist das Verbot sinnvoll? Wie lässt es sich im Hinblick auf den vorliegenden Kontext begründen? Diese kritische Geisteshaltung kennzeichnet den Unterschied zwischen dem Moralisten und dem Ethiker.

Ethik erfordert Denken. Moral ersetzt das Denken.

Für den Zweck dieses Buches sei Ethik als eine persönliche Angelegenheit definiert, eine Sache der individuellen Entscheidung. Mit Moral hingegen meinen wir das Resultat der Übereinkünfte einer beliebigen Gruppe von Menschen, ob Familie oder Sippe, ob Volk oder Kulturkreis, ob Sportverein oder Wirtschaftsunternehmen.

Ethik und Moral ergänzen sich

Nicht nur falsch, sondern sogar destruktiv wäre es, wollte man Ethik und Moral als Verhaltensalternativen darstellen, die sich gegenseitig ausschließen. Wiewohl der Unterschied zwischen beiden zum Zwecke der Verdeutlichung gerade ein wenig auf die Spitze getrieben wurde, sei nachdrücklich gesagt, dass an Moral und Sitte nichts Verachtenswertes ist.

Eine Kultur, so sahen wir bereits, ist nichts anderes als das Produkt der Lösungen, die eine Gemeinschaft im Lauf ihrer Geschichte im Hinblick auf besseres Leben und Überleben gefunden hat. Indem sie diese Lösungen in Form von Sitte und Moral an Folgegenerationen überliefert, bewirkt sie ihren eigenen Fortbestand, bewirkt sie ihr zukünftiges Leben und Gedeihen. Deswegen ist das Heiligen von traditionellen Werten für die Beteiligten der betreffenden Kultur ein überlebensförderlicher Akt, dem seitens Außenstehender Respekt gebührt.

Damit eine Lösung ethisch genannt werden kann, ist daher zu fordern, dass sie trotz allen kritischen Denkens auch die Fixpunkte der angesprochenen Kultur berücksichtigt. Lösungen, die sich über die gewachsene Kultur einer Gruppe mit Gewaltmaßnahmen hinwegsetzen, weisen sich genau dadurch als nicht ethisch aus. Da hilft auch der oft beachtliche intellektuelle Scharfsinn nichts, in dem sie abgefasst sein mögen.

Der Moralist orientiert sich ausschließlich an Katechismus und Gesetzbuch. Um gar nicht erst in die Schusslinie der Kritik zu geraten, stellt er das eigene Denken ab. Auch der Ethiker berücksichtigt die gängigen Moralvorstellungen, beschränkt sich aber nicht ausschließlich auf sie, sondern bezieht auch alle anderen Faktoren der gegebenen Situation mit ein. Er leugnet nicht Sitte und Tradition, sondern betrachtet sie kritisch und integriert sie in seine Entscheidungen.

Ethik ist
kritisch durchdachte Moral.

Dem Moralisten geht es um die prinzipielle Richtigkeit seines Handelns. Er liebt es, den Status quo und die damit einhergehenden Machtverhältnisse und Privilegien zu erhalten: „Wir machen das jetzt so, weil wir das schon immer so gemacht haben." Dem Ethiker hingegen geht es um die situative Richtigkeit seines Handelns im Hinblick auf ein übergeordnetes Ziel, um die Förderung der Lebensqualität seiner selbst, seiner Familie, seiner Gruppe oder gar der ganzen Welt, je nachdem, in welchen Dimensionen er zu denken vermag.

Ein ewiges Spannungsfeld

Ethik arbeitet nicht gegen, sondern mit dem Moralkodex, das allerdings nur solange, wie der Moralkodex gedeihliche und einvernehmliche Lösungen garantiert. Würden Menschen durch eine „moralisch unbedenkliche" Lösung ins Verderben geraten, so ginge der Ethiker sofort auf die Barrikaden. Gerne wird die Benachteiligung von Randgruppen, das Morden aus religiösem Fanatismus, das Ausmerzen „primitiver" Kulturen von den jeweiligen Machern als moralisch unbedenklich hingestellt, sonst fänden sich keine Mitmacher. Ethisch gesehen sind solche Machenschaften jedoch keineswegs vertretbar.

Zwangsläufig kommt es zwischen Moralisten und Ethikern immer wieder zu Spannungen. Sitten und Gebräuche, wie sie sich in kirchlichen und staatlichen Gesetzeswerken ausdrücken, sind nicht unbedingt für alle Mitglieder der Gemeinschaft gleichermaßen von Vorteil. Daher werden sie nicht von allen gleichermaßen gutgeheißen. Aus diesem Grund trachten Einzelpersonen und Kleingruppen immer wieder danach, sich mithilfe einer „privaten Ethik" um den offiziellen Verhaltenskodex herumzumogeln und individuelle Lösungen zu finden, die ihr Leben und Gedeihen erleichtern.

Weil sich ihre Lebenschancen durch solche „Schattenaktionen" erhöhen, betrachten sie diese naturgemäß als ethisch vertretbar, zumindest vor sich selbst, auch wenn man sie von offizieller Seite her als unmoralisch abstempeln würde. Wer aus Hunger von einem Marktstand eine Wurst stiehlt, wer in einem Schlauchboot von Marokko nach Spanien oder zu Fuß von Mexiko in die USA hinübergeschleust wird, hat zwar Angst erwischt zu werden, aber kein schlechtes Gewissen. Die Akademikerin aus Manila, die in Berlin illegal als Putzfrau arbeitet und das Geld nach Hause schickt, um ihre drei Kinder durchzubringen, die sie jahrelang nicht sieht, ist sich keiner Schuld bewusst, obwohl sie durchaus weiß, dass sie das Gesetz ihres Gastlandes bricht.

Natürlich sind sich die jeweiligen Täter darüber im Klaren, dass die offiziellen Vertreter von Kirche und Staat, die Sitten- und Gesetzeswächter also, von schlauen Privatlösungen sehr wenig halten. Doch fördert dies nicht etwa ihr Schuldbewusstsein, sondern lediglich die Raffinesse ihrer Vorgehensweise. Sich nicht erwischen zu lassen, das ist Lebensklugheit. Mit Schuldbewusstsein im Sinne von Einsicht, Reue und Sühne hat das nichts zu tun. Menschen wollen unbeschwert, frei und glücklich leben und dieser Traum ließ sich durch Gewalt und Gesetzeswerk noch nie verbieten. Im Gegenteil, es galt schon immer als sportliche Herausforderung, die Lücken im System zu entdecken und für sich auszunutzen.

Die Dynamik einer Kultur erwächst aus dem stetigen Anklopfen der Ethiker an die Eichenpforten der Moralisten. Erstere fordern mehr Menschlichkeit, letztere wollen mehr Macht. Auf diese Weise entsteht Wandlung und es scheint, als lägen die Ethiker langfristig im Aufwärtstrend. Schließlich gehört das gestern noch Undenkbare zum heutigen Alltag, wie etwa das Wahlrecht der Frauen, die Akzeptanz von Kindern als vollwertige Personen, das Recht eines Arbeiters auf Freizeit, die gesellschaftliche Anerkennung von Schwulen und Lesben usw. Wir verfügen über einen internationalen Gerichtshof, der Kriegsverbrecher verurteilt, und wir erleben, wie sich die benachteiligten Völker der Welt gegen die verkrusteten Machtstrukturen ihrer ehemaligen Kolonialherren auflehnen, die dies bequemerweise als Terrorismus etikettieren. Es besteht also Hoffnung, auch wenn ein Blick in die Tagespresse uns das Gruseln lehren könnte.

Ethik in drei Stufen

Der Aktionsablauf, so sagten wir eingangs, wird von einem Gedanken eingeleitet. Gedanken wiederum sind im Sein des Menschen angelegt. Daraus folgt, dass das Tun und Haben eines Menschen seinem Sein folgt. Wollen wir die Handlungen und Ergebnisse von Menschen begreifen, so müssen wir uns daher fragen, von welcher gedanklichen Plattform aus sie agieren, in welchen ethischen Dimensionen sich ihr Denken und damit ihr Sein bewegt.

Ähnlich wie der physikalische Raum aus Länge, Breite und Höhe besteht, verfügt auch der ethische Raum, im Vergleich gesprochen, über drei Dimensionen. Die engste ethische Dimension zeigt sich als einseitig orientierte, egozentrische Haltung. Da geht jemand linear von A nach B, ohne nach links oder rechts zu schauen. Eine zusätzliche Dimension kommt bei der „Ethik auf Gegenseitigkeit" hinzu, denn hier werden zumindest die eigenen Spielpartner berücksichtigt.

Das Schicksal von Gegnern oder Randgruppen jedoch bleibt unbeachtet. Erst die allseitige, spielübergreifende Ethik öffnet den ethischen Raum in eine dritte Dimension hinein und damit in alle Richtungen. Allseitige Ethik zieht alle Beteiligten in Betracht. Nur sie ermöglicht optimale Lösungen.

- **Die einseitige, egozentrische Ethik.** Gekennzeichnet durch Selbstsucht und Eigennutz, befindet sie sich auf unterster ethischer Stufe: „Hauptsache, ich selbst komme gut dabei weg." Das bedeutet nehmen, ohne zu geben. Leistung ohne Gegenleistung. Nur das eigene Fortkommen im Sinn haben. Moralische und gemeinschaftsbezogene Gesichtspunkte entfallen.

Egozentrische Lösungen mögen dem Betreffenden erfolgreich erscheinen, da sie momentan sein Überleben fördern. Doch ziehen sie jede Menge unangenehmer Konsequenzen nach sich, wie etwa Feindschaft, Rache oder strafrechtliche Verfolgung. Langfristig gesehen ist egozentrische Ethik nicht einmal dem Egozentriker förderlich. Somit ist sie unvernünftig.

- **Die gegenseitige, spielzentrierte Ethik.** Hier steht der Gruppennutzen im Vordergrund: „Hauptsache, meine Gruppe und ich kommen gut durch." Oder: „Hauptsache, wir gewinnen das Spiel, koste es, was es wolle." Man verbündet sich, zwei oder drei gegen den Rest der Welt. Heute so, morgen so. Wie sich die Vorteile ändern, ändern sich auch die Bündnisse: „Du und ich, wir machen jetzt ein Geschäft, bei dem wir beide profitieren. Wir beide sind ehrlich zueinander. Der Rest der Welt interessiert uns nicht." Sitte, Moral und Gemeinschaft zählen nur, insoweit sie Vorteile mit sich bringen. „Nach mir die Sintflut", heißt es. Auch hier täuscht der augenblickliche Vorteil darüber hinweg, dass man sich langfristig Schwierigkeiten einhandelt.
- **Die allseitige, spielübergreifende Ethik.** Sie ist nach allen Seiten umsichtig. Ihr oberstes Bewertungskriterium ist das Wohlergehen aller Beteiligten: Freunde, Feinde, Menschen, Tiere, Pflanzen. Sie will erreichen, dass die Entscheidungen von heute nicht zum Problem von morgen werden. Allseitige Ethik sucht „rückstandsfreie" Lösungen zur Gestaltung einer unbelasteten Zukunft. Nur auf dieser ethischen Stufe von Übersicht, Weitblick und Demut kann die Art von Kompromiss gefunden werden, der die Bezeichnung „optimale Lösung" verdient.

Schuld und Sühne

Weiter oben, im Abschnitt zur Spannung zwischen Ethik und Moral, haben wir gesehen, dass jemand, der ein Gesetz gebrochen hat, deswegen nicht immer ein Schuldgefühl entwickelt. Im Licht der oben diskutierten drei Ethikstufen wird dies verständlich: Nur wer auf der Stufe allseitiger Ethik zu denken vermag, ist eines umfassenden Schuldbewusstsein fähig. Nur er vermag die Auswirkungen seiner Handlungen auf Mensch, Tier, Pflanze und den ganzen Planeten einzuschätzen. Würde er eine Verfehlung begehen, so wäre er rasch zur Einsicht zu bringen.

Wer hingegen auf einer niedrigeren Ethikstufe denkt, verfügt über ein nur eingeschränktes Schuldbewusstsein. Die Frage: „Ist Dir eigentlich klar, was Du da angestellt hast?“ kann bei solchen Menschen nicht zünden. Der knallharte Macher, der es gewohnt ist, über Leichen zu gehen, würde verwundert zurückfragen: „Wieso? Wir haben doch gesiegt!“ – „Und die angerichtete Verwüstung?“ – „Ach, die gehört dazu. Wo gehobelt wird, da fallen Späne.“

Ähnlich der Dieb, der Illegale, der Raffgierige: „Ich? Was angestellt? Wo denken Sie hin! Man muss doch schauen, wie man durchkommt!“

Jede der drei Ethikstufen, die einseitige, die gegenseitige und die allseitige, stellt eine Form der Lebensbewältigung dar. Auf jeder trifft man die ernsthafte Bemühung an, das Beste aus den Umständen zu machen, und die tiefe Überzeugung, im Recht zu sein, ganz egal, wie andere das sehen mögen. Nichtsdestoweniger sind die realen Auswirkungen der drei Stufen völlig unterschiedlich.

Konkrete Menschen leben ihr konkretes Leben auf bestimmten Ethikstufen, der eine auf dieser, der andere auf jener. Eine kaum zu überbrückende Kluft zwischen Mentalitäten, möchte man meinen. Und doch ließen sich Brücken schlagen. Denn Verheimlichung beruht auf Selbstschutz. Wer etwas zu verheimlichen hat, meidet das offene Gespräch. Selbstschutz wird jedoch unnötig, sobald ein sicherer, nicht bedrohlicher Raum gegeben ist, in dem man sich ungestraft aussprechen und auf Verständnis hoffen darf. Durch Bereitstellen eines solchen Raums lässt sich positive Veränderung erwirken.

Das einzige, was hilft, sind Liebe und Verständnis. Nur Liebe, Verständnis und viel Geduld können zur Einsicht führen, zur Einsicht in die zerstörerischen Auswirkungen einer Tat, die man zum Zeitpunkt des Tuns für sehr clever hielt. Und erst auf Einsicht folgt Reue und auf die Reue hin schließlich die Sühne, nämlich der Wunsch, etwas wiedergutzumachen.

Die optimale Lösung

Ethisches Verhalten im besten Sinne läuft darauf hinaus, dass für die Mehrzahl der Beteiligten ein Kompromiss gefunden wird, mit dem alle gut leben können. Diesen wollen wir als „optimale Lösung" bezeichnen. Eine Optimum ist definiert als „das Beste, was sich unter den gegebenen Umstände erreichen lässt". Eine optimale Lösung wäre demnach die unter den gegebenen Umständen bestmögliche Annäherung an die zur Diskussion stehende Vision oder auch ein Kompromiss zwischen miteinander konkurrierenden Visionen.

Jeder weiß, dass unser Handeln von heute sich auf das Morgen auswirkt. Dem Rechnung tragend, sollten die Lösungen von heute nicht zu Konsequenzen führen, die man morgen auszubaden haben wird. Sie sollten nicht den Keim für zukünftige Katastrophen in sich bergen. Optimale Lösungen sind langfristig und nachhaltig angelegt. Sie belasten die Zukunft nicht.

Optimale Lösungen sind „rückstandsfrei".

Integrität

Integrität bedeutet „innere Geschlossenheit, Ganzheit". Bezogen auf einen Menschen bedeutet das Wort „charakterliche Eindeutigkeit, Stimmigkeit". Ein in sich selbst ruhender Mensch, dessen Sein, Tun und Haben im Einklang miteinander stehen, ist integer. Er lässt sich auf keine faulen Kompromisse ein. Er steht zu seinen eigenen Werten. Er bleibt sich selbst treu.

Gruppenintegrität

Nicht nur auf Einzelmenschen, auch auf Gruppen lässt sich der Begriff Integrität anwenden. Hier würde er „innere Geschlossenheit einer Gruppe" bedeuten. Gruppenintegrität entsteht, wenn jeder Mitspieler mit seinem Lebenskonzept voll hinter dem Spielkonzept des Spieles steht. Weil solche Mitspieler integer sind, ist die ganze Gruppe integer. Sie ist aus einem Guss, aneinander ausgerichtet wie die Lichtstrahlen in einem Laser.

Integritätsbrüche entstehen, wenn die persönlichen Überzeugungen eines Spielers von den Grundkonzepten des Spieles abweichen. Emotionale Spannungen sind die unvermeidbare Folge. Deswegen sollte man das Spielkonzept des Spieles, dem man sich anschließt, daraufhin untersuchen, ob es mit dem eigenen Lebenskonzept in Einklang steht oder nicht, um sich dann ganz klar dafür oder dagegen zu entscheiden. Andernfalls macht man faule Kompromisse und die eigene Integrität bekommt Risse. Schließlich bricht sie zusammen.

Eine integre Gruppe ist enorm stark. Alle ihre Mitglieder sind auf das gleiche Spielkonzept eingeschworen und stehen mit ihren individuellen Lebenskonzepten dahinter. Deswegen kann ein neuer Mitspieler nicht erwarten, „einfach so" in eine bereits bestehende und in sich gefestigte Gruppe aufgenommen zu werden. Ihre Mitglieder werden sich im Sinne der Gruppenintegrität davon überzeugen wollen, ob der Neue ihnen passt oder nicht.

Auch die Bösen sind integer

Wer integer ist, muss deswegen nicht immer ein Guter sein. Auch die Bösen sind integer. Integrität besagt ja zunächst einmal nichts weiter, als dass man seinen Zielen und Prinzipien treu bleibt, nach ihnen lebt und keine faulen Kompromisse eingeht. Dabei bewertet man als Täter die Konsequenzen seiner Handlungen naturgemäß anders, als es die Opfer täten. Man fühlt sich im Recht. Selbstverständlich.

Integrität findet sich auf jeder der drei oben genannten Ethikstufen. Beispiel: Jemand spielt als kleiner Junge gerne mit Faschingsrevolvern und Feuerwerk. Als Jugendlicher liest er Action-Romane und sieht die entsprechenden Videos. Noch zusätzlich geprägt von einem entsprechenden Elternhaus, sind Gewalt und das Recht des Stärkeren seine Welt. Nach dem Vorbild einer egozentrischen Ethikstufe wächst er auf. Etwas anderes kann er sich nicht vorstellen. Nur so glaubt er überleben zu können.

Als Beruf lernt er Maschinenbau und bringt es bis zum Ingenieur. Fünfzehn Jahre später ist er technischer Leiter bei einer Rüstungsfirma. Das Spielkonzept der Firma deckt sich voll mit seinem eigenen. Dass die unter seiner Leitung produzierten Bomben auf Menschen abgeworfen werden, das weiß er. Er sieht es jeden Abend im Fernsehen. Er steht dahinter. Es gehört zu seiner Lebensauffassung. Kein Schuldbewusstsein. So schräg es klingen mag: Er ist integer.

Darf man ihn als ethisch bezeichnen? Im egozentrischen wie auch im spielzentrierten Sinne dürfte man das. Denn er fördert sein Rüstungsunternehmen nach besten Kräften und steht bei den Mitarbeitern in gutem Ansehen. Im Hinblick auf eine allseitige Ethik allerdings, deren Standard die Förderung aller Betroffenen ist, dürfte man ihn nicht als ethisch bezeichnen. Schließlich setzt er sich nach besten Kräften für die Vernichtung von Leben ein, nicht für dessen Förderung. Im allseitigen Sinn sind die Lösungen, denen er zuarbeitet, nicht optimal zu nennen.

Die Verbindung von persönlicher Integrität mit spielzentrierter oder egozentrischer Ethik ist eine tödliche Mischung. Aus diesem Stoff werden Diktatoren und Massenmörder geschneidert, Leute, die nur sich und ihre aberwitzigen Visionen kennen und voll hinter ihrem Wahn stehen. Eine paranoide Welt aus einem Guss. Keine Risse. Volle Integrität. Tagtäglich kann man auf solche Menschen treffen, zum Beispiel in Gestalt dynamischer Zeitgenossen, die auf dem Weg zu ihrem Ziel über Leichen gehen und zur Belohnung dafür noch kompetent genannt werden. Denn sie haben Erfolg. Sie schreiben Verträge und bringen Umsatz. Solchen „knallharten Machern" sind persönliche Karriere und Unternehmensgewinn wichtiger als alles andere. Wie viel Porzellan dabei zerschlagen wird, das kümmert sie nicht. Denn, so sagen sie, der Zweck heiligte die Mittel.

Knapp zusammengefasst:

- Integrität bedeutet „Stimmigkeit, Geschlossenheit". Lebenskonzept und Spielkonzept decken sich.
- Kompetenz bedeutet: Kenntnisse, Verantwortlichkeit und Kontrollbereitschaft dem Spiel gegenüber.
- Ethik im allseitigen Sinn bedeutet: Förderung der Lebensqualität von Spiel, Umfeld und sich selbst.
- Optimale Lösung: Ein Kompromiss, der die Mehrzahl der am Spiel Beteiligten berücksichtigt und fördert. Die optimale Lösung ist rückstandsfrei. Das bedeutet, sie stellt einen rundum zufriedenstellenden Abschluss dar und zieht keine weiteren Probleme nach sich.
- Kompetenz ohne Ethik: Der erfolgreiche Macher mit jeder Menge Leichen im Keller.
- Ethik ohne Kompetenz: Ein großer Denker, jedoch ein Zauderer. Hat die richtigen Ansichten im Kopf, bringt aber keine Leistung.

Ein schwieriger Fall: die scheinbare Integrität

Zum Abschluss noch ein etwas bitterer Nachgedanke: die scheinbare Integrität. Sie entsteht, wenn jemand hinsichtlich eines Spiels oder einer Spielsituation unwissentlich von völlig falschen Voraussetzungen ausgeht und auf deren Grundlage in aller Unschuld messerscharfe Schlüsse zieht. Selbstverständlich mit katastrophalen Ergebnissen! Denn weil der Betreffende falsch informiert ist, ist seine Ausgangsposition naturgemäß ebenso falsch. Er steckt in Verwirrung und Desorientiertheit, ohne dies zu registrieren. Entsprechend schräg sind seine Schlussfolgerungen, so logisch sie auch sein mögen. Integrität kann man ihm schwerlich abstreiten, was jedoch dabei herauskommt, wirkt allemal schräg. Der Wahnsinn hat sozusagen seine eigene Logik. Hieraus ist der Stoff vieler Komödien und Tragödien gemacht: Mangelnder Durchblick plus Logik gleich Komik oder Tragik.

Beispiel: Frau Hulda sucht bei IKEA nach dem hauseigenen Restaurant, gerät in die Möbelabteilung und macht sich‘s gemütlich. Sie hält die Kunden in den Polstersesseln fälschlich für Gäste und die Dame am Servicestand für die Restaurantrezeption. Nach einer Weile fragt sie sich, warum sie nicht endlich bedient wird. Nach 20 Minuten des Wartens wird es Frau Hulda zu bunt. Sie entfernt sich und weiß mit Sicherheit: „Bei IKEA kann man nicht ins Restaurant gehen, da herrschen unmögliche Zustände.“ Aufgrund der gemachten Erfahrung ein logischer Schluss, nur war‘s eben kein Restaurant, und da liegt die Verwirrung. Die Ausgangsposition stimmte nicht, Frau Hulda ging von falschen Prämissen aus. Ihre Logik beruhte auf einem Missverständnis.

> Missverständnisse führen unweigerlich
> zu absonderlichem Verhalten.

Das Dumme ist nur: Wer ein echtes, tief verankertes Missverständnis hat, der weiß das nicht. Denn er glaubt ja felsenfest daran. Er glaubt sich rundum abgesichert, doch steht diese seine Integrität auf wackligen Beinen. Sie kann durch völlig unschuldige Bemerkungen zum Umfallen und Zerbrechen gebracht werden. Entsprechend empfindlich ist der Betreffende. Es ist nahezu unmöglich ihn zu kritisieren. Er reagiert sofort mit Empörung. Schließlich weiß er sich voll im Recht! Nur mit viel Fingerspitzengefühl lässt sich eine scheinbare Integrität aufdecken und bereinigen. Denn ist jemand erst einmal beleidigt, so ist bekanntlich nicht mehr mit ihm zu reden.

Integritätsstufen

Entwicklung in Stufen – ein Lebensprinzip

Die Erscheinungen und Befindlichkeiten des Lebens ereignen sich graduell, sei es mit fließenden Übergängen, sei es mit stufigen. Bei den Themen Emotion und Frustration haben wir das bereits gesehen. Es gibt kein „ganz gesund oder gar nicht gesund“, kein „ganz intelligent oder gar nicht intelligent“, sondern nur ein mehr oder weniger gesund oder intelligent.

Alles ist relativ. Das macht es schwierig, die eigene Position zu erfassen. Es sei denn, man bezöge sich auf einen bekannten und erwünschten Soll-Zustand! Erst damit wird es möglich, den eigenen Ist-Zustand zu bestimmen, den Punkt also, an dem man steht.

Hinsichtlich der Lebensqualität, die jeder für sich persönlich, für sein Spiel und seine Gruppe anstrebt, ist es die Vision, die als erwünschter Soll-Zustand fungiert. An ihr orientiert man sich. Sie ist der Vergleichswert, an dem sich die Differenz zum Ist-Zustand des gelebten Lebens ermessen lässt.

An der Differenz zwischen Vision und Wirklichkeit zeigt sich, auf welcher Stufe von Integrität und Lebensqualität jemand steht. Je größer der Abstand zwischen dem, was ist, und dem, was sein soll, desto niedriger die Stufe. Je geringer der Abstand, desto höher die Stufe. Decken sich Real- und Idealsituation, so käme das einer nicht mehr zu übertreffenden Wunscherfüllung gleich. Hiermit wäre ein Maß nicht nur für Lebensqualität gegeben, sondern auch für Integrität! Denn wer seine Vision kompromisslos lebt, ist integer.

Integrität ist eine schwankende Angelegenheit, die den Umständen und der Gemütsverfassung unterworfen ist. Integrität ist nicht „von selbst“ gegeben, sondern muss aktiv in Hochform gehalten werden. Von alleine geschieht das nicht. Integritätsschwankungen und sogar Integritätsbrüche sind an der Tagesordnung. Sie ereignen sich, wenn man sein Sein infrage stellt. Wenn man die Rolle im Leben und den Hut im Spiel in Zweifel zieht. Wenn man in der Beziehung zu Familie, Beruf oder Sportverein keinen Sinn mehr sieht.

Auch hinsichtlich der Integrität gibt es kein „ganz oder gar nicht". Auch Integrität ereignet sich in Stufen. Je größer die Verleugnung oder gar Unkenntnis der eigenen Vision, je mächtiger die faulen Kompromisse, desto niedriger die Integritätsstufe.

Integritätsstufen beziehen sich auf das Sein eines Mitspielers, nicht auf das Tun oder Haben. Nicht an schlechten Produkten und schwachen Statistiken ist eine niedrige Integritätsstufe ablesbar, sondern an Äußerungen, an denen sich ein geistiges Zerwürfnis ablesen lässt. Weicht das persönliche Lebenskonzept eines Spielers vom Konzept des Spieles ab, dem er zugehört, so verspürt er einen Integritätsbruch, der ihn in Konflikte und schließlich in Resignation stürzt: „Meinst du, das wird noch was? Ob wir das wohl schaffen? Na, ich weiß nicht ..."

Ein Mitspieler ohne jegliche Integritätsbrüche befände sich im höchstmöglichen Integritätszustand. Spiel und Leben ständen im Einklang miteinander, sein Sein wäre integer. Trotz Stress und härtester Arbeit, trotz äußerlicher Anspannung wäre ein solcher Mensch glücklich.

Integration, Integriertheit und Integrität sind dreierlei

Im Anschluss folgt eine Liste von Integritätsstufen. Sie beschreiben den Weg eines Neulings während seiner Eingliederung in ein Spiel oder in eine Gruppe. Dieser Prozess der allmählichen Integration beginnt im Zustand der Desorientiertheit und Verwirrtheit als unterste Stufe. Er endet mit voller Integriertheit in die neue Umgebung oder Gruppe als oberste Stufe.

Ähnlich verhält es sich mit dem Hineinwachsen einer Person in ihr eigenes Lebenskonzept. Wer noch keines hat, ist ein verwirrter Mensch und steht damit auf unterster Stufe. Wer eines hat und voll dahintersteht, ist integer und damit auf der obersten Stufe. Sein, Tun und Haben stehen hier in harmonischem Einklang miteinander.

Eine Begriffsklärung mag hier angebracht sein. Unter „Integrität" versteht man die Charaktereigenschaft „innere Widerspruchsfreiheit, geistig-seelische Ganzheit". Der Begriff „Integration" hingegen bezieht sich auf einen Werdegang, der von Desorientiertheit, Zweifel und Zerrissenheit hin zur angestrebten Ganzheit führt. Im charakterlichen Sinn würde man solch eine spannungsfreie Ganzheit als „Integrität" bezeichnen, im Sinn der Beziehung eines Einzelnen zur Gruppe wäre hingegen der Ausdruck „Integriertheit" angebracht. Der Prozess der Integration kann daher sowohl zur Integrität als auch zur Integriertheit führen und sogar zu beidem.

Integritätsstufen haben Dynamik. Man ist nicht sein Leben lang auf eine bestimmte Stufe festgelegt. Vielmehr kann man sich von niederen auf höhere Stufen emporarbeiten. Aber auch unversehens von einer hohen in eine niedere abrutschen! Die Integritätsstufen werden gleich im Anschluss beschrieben werden. Jeder ist eine „Faustregel" zugeordnet, um den Weg nach oben erneut einzuleiten.

Wer auf einer hohen Integritätsstufe steht, ist selbstsicher. Hingegen äußern sich niedere Integritätsstufen als Unsicherheit und Fehleinschätzung der Lage. Dies hat Produktionsfehler zur Folge. Macht ein Mitspieler häufig Fehler, so schätzt ihn die Gruppe gerne als unzuverlässig ein. Doch Vorsicht, damit macht man es sich ein wenig zu einfach. Auch hier, wie schon vorher bei unserer Betrachtung der Kompetenztriade oder bei den Themen Emotion und Frustration, liegen Feinheiten und Abstufungen vor, die einem Außenstehenden vielleicht überhaupt nicht erkennbar sind. Ein Gespräch täte not.

Es sei daher darauf hingewiesen, dass die „Integritätsstufen" das subjektive Erleben des Betreffenden zeigen. Sie zeigen, „von innen heraus" betrachtet, wie er sich selbst sieht. Greift man diese Hinweise im Gespräch auf, so eröffnet sich damit die Möglichkeit eines fruchtbaren und von Verständnis getragenen Dialogs zwischen der Gruppe und einem Mitspieler, der sich in Schräglage befindet.

Integritätsstufe „Verwirrtheit"

- **Kennzeichen: Orientierungslosigkeit.** Der Neuling weiß noch nicht so recht, in welchem Spiel er sich befindet. Er kennt weder Personen noch Örtlichkeiten noch Abläufe. Deswegen ist er nicht voll dabei und wirkt, als lebte er in einer anderen Welt. Seine Desorientiertheit äußert sich in Verwirrtheit und Ratlosigkeit. Bei Leuten, die unter Drogen oder Alkohol stehen, ist dieser Zustand offensichtlich. Doch kann er auch durch Schock oder Überwältigung entstehen, wenn zu viel Neues auf jemanden einprasselt. Wer sich in Verwirrtheit befindet, ist kein Mitspieler im echten Sinne des Wortes. Körperlich ist er zwar dabei, aber nicht geistig. Er kennt das Konzept des Spieles nicht, an dem er teilnimmt, und womöglich nicht einmal sein eigenes Lebenskonzept. Er kennt es entweder nicht oder hat es, wie im Fall von Schock, zeitweilig ausgeblendet. Er ist total durcheinander.

- **Faustregel: Suchen Sie sich einen stabilen Orientierungspunkt im Spiel bzw. in der Umgebung.** Das könnte sein: ein Mitspieler, eine Spielregel, ein Produkt, eine Tätigkeit oder Örtlichkeit. Finden Sie etwas, woran Sie sich halten können. Orientieren Sie sich von dort aus in Ihrer Umgebung. Finden Sie heraus, was das für ein Spiel ist, in das Sie da geraten sind, was seine Örtlichkeiten sind, seine Regeln, und wer alles mitspielt. Sollten Sie ganz entsetzlich verwirrt sein (bei Drogen oder Schock), so suchen Sie sich eine ruhige Ecke, wo Sie zu sich selbst finden können. Klopfen Sie gegen die Wände. Packen Sie Tische und Stühle fest an. Rütteln Sie sie, spüren Sie sie. Vergewissern Sie sich, dass Wände, Stühle und Tische ganz real existieren. Benutzen Sie sie als stabile Orientierungspunkte, bis Sie sich wieder zurechtfinden.
- **Ergebnis: Orientiertheit im Spiel bzw. der Umgebung.** Ansatzweises Begreifen von Zusammenhängen. Beginn zielgerichteter Aktivitäten und verantwortungsvoller Mitarbeit im Spiel. Verlässlichkeit ist allerdings noch nicht gegeben. Das wäre verfrüht.

Integritätsstufe „Unzuverlässigkeit“

- **Kennzeichen: Der Spieler ist sich über die Konsequenzen seiner Handlungen nicht im Klaren.** Durch Unkenntnis, mangelndes Kontrollvermögen, Verantwortungslosigkeit, durch Unbedarftheit und Ahnungslosigkeit macht er Fehler und verursacht Katastrophen, ohne zu bemerken, dass sie auf sein Konto gehen. Zwar weiß er mittlerweile ungefähr, in welchem Spiel er sich befindet, hat aber noch keine Ahnung, auf was es dabei wirklich ankommt. Man kann sich noch nicht auf ihn verlassen. Ohne Absicht verursacht er massive Vertrauensbrüche, ist aber zu naiv, um zu registrieren, was er seinen Mitspielern damit antut. Sie fühlen sich von ihm hängen gelassen. Er läuft Gefahr, von ihnen als Feigling oder Verräter angesehen zu werden.

- **Faustregel: Machen Sie sich klar, dass Sie als Mitspieler tatsächlich existieren.** Sie sind nicht „nur so" dabei. Führen Sie sich vor Augen, dass sich die anderen auf Sie verlassen und Ihnen vertrauen. Welche Auswirkungen haben Ihre Handlungen auf andere, auf das gesamte Spiel?
- **Ergebnis: Überblick über Abläufe gewonnen und den Zusammenhang mit der eigenen Verantwortung erkannt.** Die Zuverlässigkeit hat sich gesteigert. Allmählich begreift der neue Mitspieler, auf welches Spiel er sich da eingelassen hat und dass er dabei tatsächlich eine Rolle spielt.

Integritätsstufe „Identitätskrise"

- **Kennzeichen: Der Mitspieler erkennt die Diskrepanz zwischen seiner Erwartung und der Wirklichkeit.** Ihm geht allmählich auf, wie es mit der Realität seines Hutes und des gesamten Spieles tatsächlich aussieht. Was er laut Bezeichnung seines Hutes als zukünftige Realität erwartete, unterscheidet sich unter Umständen beträchtlich von der eingetretenen. Sein, Tun und Haben klaffen auseinander. Er spürt die Konfliktspannung zwischen Spielkonzept und persönlichem Lebenskonzept. Er fragt sich, wer er denn nun eigentlich wirklich ist und gerät in einen Identitätskonflikt.
- **Faustregel: Machen Sie sich schonungslos klar, wer Sie unabhängig von der offiziellen Bezeichnung Ihres Hutes wirklich sind.** Was tun und erreichen Sie tatsächlich? Als wen betrachtet man Sie tatsächlich? Erstellen Sie sowohl ein Spielkonzept des

Spieles, in dem Sie sich befinden, als auch des Hutes, den Sie tragen. Stellen Sie sicher, dass der beobachtete Konflikt zwischen Ihrem Anspruch und der Realität nicht auf Missverständnissen beruht.

- **Ergebnis: Begriffen haben, auf welches Spiel man sich da eingelassen hat.** Deutlich sehen, welche Rolle man spielt, welchen Hut man trägt. Der Mitspieler hat die Realität der Situation nun voll erkannt. Doch ist er sich noch nicht sicher, ob er mit ihr übereinstimmen könnte. Unversehens befindet er sich im Zustand des Zweifels.

Integritätsstufe „Zweifel"

- **Kennzeichen: Der Mitspieler weiß nicht, welcher Seite er sich zugesellen sollte.** Zwar kennt er nun Spielkonzept und Praxis des Spieles, in dem er steckt, ist sich aber nicht sicher, ob er dahinterstehen kann. Er stellt Spiel und Hut grundsätzlich infrage: „Will ich das wirklich sein, tun und haben, was ich hier vorfinde?"
- **Faustregel: Vergleichen Sie das Ihnen angebotene Spielkonzept mit Ihrer persönlichen Vision.** Arbeiten Sie ein Lebenskonzept aus, falls Sie das noch nicht getan haben. Ziehen Sie andere Angebote und Spielkonzepte in Betracht. Prüfen Sie die Alternativen. Wägen Sie ab, wie Sie Ihrer Vision am besten näherkommen würden. Durch Teilnahme an diesem Spiel oder eher an einem anderen?
- **Ergebnis: Bekenntnis zur eigenen Integrität.** Wer das Spielkonzept eines Spiels mit seinem Lebenskonzept nicht vereinbaren kann, der sollte im Sinne seiner Integrität besser gehen. Dadurch wird er nicht in allen Fällen zum Feind oder Gegenspieler. Obwohl auch das möglich ist! Im Normalfall jedoch respektiert der Ausgestiegene das Spiel, wie es ist, möchte jedoch aus persönlichen Gründen nicht mehr daran teilnehmen. Er zieht sich zurück. Wer hingegen einen faulen Kompromiss mit sich selbst eingeht und bleibt, obwohl er eigentlich gehen sollte, der wird sich wegen seiner persönlichen Integritätsbrüche nicht in die Gruppe inte-

grieren können. Vergrämt und erfolglos wird er seine Tage verbringen. Hingegen gerät derjenige, der das Konzept des Spieles reibungslos mit sich vereinbaren kann, auf die nächsthöhere Integritätsstufe. Für ihn liegt an, sich als neues Mitglied voll in die Gruppe zu integrieren, zu der er sich nun bewusst bekennt.

Integritätsstufe „Eingliederung“

- **Kennzeichen: Der Mitspieler hat sich laut und deutlich für das Spiel entschieden.** Sei es als Neuer oder als „reumütig Wiederkehrender“, er ist nun voll dabei und zeigt dies durch Wort und Tat. Von seinen Kollegen wird er jedoch noch nicht akzeptiert. Er „gehört noch nicht dazu“. Zwar respektiert man formal seinen Hut, nimmt ihn, den Neuen bzw. den Rückkehrer, als Person aber noch nicht ernst. Er muss sich erst noch beweisen.
- **Faustregel: Finden Sie von Ihren Mitspielern heraus, was Sie tun sollten, um voll akzeptiert zu werden.** Falls Sie sich etwas haben zuschulden kommen lassen, so müssten Sie nun etwas unternehmen, um den entstandenen Vertrauensbruch zu heilen. Welche Wünsche und Anforderungen haben die Mitspieler an Sie? Wie könnten Sie die Stimmung zu Ihren Gunsten beeinflussen? PR ist gefragt!
- **Ergebnis: Der Mitspieler versteht, was menschlich und sachlich von ihm gefordert wird.** Er erbringt die entsprechenden Leistungen. Wenn er schließlich von den Mitspielern Achtung und Respekt erfährt, dann ist er in Spiel und Gruppe voll integriert.

Integritätsstufe „Ganzheit und Präsenz“

- **Kennzeichen: Eigenes Lebenskonzept und Spielkonzept der Gruppe sind deckungsgleich.** Der Mitspieler hat das Spiel in sein Leben integriert und umgekehrt. Als Person wie auch als kompetenter Hutträger wird er von der Gruppe akzeptiert und geschätzt. Sein Integrationsvorgang ist damit abgeschlossen.

- **Hilfe zum Erhalten des Zustandes: Bleiben Sie sowohl Ihrem Lebenskonzept als auch dem Spielkonzept treu.** Lassen Sie keine faulen Kompromisse zu.
- **Ergebnis: Ethische Präsenz, guter Ruf, Unantastbarkeit.** Feindliche PR-Attacken finden angesichts solcher Integrität als Mensch und solcher Integriertheit in die Gruppe keinen Angriffspunkt und verpuffen wirkungslos.

Auf welcher Stufe befindet sich jemand?

Die korrekte Stufe lässt sich problemlos und unzweifelhaft feststellen. Diejenige Stufe ist die richtige, deren Faustregel eine positive Veränderung in die gewünschte Richtung bewirkt. Man philosophiere also nicht lange über die charakterlichen Eigenschaften des Mitspielers. Man interpretiere und bewerte nicht sein Seelenleben. Sondern man überlege sich, welche der jeweils genannten „Faustregeln“ seine Integration in Gang bringen und ihn eine Stufe höher führen würde. Man schlage dem Betreffenden diesen Schritt vor. Ist es der richtige, so wird sich der Gesprächspartner erleichtert zeigen und sich dem Gespräch öffnen. Wenn nicht, so schaue man alle Faustregeln mit ihm gemeinsam durch. Stößt man auf die Richtige, so wird er aufatmen.

Produktivitätsstufen

Integrität und Produktivität bedingen einander

Im Gegensatz zu Integritätsstufen, die sich am Sein orientieren, an geistigen Dimensionen also, beziehen sich Produktivitätsstufen auf die nachweislichen Leistungen eines Mitspielers, auf sein Tun und Haben.

„Produktivität" ist eine Kraft, die sich in Form von Produkten und Statistiken darstellt. Der Soll-Wert für Produktivität drückt sich in den Erfordernissen für Qualität und Quantität eines bestimmten Produktes aus. In der vorliegenden Realsituation zeigt sich der Ist-Wert. Eine Produktivitätsstufe ergibt sich aus dem Vergleich zwischen diesen beiden Werten.

Längerfristig ziehen niedrige Integritätsstufen niedrige Produktivitätsstufen nach sich. Ein Mitspieler, der am Spiel kein sonderliches Interesse hat, an ihm zweifelt oder gar dagegen eingestellt ist, vermag seine Produktion auf Dauer nicht aufrechtzuerhalten. Selbst bei hoher Kompetenz mangelt es ihm an der grundsätzlichen Gewilltheit, an dem betreffenden Spiel weiterhin teilzunehmen. Die Konfliktspannung nimmt überhand und früher oder später wird seine Produktion sinken.

Bringt demgegenüber ein Mitspieler, an dessen Integrität nicht zu zweifeln ist, schlechte Leistungen, so kann das nur an einem Mangel an Kompetenz liegen. Seine Kompetenztriade ist unausgewogen. Vermutlich mangelt es ihm an Kenntnissen oder sein Kontrollvermögen ist überfordert. Das ließe sich leicht reparieren, da er unter keinen inneren Konflikten leidet, die seine Fortbildung behindern würden.

Noch einmal in aller Kürze: Integrität ist eine Sache des Seins, Produktivität hingegen ist eine des Tuns und Habens. Produktivität äußert sich in der Quantität und Qualität von Leistungsergebnissen. Hier wie überall lassen sich Stufen beobachten. Die niedrigste Stufe von Produktivität ist die Unbekanntheit, das Nichtvorhandensein für Markt und Kundschaft. Die höchste Produktivitätsstufe zeigt sich im souveränen Umgang mit allen Aspekten des Spieles, in Leichtigkeit und Meisterschaft.

Produktivitätsstufe „Unbekanntheit"

- **Kennzeichen: Für die Welt existiert man nicht.** Man hat sich ein Spiel ausgedacht oder sich einem laufenden Spiel angeschlossen, doch kennt einen noch niemand. Als der neue Hutträger oder Produktanbieter wird man einfach nicht wahrgenommen oder sogar gezielt ignoriert. Es scheint, als sei man überhaupt nicht vorhanden.
- **Faustregel: Machen Sie sich selbst, Ihren Hut und Ihre Produkte allseits bekannt.** Knüpfen Sie Kontakte. Finden Sie heraus, was Ihre Mitspieler oder potenziellen Kunden für Wünsche haben. Stellen Sie es her, leisten Sie es, liefern Sie es.
- **Ergebnis: Anfängliche Bekanntheit auf dem Spielfeld. Allmählich tut sich etwas.** Doch selbst wenn sich alles recht gut anlassen sollte, ist man noch unerfahren und naiv. Nur weil man allmählich aus der Unbekanntheit herausgetreten ist, läuft das Spiel noch lange nicht im Normalbetrieb. Dem neuen Mitspieler oder Unternehmer unterlaufen Produktionsfehler und Unfälle. Er ist gefährdet durch Ratlosigkeit und langsame Reaktion angesichts unerwarteter Situationen. Diese können sich zu Engpässen und Gefahren auswachsen. Dadurch läuft der Neuling Gefahr, seine mühsam errungene Position schneller wieder zu verlieren, als er sie aufgebaut hat.

Produktivitätsstufe „Gefahrenzustand"

- **Kennzeichen: Trotz harter Arbeit ändert sich nichts.** Irgendwo ist etwas faul, das dringend der Revision bedarf. Da nutzt hartes Arbeiten nichts, vielmehr ist eine Situationsanalyse angesagt. Zeigen wir dies am Beispiel eines Ruderboots auf: Wenn trotz emsigen Schöpfens das Wasser im Boot ständig weiter steigt, kann das nicht allein an Gischt und Regen liegen. Da muss es noch einen weiteren Grund geben, nämlich ein Loch im Boot. Schöpfte man einfach verstärkt Wasser aus, statt das Loch sogleich zu flicken, so wäre das die falsche Maßnahme. Denn gegen das eindringende Wasser kommt man mit Schöpfen auf die Dauer nicht an. Trotz härtester Arbeit würde man buchstäblich im Nichtvorhandensein landen, indem das Boot mit Mann und Maus absäuft.

- **Faustregel: Beseitigen Sie die Gefahr schnellstens mit jedem erdenklichen Mittel.** Übergehen Sie die eigentlich Zuständigen ungefragt, setzen Sie sich über gewohntes Verhalten und eingefahrene Routine hinweg. Wenn Sie später Zeit dafür haben, führen Sie eine Situationsanalyse durch, um den wahren Grund für die Gefahr zu erkennen. Wie konnte es zu dem Loch im Boot überhaupt kommen? Beseitigen Sie die Gefahrenquelle. Ziehen Sie die Verantwortlichen zur Rechenschaft. Ändern Sie die Spielregeln vorausschauend oder formulieren Sie sie um. Vermeiden Sie so, dass sich die Gefahr wiederholt.
- **Ergebnis: Gefahr gebannt, Produktion wieder im Aufwärtstrend.**

Produktivitätsstufe „Engpass“

- **Kennzeichen: Die Produktion ist schwergängig und zäh.** Mal steigen die Statistiken, mal fallen sie; eben ging es noch schön aufwärts, nun geht es schon wieder abwärts. Man hat zwar das sichere Gefühl, man sei auf dem richtigen Weg, aber noch ist kein Land in Sicht. Wind und Wellen sind gegen einen. Um in den Hafen zu rudern, sind harte Arbeit und Disziplin angesagt.
- **Faustregel: Arbeiten Sie hart oder härter.** Straffen Sie Ihre Disziplin, wenn Sie einen Engpass zu überwinden haben, und benutzen Sie jedes erdenkliche Werbemittel, um sich bekannter zu machen.
- **Ergebnis: Beginn eines entspannten Normalbetriebs.** Die Statistiken haben sich in einem akzeptablen Bereich eingependelt. Man kann aufatmen.

Zwischen Engpass und Gefahr gibt es einen wichtigen Unterschied. Wir sollten kurz auf ihn eingehen. Ein Engpass ist eine eher vorübergehende Angelegenheit. Falls sie länger andauert, kann sie sich eventuell zur Notlage auswachsen. Im obigen Beispiel wäre Wasser im Boot durch Gischt und Regen eine vorübergehende Notlage, die sich durch rasches Ausschöpfen, durch harte Arbeit also, überbrücken lässt, bis der Sturm vorbei ist. Beim Gefahrenzustand hingegen liegen die Dinge anders. Hier ist etwas grundsätzlich verkehrt. Ein verborgener, unerkannter Einfluss hält das Weiterkommen auf: ein Loch ist im Boot. Deswegen lassen sich Engpässe durch harte Arbeit bewältigen, Gefahren aber nicht.

Produktivitätsstufe „Normalbetrieb"

- **Kennzeichen: Die Produktion beginnt von selbst zu laufen.** Noch nicht großartig, aber immerhin, sie normalisiert sich. Bei allem Auf und Ab zeigen die Statistiken einen schwachen, aber stabilen Aufwärtstrend. Getroffene Vorarbeiten und Werbemaßnahmen beginnen sich auszuzahlen. Zwar zeigen sich gelegentliche Abwärtstrends, doch nicht in Form gravierender Abstürze.
- **Faustregel: Erkennen und stützen Sie positive Trends,** stellen Sie negative Trends ab. Greifen Sie auf keinen Fall massiv ein. Sie könnten damit alles durcheinanderbringen. Es läuft ja, also bloß keine unangebrachte Aufregung! Immer sachte und mit Fingerspitzengefühl.
- **Ergebnis: Etabliertheit im Spiel,** Bekanntheit, Routiniertheit, Anerkennung.

Produktivitätsstufe „Prosperität"

- **Kennzeichen: Unerwarteter Zustrom.** Man erhält Anfragen aus Bereichen, mit denen man nie gerechnet hätte. Die Aufträge regnen nur so herein. Man ist bekannter, als man glaubte. Die Statistiken steigen sprunghaft nach oben. So berauschend das auch sein mag, bietet einem ein solcher Expansionsschub keineswegs ein Leben in Saus und Braus. Tatsächlich fühlt sich die Prosperität an wie ein Engpass auf höherem Niveau. Nichts als harte Arbeit! Die plötzlich gestiegene Nachfrage will bedient werden. Da heißt es zupacken.

- **Faustregel: Organisieren Sie.** Statt das mit den Aufträgen hereinströmende Geld zu verjubeln, sollten Sie besser Ihre Schulden abzahlen, um sich von allen Belastungen zu befreien. Haushalten Sie streng mit Zeit und Geld. Machen Sie sich unabhängig. Unternehmen Sie außerdem organisatorische Schritte, damit die Expansion nicht allein von Ihnen persönlich aufgefangen werden muss. Sonst sind sie bald überfordert. Investieren Sie in Produktionsmittel und Personal.
- **Ergebnis: Eigendynamik ist eingetreten.** Produktionsleistung und Einnahmen haben sich auf deutlich höherem Niveau als zuvor eingependelt. Man findet sich sozusagen im Normalbetrieb wieder, allerdings in einem bedeutend höheren Bereich als zuvor.

Produktivitätsstufe „Souveränität"

- **Kennzeichen: Das Optimum ist erreicht, eine Steigerung kaum noch möglich.** Je nach Lebensbereich kann Souveränität politische Macht, geschäftlichen Einfluss oder Meisterschaft des Könnens bedeuten. Nach mehreren Prosperitätsschüben hat sich schließlich auf höchster Ebene ein Normalzustand eingependelt.
- **Hilfe zum Erhalten des Zustands: Halten und pflegen Sie Ihre alten Kontakte und Kommunikationslinien.** Achten Sie aber darauf, dass diese ethisch unbedenklich sind. Mehr als zuvor lebt Ihr Geschäft vom Aufrechterhalten ethischer Standards und hoher Produktionsqualität. Vergessen Sie nie, dass Souveränität aus dem spielerischen Kontrollieren einer Vielzahl von Kommunikationslinien entsteht. Nur so kann der intensive und großvolumige Partikelaustausch aufrechterhalten werden, der diesen Zustand kennzeichnet: Werbung raus, Aufträge rein, Waren und Leistungen raus, Geld und Unterstützung rein.

- **Ergebnis: Freude am eigenen Können, freie Zeit und endlich einmal Geld zum Verjubeln.** Das Spiel ist zum Selbstläufer geworden. Im Gegensatz zu vorherigen Produktivitätsstufen wirft es nun mehr ab, als man hineinstecken muss. Ein Gefühl von Leichtigkeit und bleibendem Erfolg stellt sich ein.

Produktivitätsstufe „Spielübergabe"

- **Kennzeichen: Der Erfolg wird langweilig.** Mit dem Zustand der Souveränität hat ein Spieler den Höhepunkt von Kompetenz, Macht, Einfluss und Können erreicht. Alles geht ihm leicht von der Hand. Er genießt das Spiel. Für wie lange? Bis ihn sein eigener Erfolg langweilt.
  Wenn es für ihn nichts mehr zu lernen und zu erobern gibt, wird er sich genervt fühlen, unzufrieden, rat- und rastlos. Aus Langeweile entsteht Angeödetheit. Man zieht sich zurück, ignoriert seine Kontakte, wird unaufmerksam, leichtsinnig. Aus lauter Leichtsinn macht man Fehler. Das Spiel bricht zusammen. Unversehens landet man im Gefahrenzustand. Vom Vollgefühl der Macht hinunter ins Nichts. Das kann blitzschnell gehen. Wenn es keinen Einfallsreichtum mehr erfordert, den Optimalzustand zu halten, wenn es nicht mehr auf und ab geht, wenn die Dinge allzu voraussagbar werden, spätestens dann ist es an der Zeit, einen Schlussstrich zu ziehen. Das Spiel ist zu beenden oder einem Nachfolger zu übergeben. Es ist an der Zeit, sich ein neues Spiel auszudenken, mit neuen Herausforderungen, neuen Zielen, Hindernissen und Freiheiten.
- **Faustregel: Schreiben Sie Ihren Hut auf.** Bringen Sie das komplette Konzept Ihres Hutes bzw. des gesamten Spieles zu Papier. Weisen Sie insbesondere auf Ihre erfolgreichen Aktionen hin, damit sich Ihr Nachfolger daran orientieren kann. Übergeben Sie Ihrem Nachfolger alle Informationen und Machtmittel. Legen Sie ihm alle Zusammenhänge offen, von denen Sie auch nur die leiseste Ahnung haben. Weihen Sie ihn in alle Geheimnisse ein. Tun Sie das nicht, so behalten Sie bei Ihrem bisherigen Spiel ewig einen

Fuß in der Tür und werden nie Ruhe finden. Ziehen Sie sich daher vollständig aus dem bisherigen Spiel zurück. Verweigern Sie konsequent jede weitere Zusammenarbeit. Lassen Sie die Nachfolger das Spiel ruinieren, falls es dazu kommen sollte, und tragen Sie es mit Gleichmut. Es ist jetzt nicht mehr Ihr Spiel. Ihr Part ist vorbei. Sie haben Ihren Aktionsablauf von Anfang bis Ende brillant durchgeführt und abgeschlossen. Genau deswegen wollten Sie gehen und nun tun Sie das bitte auch. Sie werden es nicht bereuen.

- **Ergebnis: Neues Spiel, neues Glück.** Ein neues Spiel wird gestartet, mit neuen Zielen, neuen Hindernissen und neuen Freiheiten. Im Unterschied zu früher fällt hier der Start ungleich leichter, denn man kann auf gemachte Erfahrungen zurückgreifen, auf bewährte Freunde und finanzielle Rücklagen.

Wie man als neuer Chef ein laufendes Spiel übernimmt

Die Übergabe des Spiels wurde geleistet. Stellen wir uns vor, Sie seien der Nachfolger. Schauen wir uns die Sache nun von Ihrem Standpunkt aus an. Als Nachfolger steigen Sie in eine Führungsposition ein, die Sie vorher, als „normaler Mitspieler", nie innehatten. Oder Sie stoßen gar als Außenseiter, als völliger Neuling, zu einer eingeschworenen Gruppe. Da wäre es falsch, jetzt gleich alles zu ändern, nur um sich auf diese Weise zu „profilieren". Bloß nicht gleich alles umkrempeln oder „mit eisernem Besen durchfegen"! Studieren Sie den Hut Ihres Vorgängers, besonders seine erfolgreichen Aktionen. Beobachten Sie das Spiel. Vergessen Sie nie, dass Sie als der neue Hutträger für die Mitspieler noch nicht wirklich vorhanden sind. Selbst als der offizielle neue Chef stehen Sie notgedrungen auf der Integritätsstufe „Eingliederung" und auf der Produktivitätsstufe „Unbekanntheit". Wenden Sie die dafür zutreffenden Faustregeln an. Vergessen Sie nie: Für die Altgedienten sind Sie der neue Einsteiger, auch wenn man Ihr Gesicht aus anderen Tätigkeitsbereichen bereits kennen sollte.

Stellen Sie für Ihren Einflussbereich fest, auf welcher Stufe von Ethik, Integrität und Produktivität sich das Spiel wie auch die einzelnen Mitspieler befinden. Sorgen Sie für die korrekte Anwendung der Faustregeln für jeden Bereich und jede Person, Stufe um Stufe. Nur so wird es Ihnen gelingen, für Ihren Hut wie auch für das Spiel Prosperität und Souveränität zu erlangen und zu erhalten.

Es sei noch einmal wiederholt: Sorgen Sie für die korrekte Anwendung der Faustregeln für jeden Bereich und jede Person, Stufe um Stufe. Unterlassen Sie dies nämlich, so werden Sie früher oder später auf genau der Stufe landen, die zu erkennen und zuzuordnen Sie versäumt haben. Wer das Loch im Boot bemerkt und nichts sagt, ersäuft genauso wie alle anderen. Erkennen Sie niedrige Ethik-, Integritäts- oder Produktivitätsstufen nicht und wenden Sie die entsprechenden Faustregeln nicht an, so werden Sie die Last der betreffenden Mitspieler mittragen. Sie wird Ihnen um den Hals hängen wie ein Mühlstein und Sie und das Spiel in die Tiefe ziehen.

So wichtig es auch ist, für jeden einzelnen Mitspieler Verständnis und Mitgefühl aufzubringen, so wenig dürfen dadurch Gruppe oder Spiel gefährdet werden. Wer als Führungsperson aus Weichheit mit dem Zuordnen von Ethikstufen zögert, liegt bald erschöpft im Staub. Wer hingegen zu scharf schießt oder gar den Falschen trifft, der stößt auf Protest und hat bald keine Mitspieler mehr. Wie üblich kommt es auch hier auf den richtigen Zeitpunkt und die rechte Dosierung an.

Tipps für den Alltag:

- Wenn man bei einem Stau auf der Autobahn auf der rechten Standspur überholt, so ist das ungesetzlich und daher unmoralisch. Unter welchen Umständen könnte es, ethisch betrachtet, dennoch in Ordnung sein?
- Denken Sie mal für jede der drei Ethikstufen an einen Ihrer Bekannten oder an einen Zeitgenossen, der Schlagzeilen gemacht hat: An einen, der nur an sich selbst denkt. – An einen, der nur an seine Familie oder Clique denkt. – An einen, der möglichst alle Beteiligten zu berücksichtigen sucht.

- Haben Sie schon einmal eine optimale Lösung erlebt oder selbst eine gefunden? Eine Lösung, die keine negativen Folgen hatte, mit der alle zufrieden waren, wo nichts nachgebessert werden musste, und die somit rückstandsfrei war? – Wie lief das damals ab?
- Finden Sie ein Beispiel für die Verhaltenssequenz: Verfehlung – Einsicht – Reue – Wiedergutmachung. Konnten Sie je beobachten, dass sich das wie von selbst vollzog, durch eigene Erkenntnis des Betreffenden, also ohne Druck und Vorwürfe?
- Durchdenken Sie im Rückblick einmal Ihren Weg in eine neue Gruppe hinein, sei es als neues Vereinsmitglied oder Mitarbeiter in einem Unternehmen. Wie passen die Integritätsstufen auf diese Entwicklung?
- Haben Sie schon einmal einen Gefahrenzustand für einen Engpass gehalten? Und sich gewundert, wieso Sie trotz unermüdlichen Einsatzes nicht vorwärts kamen?
- Kennen Sie das Gefühl, dass es nach einer Phase von Meisterschaft und Souveränität langweilig werden kann? Dass man sich nach neuen Spielen sehnt?
- Betrachten Sie ein Spiel Ihrer Wahl: Auf welcher Produktivitätsstufe steht es gerade? Und auf welcher Integritätsstufe stehen Sie persönlich mit Bezug auf dieses Spiel? Wo stehen Ihre Mitspieler? Wenden Sie die entsprechenden Faustregeln auf sich und andere an, um das Spiel zu optimieren.

Der Wert eines Spieles

Selbstbestimmtheit

Den höchsten ethischen Anspruch, den man an ein Spiel stellen kann, ist der auf uneingeschränkte Selbstbestimmtheit für jeden Mitspieler. Natürlich ist das in der Praxis nicht hundertprozentig durchführbar, denn eine Gruppe lebt von Koordination und Rücksichtnahme, und dafür hat sie ihre Regeln. Es kann nicht jeder ständig machen, was er will. Dennoch sollten jedem Mitspieler als felsenfeste Spielgrundlage zwei Rechte zugebilligt werden: Erstens, er darf sich einem Spiel freiwillig anschließen; zweitens, er darf es jederzeit wieder verlassen.

Das klingt einfacher, als es sich praktizieren lässt. In ein Spiel einsteigen ist nicht schwer. Aussteigen aber schon! Die gewachsenen Übereinkünfte und Verflechtungen mit anderen Mitspielern, die Verpflichtungen, die man bezüglich seines Hutes übernommen hat, all das hält einen. All das will abgewickelt werden, so man elegant und rückstandsfrei aussteigen möchte.

Die Kunst des Aussteigens

Sowenig man jemanden mit Gewalt festhalten darf, der aus einem Spiel aussteigen will, so sehr muss sich der Aussteigende aber darüber im Klaren sein, dass sein Verschwinden nicht unbemerkt über die Bühne geht. Auf welcher Produktivitätsstufe befindet sich sein Hut, wenn er geht? Auf welcher Integritätsstufe befindet er sich als Person? Dementsprechend wird man ihn beurteilen und behandeln. Und dementsprechend fällt sein Ruf aus.

Wer allzu hastig geht und seinen Posten unaufgeräumt hinterlässt, der scheidet nicht ehrenhaft aus. Wer vor oder nach seinem Ausscheiden über die verlassene Gruppe nörgelt, scheidet ebenfalls nicht ehrenhaft aus. Wer nicht ehrenhaft aussteigt, pflegt sich hinterher in Rechtfertigungen zu ergehen. Wer sich rechtfertigen muss, hat Dreck am Stecken. Und schon weiß man Bescheid: da hat jemand etwas zu verbergen. Getroffener Hund bellt.

Wer eine Gruppe unehrenhaft verlässt, sei es heimlich oder mit einem Eklat, um in ein anderes Spiel neu einzusteigen, der hinterlässt nicht nur in seiner alten Gruppe Scherben, sondern stellt auch für die neue Mannschaft einen Risikofaktor dar. Denn ein Mitspieler, der seine frühere Gruppe im Streit verließ und deswegen emotional, finanziell und vielleicht sogar juristisch belastet ist, hat sich von jener Gruppe nicht wirklich getrennt. Deswegen ist er in der neuen Gruppe auch nicht wirklich angekommen. Er steht irgendwo dazwischen. Er schleppt seinen miesen Integritätszustand von einer Gruppe zur nächsten.

Um sich nicht zu gefährden, sollten die Mitspieler des neuen Teams von dem Ankömmling verlangen, dass er bei seiner alten Gruppe erst einmal reinen Tisch macht. Dass er dort ohne böses Blut aussteigt. Erst dann, nachdem er seine Leichen im Keller der vorherigen Gruppe entsorgt hat, kann man ihn gefahrlos in der eigenen Gruppe willkommen heißen.

Zu viel verlangt? Klar. In der Praxis nicht durchführbar? Auch klar. Denkt man das Ganze aber konsequent zu Ende, was wir uns hier gerade leisten, so stößt man gelegentlich auf unbequem hohe ethische Messlatten.

Die Bewertung von Spielen

Mitspieler in einer Gruppe neigen dazu, ihr Spiel sehr wichtig zu nehmen. Weil sie nicht über den eigenen Tellerrand hinausschauen, bewerten sie ihr Spiel nur allzu leicht im Sinn einer spielzentrierten Ethik. Solange das Spiel Spaß macht und Erfolge bringt, sagen sie, muss doch alles in Ordnung sein. Klar, denn ein hochproduktives, erfolgreiches Spiel wird vom Standpunkt der beteiligten Mitspieler aus unzweifelhaft als lebensförderlich und somit ethisch betrachtet werden. Nichtsdestoweniger mag dieses selbe Spiel, vom Standpunkt anderer Spiele aus betrachtet, als zutiefst destruktiv und damit unethisch erscheinen. Eine Frage des Standpunkts, wie immer.

Demzufolge steht nicht nur jeder einzelne Mitspieler auf dieser oder jener Ethik-, Integritäts- und Produktivitätsstufe innerhalb des Spiels; auch das Spiel selbst tut dies. Beispiel: Eine Jagdveranstaltung mit viel erlegtem Wild wird von den Jägern als erfolgreich gefeiert, von Tierschützern und Vegetariern aber als verantwortungslos und grausam abgestempelt. Wer hat recht? Auf welcher Ethikstufe steht das Spiel „Jagd"? Wie soll man das beurteilen?

Um ein Spiel korrekt zu bewerten, muss man auf seine Ergebnisse schauen. Auf seine Ergebnisse und deren Auswirkungen auf andere Spiele, Lebewesen, Natur und Umwelt.

> Nur im Rahmen einer allseitigen Ethik lässt sich der Wert von Spielen korrekt ermessen.

Der Weg nach oben

Eine Rückschau über dieses Buch

Über mehrere hundert Seiten hinweg haben wir uns nun in aller Gründlichkeit damit befasst, was es bedeutet, eine Vision in die Realität umzusetzen. Dabei haben wir gesehen, dass zum guten Gelingen drei große Gebiete zu berücksichtigten sind: erstens der Mensch und seine Psyche, zweitens Organisation und drittens Ethik. In diesem abschließenden Kapitel wollen wir Rückschau halten. Anschließend werden wir einige der vielen Einzelkomponenten, in die sich diese drei Gebiete untergliedern, zu einer „Stufenleiter zum Erfolg" zusammensetzen.

Im Gebiet „Mensch und Psyche" fanden wir die Dynamik von Kommunikation und Emotion vor, von Frustration und Motivation. Wir stießen auf die Notwendigkeit von Kontrollfähigkeit, Verantwortungsbereitschaft und Kenntnisreichtum. Als tragende Säulen entdeckten wir die Triaden „Aktionsablauf", „Kompetenz" und das administrative Fraktal „Sein-Tun-Haben".

Das zweite wichtige Gebiet in diesem Spiel namens „Visionen wahr werden lassen" ist die Organisation. Als wir sie untersuchten, kamen weitere Triaden zum Vorschein, nämlich „Vision-Management-Mitspieler" und „Führung-Organisation-Produktion". Hierauf beruht die Dynamik von Gruppenleben und Gruppenführung. Unter Verwendung dieser beiden Triaden ließ sich ein organisatorisches Hutnetz entwickeln, worin jeder Hut zu erkennen ist und sich jeder Mitspieler wiederfinden kann.

Mit diesen Werkzeugen, dem Hutnetz und den genannten Triaden, kann es gelingen, die Aktivitäten auszusteuern, die in menschlichen Gemeinschaften beim Anstreben von Visionen entstehen. Läuft alles gut, so entsteht am Ende ein vorzeigbares Endergebnis. Und läuft es bestens, so entstehen nicht nur „irgendwelche" Produkte, sondern sogar Wertvolle Endergebnisse in großer Zahl. Von W.E.s versprechen sich andere Menschen, ihre eigenen Visionen zu realisieren. Deswegen zeigen sie sich bereit, dafür Geld oder eine andere Form der Gegenleistung zu geben.

Das dritte für gutes Gelingen zu berücksichtigende Gebiet ist die Ethik. Wir konnten erkennen, dass es sich bei diesem Thema nicht um weltfremde Herumphilosophiererei handelt, sondern um etwas zutiefst Menschliches, das uns im Alltag praktisch berührt. Ehre, Ehrlichkeit, Treue, Verlässlichkeit, Wertstabilität, Integrität und Produktivität sind Begriffe, an denen wir den Wert unserer Mitspieler ermessen.

Werte und Tugenden gibt es nach wie vor. Für den inneren Zusammenhalt und den langfristigen Bestand menschlicher Gemeinschaften sind sie unentbehrlich. Dabei mussten wir warnend darauf verweisen, wie sehr eine ethisch-kritische Wachheit vonnöten ist, um eine Tugend frisch und lebendig zu erhalten. Ansonsten besteht die Gefahr, dass sie zur Moral verkommt, zum sinnentleerten, gesellschaftlichen Ritual.

Weiterhin sahen wir, dass wir das Thema Ethik unmöglich ausklammern können, wenn wir von Erfolg sprechen wollen. Denn Erfolg ist relativ. Des einen Sieg ist des anderen Niederlage. Daher ist bei jedem Erfolg die Frage zu stellen, welchen ethischen Wert er wohl haben mag. Welche Berechtigung kommt einem bestimmten Erfolg in Anbetracht von Tugenden, Werten und Lebensqualität zu? Steigert oder verringert er sie?

Wir entwickelten das Konzept einer dreistufigen Ethik und kamen zu dem Schluss, dass nur einvernehmliche Lösungen, die von Liebe und Menschlichkeit getragen sind, Bestand haben können. Nur sie rufen nicht sogleich Widersacher und Konflikte auf den Plan. Solche Lösungen wären „rückstandsfrei“ zu nennen. Wir bezeichneten sie als „optimale Lösungen“.

Vor diesem Hintergrund betrachtet, kann nur ein „Erfolg für alle“ als echter Erfolg gewertet werden. Menschen, Tiere, Pflanzen und das Leben dieser Erde müssen von einem Erfolg profitieren können, ob im Großen oder im Kleinen. Sonst war es nur ein Scheinerfolg.

Parallel dazu kristallisierte sich eine Forderung heraus, die an jegliches Management zu stellen wäre, ob von Familie, Verein, Unternehmen oder Staat. Sie lautet: Tragen seine Entscheidungen und Maßnahmen zum Gedeihen von Mensch, Leben und Zukunft bei oder nicht? „Management schafft Lebensqualität" ist die Formel, die wir für diese ethische Forderung fanden.

Als letzter Punkt unserer Rückschau sei das Thema Visionen erwähnt, das sich als roter Faden durch das ganze Buch hindurchzieht. Wir definierten „Vision" als ein nahezu unerfüllbares Wunschbild, nach dessen Verwirklichung man sich nichtsdestotrotz mit aller Macht sehnt. Eine Vision, das ist ein Traum, für den man sich abmüht, sich plagt und schuftet, ein Traum in so unerreichbarer Ferne, dass man sich oft zweiflerisch fragt, ob man ihm denn jemals nahekommen wird.

Dieses Streben nährt sich aus der Hoffnung auf Erfüllung. Die Kraft, die man aufbringt, entspringt einer Sehnsucht nach Glückseligkeit, die man sich von der Verwirklichung der Vision verspricht. Bleibt diese Erfüllung zu lange aus, so verlassen einen Kraft und Mut und man sinkt in sich zusammen. Hat man aber dann und wann einen Anflug von Erfüllung, spürt man auch nur den feinsten Hauch davon, wie es sein könnte, wenn der Traum Wirklichkeit würde, dann entfacht sich die Flamme von Neuem, dann lodern die Kräfte wieder auf, und beschwingt tritt man an zur nächsten Runde.

Diese nächste Runde, das ist der nächste Aktionsablauf. Von jedem Aktionsablauf erhofft man sich, dass er einen der Erfüllung näherbringen möge. Dementsprechend ermisst sich der Wert von Zielen, Handlungen und Ergebnissen daran, inwieweit sie einen der eigenen Vision näher bringen oder einen davon entfernen.

Auch die Vision selbst ist ein Ziel, denn man will sie ja erreichen, doch ist sie kein „Sachziel" oder „strategisches Ziel". Sie ist ein Ziel höherer Ordnung, ein „ethisches Ziel". Es geht nicht um Sachen, sondern um erstrebenswerte Zustände. Um diese beiden Ebenen nicht zu verwechseln, wurde „Ziel" in diesem Buch durchgängig mit „Sachziel" gleichgesetzt.

Sachziele sind in einem überschaubaren Zeitraum erreichbar. Sie laufen auf klar erkennbare Produkte hinaus. Von ethischen Zielen lässt sich dies in solcher Einfachheit nicht sagen. Sie stellen nämlich die Verwirklichung von Werten dar. Ihr Produkt ist nicht ein geschaffenes Ding oder eine vollzogene Dienstleistung, sondern das Erringen einer ethischen Dimension, eines verbesserten Seinszustandes.

„Freiheit“ zum Beispiel ist ein solcher wertvoller Zustand. Ihn gestalten Individuen und Gruppen vor dem Hintergrund ihrer jeweiligen Kultur zu ganz unterschiedlichen Visionen aus. Aus diesen wiederum entwickeln sich die Sachziele und Aktionsabläufe, die anschließend in der politischen, kulturellen und gesellschaftlichen Arena ausgetragen werden.

Auch „Schönheit“ oder „Vollkommenheit des Ausdrucks“ sind wertvolle Zustände. Um ihre Verwirklichung ringen Künstler und Musiker ihr Leben lang. Deren Visionen finden in Gemälden, Filmen und Musikstücken ihren Ausdruck.

Wie vieler Aktionsabläufe bedarf es, um ein hohes ethisches Ziel zu realisieren? Wie viele Sachziele müssen erreicht werden, um eine große Vision zu verwirklichen? Unendlich viele. Es bedarf der Arbeit nicht nur eines einzigen Lebens. Generationen arbeiten daran.

Zehn Stufen zum Erfolg

Nach dieser Rückschau können wir uns abschließend daran machen, eine Stufenleiter zum Erfolg zu entwerfen. Wir wollen dabei all die aufgeführten Komponenten in eine Sequenz bringen. Dazu ziehen wir die Sache am besten vom gewünschten Ergebnis her auf, nämlich dem Erfolg, sei es der sportliche, der unternehmerische oder der Lebenserfolg. Er, der Erfolg, steht somit auf der obersten Stufe unserer Leiter, der zehnten.

Wie gelangt man dort hin? Mit harter Arbeit, mit Produktion. Das ist die Stufe darunter, die „Aufbaustufe" direkt vor dem Erfolg. Sie wiederum beruht auf umsichtiger Organisation. Diese verlangt nach einem offenen, lenkenden Geist, der sich durch Kommunikation, Kompetenz und Führungsqualität auszeichnet. Weitere Aufbaustufen!

Wer erfolgreich führen will, muss die Richtung klar zu erkennen geben. Sie ist markiert durch die Abfolge bestimmter Ziele. Ziele wiederum beruhen auf dem Wunsch, Visionen zu verwirklichen. Dazu bedarf es einer ordentlichen Portion Selbstvertrauen, Mut und Willenskraft, unabdingbare Voraussetzung für die erfolgreiche Realisierung von Visionen. Noch weitere Aufbaustufen!

Visionen ihrerseits beruhen auf Werten. Sie, die Werte, stellen die unterste Stufe auf der Treppe zum Erfolg dar, die Grundstufe, den Sockel. Wer keine Werte kennt oder nicht an sie glaubt, ist desorientiert, apathisch, ohne Perspektive. Ohne Werte wird kein Spiel angefangen. Und gehen die Werte unterwegs verloren, so hat ein Spiel keinen Bestand.

- **Stufe eins: Werte.** Orientieren Sie sich an einem oder mehreren Werten, die das Leben für Sie lebenswert machen. Solche Werte könnten zum Beispiel sein: Freiheit, Glück, Sauberkeit, Ordnung, Gemütlichkeit, Sicherheit.
- **Stufe zwei: Vision.** Malen Sie sich Ihre dazu passende Vision aus, Ihren Wunschtraum, Ihre Idealvorstellung. Wie würde das Leben ablaufen, wenn der angestrebte Wert in voller Blüte stünde? Wie sollte die ideale Welt aussehen, zu der Sie gerne beitragen möchten?

- **Stufe drei: Kraft, Mut.** Um aktiv zu werden, benötigen Sie Kraft, Mut und Selbstvertrauen. Das setzt einen klar durchdachten Standpunkt voraus. Überlegen Sie deswegen, auf welcher der drei Ethikstufen Ihre Vision angesiedelt ist. Bereinigen Sie eventuelle Zweifel durch Anwendung der Integritätsstufen. Steigern Sie Ihre Kompetenz, indem Sie sich auf Ihrem Zielgebiet gründlich kundig machen.
- **Stufe vier: Zielbewusstheit.** Bestimmen Sie nun, welche „Wertvollen Endergebnisse" Sie herzustellen haben, damit ihre Vision Wirklichkeit wird. Setzen Sie sich Ziele.
- **Stufe fünf: Kommunikation.** Machen Sie sich und Ihre Ziele mit angemessener Kommunikation bekannt.
- **Stufe sechs: Kompetenz.** Demonstrieren Sie bei Ihrer Kommunikation Kompetenz. Überzeugen Sie durch Verantwortungsbereitschaft, Kontrollvermögen und Kenntnisreichtum.
- **Stufe sieben: Führung.** Sobald Sie sich hinreichend bekannt gemacht haben, ist der Zeitpunkt gekommen, in Ihrem Projekt oder im gesamten Spiel beherzt die Führung zu übernehmen. Nun kommt es voll und ganz auf Sie persönlich an.
- **Stufe acht: Organisation.** Beachten Sie alle anfallenden Funktionsbereiche und deren Zusammenspiel. Richten Sie eine Organisation ein, bei der alle neun Hüte berücksichtigt sind.
- **Stufe neun: Realisierung.** Widmen Sie sich nun der Produktion und damit der Realisierung Ihrer Vorstellungen. Ermessen Sie Ihre Fortschritte anhand der Produktivitätsstufen.
- **Stufe zehn: Erfolg.** Allmählich stellt sich nun der Erfolg ein. Damit Ihnen dieser nicht zu Kopfe steigt, empfiehlt es sich, fortlaufend auf die Integritätsstufen zu achten.

Vielleicht ist Ihnen aufgefallen, dass von Ethik bislang nicht die Rede war. Das liegt daran, dass Ethik eine alles durchdringende Qualität darstellt. Sie ist nicht hier oder dort zu finden, sondern überall gleichzeitig. Deswegen lässt sie sich auf unserer Erfolgstreppe nicht als Einzelstufe veranschaulichen.

Ethik ist weit mehr als eine bloße Stufe. Vielmehr stellt sie den tragenden Balken dar, auf dem die gesamte Treppe mit all ihren Stufen ruht. Sie ist die Stützkonstruktion, ohne die die Treppe zusammenstürzen würde. Wie weit man mit seinem Erfolg kommt und wie lange er anhält, beruht über alle zehn Stufen hinweg auf der Frage: Wird Lebensqualität gefördert oder nicht?

Ethik ist der tragende Balken eines jeden Spiels.

13

Nachtrag: Von Feldherren und Weisen

Warum dieser Nachtrag, mag man sich wundern. Warum „Feldherren und Weise“ zum Thema machen? Weil die Gedanken, die wir uns hier gemacht haben, so alt sind wie die Menschheit. Und weil es recht unterhaltsam und befriedigend sein kann, festzustellen, dass unsere neuen Gedanken eigentlich alte Gedanken sind. Man könnte sogar darüber nachsinnen, ob es überhaupt so etwas gibt wie neue Gedanken.

Letzteres aber tun wir hier besser nicht. Wir beschränken uns darauf, uns drei Werke zu Gemüte zu führen, die der Kriegskunst gewidmet sind. Ungeachtet dessen, dass sie vor Jahrhunderten und gar Jahrtausenden erschienen sind, gelten sie noch in der Gegenwart für Militärs, Wirtschaftler und Politiker als richtungweisend.

Die Rede ist von Carl von Clausewitz, „Vom Kriege“, verfasst 1832, von Niccolo Machiavelli, „Der Fürst“, aus dem Jahre 1513, und von dem vor zweieinhalb Jahrtausenden verfassten Werk des Chinesen Sunzi oder Suntsu: „Die Kunst des Krieges“.

Trotz ihrer nach Schlachtgetümmel klingenden Titel liefern diese Werke nur vordergründig eine Rezeptur für militärische Auseinandersetzungen. Viel eher bemühen sich ihre Autoren, grundlegende Gesetzmäßigkeiten menschlichen Handelns begreifbar zu machen. Ihr Anliegen liegt eher im Bereich der Managementpsychologie als der Kriegsführung: „Wie kann ich meine Ansprüche geltend machen? Wie kann ich trotz aller Widerstände expandieren? Mit welchen Mitteln kann ich durchsetzen, was ich für gut und richtig halte? Was muss ich tun, um Mitspieler richtig zu führen?“ Kurz: „Wie kann ich ein Spiel spielen und es gewinnen?“

Noch ein viertes Buch ist im Zusammenhang mit Management und Lebensqualität von großem Interesse, und zwar das ungefähr zeitgleich mit Sunzi und ebenfalls in China entstandene Weisheitsbuch „Tao-Te-King“ von Lao Tse. Im Unterschied zu den anderen drei Autoren geht es diesem nicht um gekonnte Kriegsführung, sondern darum, das Entstehen von Krieg von vornherein zu vermeiden.

Im Managementjargon der Gegenwart ausgedrückt, repräsentieren die beiden ersten Titel eine win-lose-Methode: „Ich kann nur gewinnen, wenn Du verlierst.“ Sie stehen auf der Stufe einseitiger Ethik. Hingegen verweisen der dritte Titel und vor allem der letzte auf win-win-Methoden: „Ich kann nur gewinnen, wenn auch Du gewinnst.“ Sunzi baute seine Methoden auf dem Prinzip gegenseitiger Ethik im besten Sinn auf. Lao Tse bewegt sich, wie von einem Weisen nicht anders zu erwarten, auf noch höherer Stufe, nämlich auf der Ebene allseitiger Ethik.

Entsprechend verhält es sich auch mit den weltanschaulichen Dimensionen der vier Autoren. Clausewitz und Machiavelli beschreiben gruppendynamische Mechanismen auf der Grundlage davon, wie der Mensch, auch der Führende, nun einmal ist. Hingegen präsentieren die beiden fernöstlichen Autoren eine definitive Idealvorstellung davon, wie der Mensch, speziell der Führende, gefälligst sein sollte. Die beiden Europäer machen sich über die Natur des Menschen keine Illusionen. Ihre Darstellungen sind pragmatisch und realistisch, aber auch pessimistisch. Demgegenüber fordern die beiden Chinesen von einem Führer vorbildhaftes Verhalten und zeichnen ein hoch angesetztes Idealbild. Ihre Darstellungen, wiewohl ebenfalls unzweifelhaft realistisch, sind dennoch von humanitärem Optimismus getragen.

Carl von Clausewitz: „Vom Kriege“

Das Werk „Vom Kriege“ entstand, als Carl von Clausewitz (1780-1831) in den ruhigen Jahren nach der Schlacht bei Waterloo (1815) seine Erfahrungen auswertete.* Zuvor hatte er unter König Friedrich Wilhelm III. als Chef des Generalstabs gedient. Sein Werk machte Schule. 1915 studierte es Lenin in aller Gründlichkeit, um die russische Revolution vorzubereiten. Desgleichen tat später Mao Tsetung im Hinblick auf die chinesische. Noch heute wird es fleißig gelesen, nicht nur auf Militärakademien, sondern auch von den Anführern afrikanischer Rebellengruppen.

Endlose Wechselwirkung der Gewalt

Clausewitz vertritt die Überzeugung, dass der Krieg ein „Akt des menschlichen Verkehrs“ sei. Krieg gehöre nicht in das „Gebiet der Künste und Wissenschaften, sondern in das Gebiet des gesellschaftlichen Lebens. Er ist ein Konflikt großer Interessen, der sich blutig löst, und nur darin ist er von den anderen verschieden“. Nichtsdestoweniger betrachtet ihn Clausewitz als ein „Spiel“, wenn auch eines von großem Ernst.

Erst das Blutige also macht den Krieg zum außergewöhnlichen Ereignis, zum Sonderfall. Ansonsten sei er, so Clausewitz, Teil des „gesellschaftlichen Lebens“. All dies mag verwundern. Ersetzt man aber im folgenden Text das Wort „Krieg“ durch die zivileren Ausdrücke „Expansionsstreben“ oder „Konkurrenzkampf“, so wird auf einen Schlag offenkundig, in wie vielen unterschiedlichen Bereichen des menschlichen Lebens sich die von Clausewitz formulierten Grundsätze beobachten lassen, ob man das nun begrüßenswert finden mag oder nicht.

„Der Krieg ist also ein Akt der Gewalt, um den Gegner zur Erfüllung unseres Willens zu zwingen.“ Dabei ist „äußerste Anwendung von Gewalt“ zu erwägen, „und es gibt in der Anwendung derselben keine Grenzen“. Weil jedoch beide Seiten des Konfliktes diese Auffassung teilen, „so gibt jeder dem anderen das Gesetz“.

Hierdurch entstehe jedoch eine Wechselwirkung zwischen den Gegnern, führt Clausewitz aus, die den Krieg endlos aufrecht erhält. Die Nachteiligkeit der Methode ist dem Autor offensichtlich bewusst, doch eine Alternative nennt er nicht.

Ziel des Krieges sei es, den Feind wehrlos zu machen. Dazu „müssen wir ihn in eine Lage versetzen, die nachteiliger ist, als das Opfer, welches wir [im Falle seiner Niederlage] von ihm fordern", wobei jeder Versuch einer „Veränderung dieser Lage [...] zu einer noch nachteiligeren führen [muss], wenigstens in der Vorstellung". Durch diese Wechselwirkung sind Angreifer und Gegner miteinander verklammert: „Solange ich den Gegner nicht niedergeworfen habe, muss ich fürchten, dass er mich niederwirft. Ich bin also nicht mehr Herr meiner, sondern er gibt mir das Gesetz, wie ich es ihm gebe."

Die gleiche Wechselwirkung trifft für den Einsatz der Mittel und die Stärke der Willenskraft zu. Um zu siegen, müssen beide Parteien notwendigerweise zum Äußersten gehen wollen, wodurch sie sich gegenseitig in immer massivere Kampfmaßnahmen hineinsteigern. Als Folge dieser Wechselwirkung ist ein Krieg niemals „ein isolierter Akt" und nie besteht er „aus einem einzigen Schlag ohne Dauer". Mit anderen Worten, selbst die alles zerstörende Gewalt einer Hiroshima-Bombe setzt einem Krieg kein echtes Ende.

Ist die Polarität der gegeneinander gerichteten Willenskräfte durch die Überlegenheit entweder der Verteidigung oder des Angriffs schließlich zusammengebrochen, hat sich eine Seite also als die mächtigere erwiesen, so ist der Krieg nur scheinbar vorüber, denn die erliegende Seite sinnt auf Rache und wartet nur auf einen günstigen Zeitpunkt, um wieder quitt zu werden. Daher kommt es im Krieg niemals zum Stillstand. „Der Krieg ist mit seinem Resultat nie etwas Absolutes." Vielmehr besteht er aus einem nicht enden wollenden Hin und Her, das sich wie eine Blutspur durch die Geschichte zieht.

Das einen Krieg antreibende Motiv ist der politische Zweck. An diesem ermisst sich sowohl das Ziel der kriegerischen Aktivität als auch die für sie einzusetzenden Mittel. Ein wichtiger Verstärkungsfaktor hierbei ist die emotionale Anteilnahme des Volkes. Wenn der politische Zweck von der Emotionalität des Volkes getragen wird, vermag auch ein geringfügiges politisches Motiv zur Explosion zu eskalieren.

Der Verlauf eines Krieges wird von einer Reihe unberechenbarer Faktoren bestimmt, nämlich von der „Größe der vorhandenen Mittel und der Stärke der Willenskraft". Dazu gehören auf der einen Seite Materialien und deren Belastbarkeit. Auch Klima, Wetter und Gelände spielen ihre Rolle. Auf der anderen Seite stehen subjektive Qualitäten wie Wagemut, Glück, Selbstvertrauen, Kühnheit und Verwegenheit. „Wie durch seine objektive Natur, so wird der Krieg auch durch seine subjektive zum Spiel." Dabei spielt der Zufall eine gewichtige Rolle. „Wir sehen also, wie von Hause aus das Absolute, das sogenannte Mathematische, in den Berechnungen der Kriegskunst nirgends einen festen Grund findet, und dass gleich von vornherein ein Spiel von Möglichkeiten, Wahrscheinlichkeiten, Glück und Unglück hineinkommt, welches [...] den Krieg dem Kartenspiel am nächsten stellt."

Dennoch ist der Krieg „kein Zeitvertreib, keine bloße Lust am Wagen und Gelingen, kein Werk einer freien Begeisterung; er ist ein ernstes Mittel für einen ernsten Zweck". Der politische Zweck des Krieges darf nie aus dem Auge verloren werden, denn „der Krieg ist eine bloße Fortsetzung der Politik mit anderen Mitteln". Insofern ist jedes Mittel recht, solange es nur dem politischen Zweck dient. „Die politische Absicht ist der Zweck, der Krieg das Mittel und niemals kann das Mittel ohne Zweck gedacht werden."

Weil sich in dieser Auffassung ein ganz grundlegender Unterschied zu unserer bisher vorgetragenen Denkweise abzeichnet, sei noch einmal daran erinnert, dass nicht der Zweck die Mittel heiligt, sondern allein das eingetretene gute Ergebnis.

Eine Triade der Kriegsführung

Im Krieg herrsche, so Clausewitz, „eine wunderliche Dreifaltigkeit" aus erstens „Hass und Feindschaft", zweitens dem „Spiel der Wahrscheinlichkeiten und des Zufalls", drittens einem politischen Zweck. Feindschaft und Hass liegen beim Volk, die Handhabung von Wahrscheinlichkeit und Zufall obliegt dem Feldherrn, den politischen Zweck formuliert die Regierung.

Es scheint, als sei der Autor hier auf eine dynamische Triade gestoßen, bestehend aus den Eckpunkten Zweck, Mittel und Emotion. Wer einen Zweck erreichen will, muss bestimmte Mittel einsetzen. Dies setzt emotionales Interesse voraus. Im weiteren Verlauf der Auseinandersetzung werden weitere Emotionen erweckt. Diese wiederum beeinflussen den Einsatz der Mittel: wie viel, wie wenig, wie brutal usw. Unter Umständen verschiebt sich dadurch sogar die Zweckbestimmung selbst, d. h. der Kriegsgrund. In dieser Form geht die Wechselwirkung innerhalb dieser Triade endlos weiter. Ein Beispiel hierfür gab der zweite Krieg der USA gegen den Irak im Jahr 2003.

Die treibende Kraft in dieser „wunderlichen Dreifaltigkeit", durch welche ihre Dynamik überhaupt entstehen kann und aufrechterhalten wird, sind die Emotionen des Volkes. Ohne Emotionen kein Krieg. „Die Leidenschaften, welche im Krieg entbrennen sollen, müssen schon in den Völkern vorhanden sein." Darauf, wie die Leidenschaften der Völker denn wohl zustande kommen und mit welchen Mitteln sie gezündet und gesteuert werden, auf die Funktion von PR und Kriegspropaganda also, geht Clausewitz allerdings nicht ein.

Das Sonnenlicht des Sieges

Damit ein Krieg stattfinden kann, reichen ein nüchterner politischer Zweck und eine prinzipielle Bereitschaft zum Kriegführen nicht aus. Es bedarf der glorreichen Emotionalität des Siegeswillens: „Im Rausche der Begeisterung sturmschritts auf den Feind eindringen, [...] sich dem kalten Tod entgegenwerfen, ungewiss, ob wir oder andere ihm entrinnen werden – und dies alles dicht am goldenen Ziel des Sieges – dicht vor der labenden Frucht, nach welcher der Ehrgeiz durstet – kann das schwer sein?"

Das klingt so richtig nach Mitmachen. Doch schon wenige Zeilen später ernüchtert Clausewitz den Leser mit einer eindringlichen Darstellung des Grauens, das den Neuling auf dem Schlachtfeld erwartet und ihm schon „nach einer halben Stunde“ seine erhabenen Gefühle austreiben wird. Damit er nun angesichts der Realität einer Schlacht nicht verzage, muss seine Siegesleidenschaft durch etwas anderes ersetzt werden. Zwar sind hier Tapferkeit, Gewandtheit, Abhärtung und Enthusiasmus zweifellos von großem Wert, am wertvollsten jedoch ist der „Innungsgeist (esprit de corps)“. Nichts anderes also als das, was man im heutigen Managementjargon „team spirit“ nennt und durch „team building“ hervorzuzaubern sucht. „Dieser Innungsgeist gibt [...] gewissermaßen das Bindemittel ab [...].“

Es gelte, „den Trieb nach ungezügelter Tätigkeit und Kraftäußerung zu verlieren“, der dem Individuum eigen ist, und sich stattdessen „den Forderungen höherer Art, dem Gehorsam, der Ordnung, Regel und der Methode“ unterzuordnen. Wer das „Geschäft des Krieges“ mit dem Verstand erst einmal ganz durchdrungen, wer durch Übung und Sicherheit Leichtigkeit gewonnen habe, der werde zu guter Letzt ganz darin aufgehen. „Aus dem Menschen übergehen in die Rolle“, nennt Clausewitz das. Nur ein aus solchen Kämpfern zusammengesetztes Heer wird selbst „im zerstörendsten Feuer seine gewohnte Ordnung behalten“ und „von keiner eingebildeten Furcht geschreckt“ werden.

Wie dies zu bewerkstelligen sei, wie die Personalschulung zum Aufbau einer solchen Mannschaft auszusehen habe, davon schreibt Clausewitz nichts. Kein Wort über den Charakter eines Feldherrn, über die Kommunikations- und Führungsqualitäten, die ihm abzuverlangen wären. Zum Endergebnis vorbildlichen Führens findet sich nur ein einziger Satz: „[...] das Regieren und Bewegen der aus hunderttausend Gliedern zusammengesetzten schwerfälligen Maschine [d. h. der Armee]“ wirke nicht anders, „als ob von einem einzigen Individuum die Rede sei, sodass der ganze ungeheure Akt des Krieges zu einer Art Zweikampf [zwischen zwei Generälen] individualisiert wird“. Es versteht sich von selbst, dass bis hinunter ins letzte Glied Einigkeit über Verfahrensweisen und Disziplin herrschen muss, damit solche Führung möglich ist. Doch über das Wie lässt sich Clausewitz nicht aus.

Ein solchermaßen straff geführtes, durch die Bindekräfte des esprit de corps innerlich geschlossenes Heer vermag zwar wahre Wunder an Ausdauer und Anstrengung zu vollbringen, doch nur unter einer ganz bestimmten Voraussetzung ist der „Soldat [...] ebenso stolz auf überwundene Mühseligkeiten wie auf überstandene Gefahren." Dann nämlich, wenn er „im Sonnenlicht des Sieges" steht. Nur dann haben sich Mühe und Entbehrungen gelohnt. Erfolg ist die schönste Motivation, wie wir heute sagen würden. Erfolg ist für die langfristige Fortdauer eines Spieles unabdingbar, das wusste schon Clausewitz.

* Carl von Clausewitz: Vom Kriege, rororo 2002.

Niccolo Machiavelli: „Der Fürst“

Liest man Machiavelli (1469-1527), so tritt einem der Autor trotz seines düsteren Rufes verblüffenderweise nicht als ein kalter, gewissenloser Zyniker der Macht gegenüber, nicht als „Machiavellist“ also. Dieser Ausdruck entstand erst Jahrhunderte nach Erscheinen seines Werkes, ausgelöst vom Tun intriganter Politiker, die sich bequemerweise auf Machiavelli beriefen. Vielmehr besticht er trotz seines stellenweise schaurigen Pragmatismus als humorvoller, realitätsnaher Philosoph, der sich nach Jahrzehnten der Erfahrung in höchsten politischen Positionen bezüglich der Natur des Menschen keine Illusionen mehr macht. Von sich selbst sagt er: „Wer 43 Jahre lang, so alt bin ich, treu und redlich gewesen ist, der ändert sein Wesen nicht mehr, und von meiner Treue und Redlichkeit gibt meine Armut Zeugnis.“*

Ersetzt man die Bezeichnungen „Fürst“ durch „Führungskraft“, „Fürstentum“ durch „Unternehmen“ und „Volk“ durch „Angestellte und Arbeiter“, so ist Machiavellis Text das Aktuellste, was sich denken lässt. Indem der Autor das Verhältnis zwischen Führung, Spielern und Spielfiguren beschreibt, formuliert er die Gesetze politischer Mechanik innerhalb eines Staatswesens ähnlich, wie es sein Zeitgenosse Nicolaus Kopernikus für die Mechanik der Himmelskörper tat.

Es geht nur mit Gewalt

Schon dreihundert Jahre vor Clausewitz sagte Machiavelli, dass Gewalt nicht das Mittel sei, um auf Dauer etwas zu lösen. Gewalt löse Gegengewalt aus, und ehemalige Verbündete verwandelten sich früher oder später in Gegner. „Du wirst also alle die zu Feinden haben, die Du bei der Eroberung der Herrschaft bedrückt hast, und kannst doch nicht die zu Freunden behalten, die dir dazu verholfen haben, weil du sie [weder] so zu befriedigen vermagst, wie sie erwartet haben, noch kräftige Mittel gegen sie anwenden darfst, da Du ihnen Dank schuldest.“

Trotz dieser Einsicht muss Machiavelli feststellen, dass in der realen Praxis der Machtpolitik kein Weg um den Gebrauch von Gewalt herumführt. Das Spiel wird bestritten von miteinander konkurrierenden Fürsten und Adligen, welche die Rolle von Spielern und Spielführern einnehmen, das Volk hingegen besteht lediglich aus Spielfiguren. Es herrscht nicht, sondern wird beherrscht. Allenfalls durch landwirtschaftliche Abgaben, Steuern und soldatischen Blutzoll, auf völlig untergeordnete Weise also, nimmt es am Spiel teil.

Gegen die konkurrierenden Spieler, d. h. gegen die benachbarten, eroberungslustigen Fürstenhäuser, sollte man Gewalt mit aller Härte gebrauchen (siehe Clausewitz!). Die Spielfiguren aber, die Bürger, sollte man in Ruhe lassen. „Um [frisch eroberte Staaten] sicher zu beherrschen, genügt es, die Familie des früheren Herrschers auszurotten. Wenn man den Einwohnern im übrigen ihre alten Einrichtungen lässt und kein Unterschied in den Sitten ist, so leben sie ruhig [...].“

Machiavelli geht davon aus, dass alle Menschen das Gleiche wollen, nämlich Expansion und Selbstverwirklichung, und dass sich hieraus die niemals endende Dynamik eines Spieles speist. „Die Eroberungslust ist in der Tat eine sehr natürliche und gewöhnliche Sache.“ Dabei gilt als Spielprinzip: Mich selbst groß machen, indem ich die anderen klein halte. „Denn es ist wohl festzustellen, dass Menschen entweder gütlich behandelt oder vernichtet werden müssen. Wegen geringer Unbill rächen sie sich, wegen großer vermögen sie es nicht. Jede Unbill muss also so zugefügt werden, dass man keine Rache zu befürchten hat.“

Um seine Position in einem neu eingenommenen Territorium zu festigen, gebe es für den Eroberer zwei Möglichkeiten: „Entweder ist einer der Herr und alle anderen sind Knechte [...]. Oder ein Fürst herrscht durch seine Adligen [...].“ Die zweite Alternative, also die Delegation von Macht mit nachfolgender Kooperation, sei aber erst nach erbarmungsloser Vernichtung aller Widerstände möglich: „Es gibt in Wahrheit kein sichereres Mittel zur Beherrschung als die Zerstörung.“

Wieso eigentlich nicht? Weil die gegnerischen Ideale auch nach einem Sieg noch in den Gegnern weiterleben. Deswegen muss man sie allesamt vernichten: „Denn der Name der Freiheit und die alte

Staatsverfassung dienen stets zum Vorwand für Aufstände und werden weder im Lauf der Zeit noch durch Wohltaten vergessen. Und welche Art der Vorkehrung man auch treffen möge: Wenn die Einwohner nicht auseinandergerissen und zerstreut werden, so bleibt der alte Name und die alte Verfassung unvergessen und tauchen bei jeder Gelegenheit wieder auf."

Mit diesen Worten vertritt Machiavelli die philosophische Überzeugung, dass Ideen stärker seien als Gewalt und dass mit Gewalt kein Schlusspunkt zu setzen sei. Ungeachtet dessen zitiert er ein Beispiel nach dem anderen dafür, wie im Rahmen realer Machtpolitik durch Gewaltanwendung tatsächliche Erfolge verbucht wurden: „Er beschenkte die Fürstenfamilie Orsini mit Geld, Kleidern und Pferden, bis ihre Einfalt sie schließlich nach dem Ort Senigallia und in seine Hände lockte. Nachdem er die Häupter umgebracht und deren Anhänger auf seine Seite gezogen hatte, war seine Herrschaft ziemlich fest begründet [...]. Da dieser Teil seines Benehmens beachtenswert ist und Nachahmung verdient, so möchte ich ihn nicht unerwähnt lassen."

Ebenso die folgende Passage: Ein Herzog hatte einen Statthalter eingesetzt und ihn angewiesen, in dem neu eroberten Gebiet mit unumschränkter Gewalt und Grausamkeit Ruhe herzustellen. Dies gelang, kam beim Volk aber nicht gut an. Daraufhin erschien es dem Herzog geraten, seinen Statthalter als Sündenbock zu opfern, damit das Volk glauben möge, die Gewalt sei von diesem ausgegangen, nicht aber von ihm, dem Herzog. „Er benutzte die Gelegenheit und ließ ihn, den Statthalter, eines Tages in Cesena auf dem Marktplatz, in zwei Stücke zerrissen ausstellen, mit einem Stück Holz und einem blutigen Messer zur Seite. Der Graus dieses Anblicks befriedigte das Volk für eine Weile und hielt es zugleich in Respekt." Zweifellos ein PR-Manöver der besonderen Art.

Macht als Ideologie

Wir mögen uns angesichts der obigen Anekdoten schaudernd fragen, mit welcher Art von Ethik sich solch unverblümt eingesetzte

Maßnahmen von kaum begreiflicher Brutalität wohl rechtfertigen lassen. Was ist das Leitprinzip? Antwort: Nicht um das Wohl der Mitspieler geht es hier, nicht um das Große und Ganze, sondern allein um Macht. Es geht um Macht um der Macht willen und um das „Sonnenlicht des Sieges" (Clausewitz). Nach Machiavelli empfinden Spielführer nur für die Macht selbst Loyalität, nicht für das Spiel und schon gar nicht für die Mitspieler und Spielfiguren. Macht gilt als das höchste Prinzip, das Erringen von persönlicher Macht als das einzig wirkliche Spiel, Machtgier und Siegeswille als ausschließliche Motive.

Mit einem saloppen Ausdruck unserer Tage beschrieben, befindet sich jeder dieser Spieler auf einem „Egotrip". Sein Ich ist ihm wichtiger als das Wir. Seine egozentrische Ethik vertritt er mit Vehemenz. Was Wunder, wenn gerade in höchsten Führungspositionen diejenigen mit dem aufgeblasensten Ego anzutreffen sind.

Dieser so gnadenlose Aspekt des Spieles ist es, den Machiavelli mit erbarmungsloser Klarheit analysiert. Nicht etwa, weil er ihn schön fände, sondern weil er sagt, die Menschen sind nun einmal, wie sie sind, und entsprechend sind die Gesetzmäßigkeiten der Macht. Begehrst du zu herrschen, so hast du ein machtlüsternes Naturell, ganz klar. Also sollten wir sicherheitshalber davon ausgehen, dass du dich auch entsprechend benehmen wirst.

Der Volksfürst – ein demokratisches Modell

Vom philosophischen Standpunkt her sprechend, weiß Machiavelli sehr wohl, dass Gewalt zu nichts führt. Denn je mehr Untaten einer aufhäuft, desto mehr wächst die Zahl seiner Gegner, und desto schwieriger wird es ihm, sein Territorium zu halten. Wo vorher durch Gewalt Expansion entstand, tritt irgendwann durch Gegengewalt Schrumpfung ein. Als wünschenswerte Alternative zu dieser endlosen Wechselwirkung zwischen den Polaritäten (Clausewitz) nennt Machiavelli den „Volksfürsten".

Der Volksfürst kommt dem am nächsten, was wir heutzutage unter Demokratie verstehen, insbesondere in ihrer US-amerikanischen Spielart: „Um zu dieser Herrschaft zu gelangen, ist nicht bloß Tüchtigkeit oder Glück erforderlich, sondern vielmehr eine erfolgreiche Schlauheit und ein Buhlen um die Gunst des Volkes oder der Großen." Das Volk nämlich liege ewig mit den Großen im Widerstreit: Die Großen wollen unterdrücken, das Volk will das nicht dulden, „und aus dem Widerstreit dieser Strebungen entsteht [...] entweder Alleinherrschaft oder Freiheit oder Anarchie".

Dem Freiheitswunsch des Volkes weist Machiavelli bezeichnenderweise einen höheren Wert zu als den Bereicherungsgelüsten der Großen: „Das Ziel des Volkes ist viel erhabener als das Ziel der Großen: Diese wollen unterdrücken, jenes aber will nicht unterdrückt sein."

„Alleinherrschaft" kann auf zweierlei Wegen zustande kommen: Entweder „beginnen [die Großen] einem der ihren Ansehen zu verschaffen und erheben ihn zum Fürsten, um unter seinem Schutz ihren eigenen Gelüsten zu frönen". Oder „das Volk verhilft [...] einem Einzigen zum Ansehen und macht ihn zum Fürsten, um von ihm geschützt zu werden".

Ob der Fürst nun von den Großen gekürt oder vom Volk selbst auf den Schild gehoben wird, in beiden Fällen profitiert das Volk: „Deswegen muss, wer durch Volksgunst Fürst wird, sich das Volk zum Freund erhalten, was ihm leicht wird, da es ja nichts weiter verlangt, als nicht unterdrückt zu werden. Wer jedoch gegen den Willen des Volkes durch den Beistand der Großen Fürst wird, muss vor allen Dingen suchen, das Volk zu gewinnen, was ihm ebenfalls leicht wird, wenn er es in Schutz nimmt."

Machiavellis demokratische Triaden

Im Volksfürsten wird der Fürst buchstäblich zu einem „first" (englisch für „der Erste"), zu einem „Ersten unter Gleichen". Indem Machiavelli die Funktion des Volksfürsten darin sieht, das Streben der Großen nach Expansion, und damit Unterdrückung und das Interesse des Volkes an Freiheit gegeneinander auszubalancieren, entwickelt er so etwas wie eine „demokratische Triade". Der Volksfürst, im Vergleich die Regierung, kann weder ohne das Volk, ohne die Wähler, noch ohne die Großen, ohne die Industrie und die Banken. Die Großen können nicht ohne das Volk und den Fürsten. Das Volk wiederum braucht sowohl die Großen als auch den Fürsten, sonst kommt es nicht zurecht. Dabei gilt die Regel, „dass ein Fürst das Volk auf seiner Seite haben muss, weil er sonst im Unglück verlassen ist". Das ist der Fall, wenn z. B. der Fürst bei den Großen in Ungnade fällt.

Noch eine weitere Triade entwickelt Machiavelli, nämlich die der Wechselwirkung zwischen Ordnungskräften, Spielregeln und Spielern. „Die Hauptstütze aller Staaten [...] sind gute Gesetze und gute Streitkräfte. [...] Gute Gesetze [können] nicht ohne gute Streitkräfte bestehen, und da, wo gute Streitkräfte sind, [müssen] auch gute Gesetze sein." Weil es die Spieler selbst sind, welche die Gesetze beschließen und die Ordnungskräfte einrichten, wird die Bedeutung einer einheitliche Idealvorstellung ersichtlich. Fehlt sie, so muss es zwangsläufig zu Spannungen, Rissen und letztlich zum politischen Chaos kommen. Positiv ausgedrückt: Richten sich Regeln, Ordnungskräfte und Spieler an einer verbindlichen Idealvorstellung aus, so wird ein Spiel blühen und gedeihen. Dies entspricht übrigens unserer „Führungstriade" aus dem Kapitel über Organisation.

Das ethische Dilemma eines Führers

Zum Schluss seines knappen, aber gehaltvollen Werkes kommt Machiavelli auf das ethische Dilemma zu sprechen, das die Position eines Fürsten mit sich bringt. Nur unter Einsatz von PR-Mitteln kann er es in den Griff bekommen: „Ein Mensch, der in allen Dingen nur das Gute tun will, muss unter so vielen, die das Schlechte tun, notwendig zu Grunde gehen. Daher muss ein Fürst, der sich behaupten will, imstande sein, schlecht zu handeln, wenn die Notwendigkeit es erfordert." Dabei darf er „die Nachrede der Grausamkeit nicht scheuen, [...] denn mit einigen Strafgerichten, die du verhängst, bist du menschlicher, als wenn du durch übertriebene Nachsicht Unordnung einreißen lässt, die zu Mord und Raub führt".

Nun bringt einem Grausamkeit keinen guten Ruf ein. Ist es da nicht erstrebenswerter, geliebt zu werden? „Die Antwort [auf diese Streitfrage] lautet, man soll nach beidem trachten. Da es aber schwer zu vereinen ist, so ist es weit sicherer, gefürchtet als geliebt zu werden, sobald nur eins von beiden möglich ist." Wie kommt das? Nun, „die Liebe hängt an einem Bande der Dankbarkeit, das, wie die Menschen leider sind, bei jeder Gelegenheit zerreißt, wo der Eigennutz im Spiel ist. Die Furcht vor Strafe aber lässt niemals nach. [...] Gefürchtet und nicht gehasst zu werden, ist wohl vereinbar. Das kann [der Fürst] nur erreichen, indem er das Hab und Gut seiner Bürger [...] unangetastet lässt. Und wenn es nötig ist, einem das Leben zu nehmen, so geschehe es nur, wenn die gerechte Ursache offenbar ist. [...] Da die Liebe der Menschen von ihrem Gutdünken, ihre Furcht aber vom Benehmen des Fürsten abhängt, so muss ein weiser Fürst sich auf das verlassen, was von ihm abhängt, und nicht auf das, was von den anderen abhängt, und nur darauf achten, dass er nicht gehasst werde".

Machiavelli schließt diesen Gedankengang mit einer extremen Formulierung. Vermutlich ist es diese, die, aus dem Zusammenhang gerissen, ihm seinen schlechten Ruf einbrachte: „Ein kluger Herrscher kann und soll daher sein Wort nicht halten, wenn ihm dies zum Schaden gereicht und die Gründe, aus denen er es gab, hinfällig geworden sind. [...] Oft muss er, um seine Stellung zu behaupten, gegen Treu und Glauben, gegen Barmherzigkeit, Menschlichkeit und Religion verstoßen. Daher muss er ein Gemüt besitzen, das sich nach den Winden und nach dem wechselnden Glück zu drehen vermag, und, wie gesagt, zwar nicht vom Guten lassen, wo dies möglich ist, aber auch das Böse tun, wenn es sein muss. [...] Nichts ist nötiger als der Anschein [von „Mitleid, Treue, Menschlichkeit, Redlichkeit und Frömmigkeit"]. Denn die Menschen urteilen insgesamt mehr nach den Augen als nach dem Gefühl. Denn sehen können alle, fühlen aber wenige. Jeder sieht, was du scheinst. Wenige fühlen, was du bist, und diese wagen es nicht, der Meinung der Menge zu widersprechen."

Eine Aufforderung zur Doppelmoral? Zum typisch machiavellistischen Zynismus? Mitnichten. Machiavelli spricht hier von der

Einsamkeit des Mächtigen, des Führers, der trotz aller Widerwärtigkeiten und Gefahren bestimmte Ziele realisieren muss, um der Vision näher zu rücken. Gleichzeitig aber darf er dem Volk keinen reinen Wein über die wahre Natur der politischen Großwetterlage einschenken, um es nicht zu verschrecken.

Das Volk, hier betrachtet als Ansammlung von Spielfiguren, gilt für Machiavellis Fürsten, und unverändert für unsere heutige politische Führung, als unmündig. Der Fürst muss es führen, ohne es als gleichrangigen Partner einbeziehen zu dürfen. In einsamer Entscheidung benutzt er seine Macht. Ob das wirklich so sein muss, wäre eine Diskussion wert.

Den beschriebenen Einsatz „unmoralischer" Mittel heiligt bei Machiavelli übrigens nicht der Zweck, wie bei Clausewitz zu lesen, sondern das Endergebnis, das gute Gelingen zum Nutzen der Beteiligten: „Bei den Handlungen aller Menschen, insbesondere der Fürsten [...], blickt man immer nur auf ihr Ergebnis." Wer gute Ergebnisse vorzuzeigen hat, dem werden die Späne verziehen, die beim Hobeln anfielen.

* Niccolo Machiavelli: Der Fürst, Insel Verlag 2001.

Sunzi: „Die Kunst des Krieges“

Nach Erscheinen seines Buches um 500 v. Chr. wurde Sunzi* von Helu, dem König der Provinz Wu, zum General ernannt. Und das kam so: König Helu, durch die Lektüre des Buches neugierig gemacht, wollte Sunzis Kriegskünste austesten. Er stellte ihm die Aufgabe, 180 königliche Konkubinen zu einer funktionierenden Streitmacht auszubilden. Sunzi teilte die Damen in zwei Kompanien auf, bewaffnete sie und erklärte ihnen einfache Befehle wie „Augen geradeaus“, „links um“, „rechts um“ und „kehrt“. Doch als die Frauen diese Befehle tatsächlich ausführen sollten, erntete Sunzi lediglich Kicheranfälle. Sunzi wiederholte seine Instruktionen ein weiteres Mal, als sie aber erneut mit Kichern kommentiert wurden, gab er Befehl, die beiden Kompanieführerinnen zu enthaupten. Obwohl der König, der um seine Lieblingskonkubinen bangte, sofort entsetzten Einspruch erhob, ließ Sunzi seinen Befehl mit der Begründung durchführen, der König habe ihm volle Verantwortung für die Ausbildung dieser „Armee“ übergeben und diesem Vertrauen wolle er auch in vollstem Maß gerecht werden.

Nach erfolgter Enthauptung der beiden Damen funktionierten die beiden Kompanien prächtig. Daraufhin ernannte der König, dem der Schreck noch mächtig in den Gliedern saß, Sunzi eilends zum General. Er hatte erkannt, dass weder mit Sunzi noch mit dessen Führungsprinzipien zu spaßen war. Die Ernennung lohnte sich, denn Sunzi erbrachte in den folgenden Jahren vorbildliche militärische Leistungen für das Land.

Diese Szene wird auf Wirtschaftsseminaren gerne zitiert, um zu zeigen, „wie man die Leute auf Vordermann bringt“. Doch ungeachtet des eben beschriebenen rücksichtslosen Vorgehens, das, ähnlich wie bei Machiavelli, auf dem Hintergrund der damaligen Zeit verstanden werden muss, geht es Sunzi um etwas ganz anderes, nämlich den Sieg ohne Krieg. Seiner Auffassung nach sollte man es gar nicht erst zum Krieg kommen lassen. In seinem Werk schafft er ein Idealbild von Führerpersönlichkeit und Führungsklugheit, wie sie vermutlich zu keinem Zeitalter je in der Praxis realisiert werden konnten. Im Unterschied zu Clausewitz und Machiavelli nennt

Sunzi jedoch Gesetzmäßigkeiten, die sich vermitteln und einüben lassen. Ihre Anwendung könnte zumindest zu einer schwachen Annäherung an die hochgesteckten Forderungen des Autors führen.

Sunzis Werk ist äußerst knapp gehalten. Es umfasst lediglich dreizehn kurze Kapitel. Um sich seine Aktualität bewusst zu machen, empfiehlt sich auch hier, die militärischen Vokabeln durch solche des zivilen Geschäftslebens zu ersetzen, also etwa „Herrscher, General, Befehlshaber“ durch Vorstand, Geschäftsführer und Abteilungsleiter, „Soldat“ durch Angestellter oder Arbeiter, „Armee“ durch Unternehmen, „Enthauptung“ durch Entlassung, usw.

Kennzeichen einer vorbildlichen Führungskraft

Nach Sunzis Auffassung ist ein Führer ein umsichtiger Diener, kein eitler Egozentriker: „Der Befehlshaber steht für die Tugenden der Weisheit, der Aufrichtigkeit, des Wohlwollens, des Mutes und der Strenge.“ Folgende Charakterzüge sollte er besser nicht haben: Unbekümmertheit, Feigheit, empfindliches Ehrgefühl, ungezügeltes Temperament, übergroße Sorge um das Wohl der Männer. „Wenn eine Armee [vom Gegner] bezwungen wird, ist gewiss einer dieser fünf gefährlichen Fehler die Ursache.“

„Der Herrscher handelt im Einklang mit dem Gesetz der Moral.“ Dieses Gesetz stellt eine Mischung dar aus angemessener Gegenleistung, Respekt vor dem einfachen Mann, eindeutiger Kommunikation, unmissverständlichen Gesetzen und gerechter Disziplin. Im Sinne der im vorliegenden Buch vorgeschlagenen Ausdrucksweise wäre es wohl eher ein Gesetz der Ethik statt eines der Moral zu nennen. „Damit sie [die Männer] im Schlagen des Feindes einen Vorteil erkennen, müssen sie auch Belohnungen bekommen.“ „Die gefangenen Soldaten sollen freundlich behandelt und behalten werden. Dies bedeutet, die unterworfenen Feinde zur Stärkung der eigenen Kraft zu benutzen.“ „Der vollendete Anführer hütet das Gesetz der Moral und achtet streng auf Methode und Disziplin; so liegt es in seiner Macht, den Erfolg zu bestimmen.“ „Das Gesetz der Moral veranlasst die Menschen, mit ihrem Herrscher völlig übereinzustimmen, sodass sie ihm [...] folgen und sich durch keine Gefahr schrecken lassen."

Absprachen zu Kommunikationsabläufen und klare Identifizierbarkeit von Ansprechpartnern sind Voraussetzung für erfolgreiche Führung: „Die Führung einer großen Streitmacht ist im Prinzip das Gleiche wie die Führung einiger weniger Männer. Es kommt nur darauf an, ihre Zahl aufzuteilen [und] Zeichen und Signale festzulegen." „Wenn die Kommandos nicht klar und deutlich sind, wenn die Befehle nicht richtig verstanden werden, dann trifft die Schuld den General. Doch wenn seine Befehle klar sind und die Soldaten dennoch nicht gehorchen, dann ist es die Schuld der Offiziere." „Gongs und Trommeln, Banner und Flaggen sind Mittel, durch welche Ohren und Augen der Truppen auf einen bestimmten Punkt konzentriert werden. So bilden die Truppen einen geeinten Körper [...]."

Zur Bedeutung emotionalen Kontaktes zwischen Führungsetage und den Geführten: „Der kluge General führt seine Armee genauso, als führte er einen einzelnen Mann an der Hand." „Betrachte deine Soldaten wie deine Kinder, und sie werden dir in die tiefsten Täler folgen. Betrachte sie wie deine geliebten Söhne, und sie werden bis zum Tod an deiner Seite stehen."

Die Verantwortung für die richtige Taktik und den richtigen Moment liegt bei der Führung: „Der Wert einer ganzen Armee [...] hängt von einem Mann allein ab. Dies ist der Einfluss des Geistes."

Ein Führer darf nicht nur Techniker sein. Auch über Menschenkenntnis muss er verfügen: „Die verschiedenen Maßnahmen, die den [...] Geländearten entsprechen; die Anwendung [von] Taktiken; und die grundlegenden Gesetze der menschlichen Natur: Dies sind die Dinge, die gewissenhaft studiert werden müssen." „Der kluge Kämpfer achtet auf die Wirkung der kombinierten Energie und verlangt nicht zu viel vom Einzelnen. Er zieht individuelle Talente in Rechnung und benutzt jeden Mann seinen Fähigkeiten entsprechend. Er verlangt von Unfähigen keine Perfektion." Dennoch gibt es eine Auslese: „Das Prinzip, nach dem eine Armee geführt werden muss, besteht darin, ein Mindestmaß an Mut festzusetzen, das alle beweisen müssen."

„Methode und Disziplin müssen verstanden werden als die Gliederung der Armee in die richtigen Untereinheiten [...] und die Kontrolle der militärischen Ausgaben." „Wenn du ein Gesetz erlässt, dann achte darauf, dass es nicht gebrochen wird; wenn es aber gebrochen wird, dann muss der Schuldige mit dem Tode bestraft werden."

Eine Armee braucht die „Gewissheit, dass Verdienste angemessen belohnt und Missetaten sofort geahndet werden". „Wenn Soldaten bestraft werden, bevor du sie für dich gewonnen hast, werden sie nicht unterwürfig sein. Und wenn sie nicht unterwürfig sind, werden sie praktisch nutzlos sein. Werden jedoch, sobald die Soldaten dir zugetan sind, die verdienten Strafen nicht verhängt, dann werden die Männer ebenfalls nutzlos sein. Deshalb müssen Soldaten vor allem menschlich behandelt, doch mit eiserner Disziplin unter Kontrolle gehalten werden. Dies ist eine sichere Straße zum Sieg. [...] Wenn bei der Ausbildung der Soldaten jeder Verstoß bestraft wird, dann wird die Armee gut diszipliniert sein. Wenn nicht, wird die Disziplin schlecht sein. [...] Die Kunst, Befehle zu geben, besteht darin, bei kleinen Verstößen nicht zu hart zu strafen und bei kleinen Zweifeln nicht zu schwanken. Unsicherheit und übergroße Strenge sind die sichersten Methoden, das Selbstvertrauen einer Armee zu untergraben."

Unkenntnis der zu tragenden Hüte und Mangel an Disziplin führen auf unterschiedliche Weise zum Untergang. Sunzi listet sie sorgfältig auf. So etwa entsteht Meuterei, „wenn die gemeinen Soldaten zu stark und die Offiziere zu schwach sind". Der Zusammenbruch erfolgt, „wenn die Offiziere zu stark und die gemeinen Soldaten zu schwach sind". Zum Ruin kommt es, „wenn die höheren Offiziere zornig und ungehorsam sind und bei der Berührung mit dem Feind nach eigenem Ermessen und aus einem Gefühl der Abneigung heraus zur Schlacht rufen, bevor der Oberbefehlshaber entscheiden kann [...]". Desorganisation tritt auf, „wenn der General schwach ist und ohne Autorität. Wenn seine Befehle nicht klar und deutlich sind, wenn den Offizieren und Mannschaften keine festgelegten Pflichten übertragen sind [...]".

Bei aller persönlichen Disziplin muss ein kompetenter Führer unsinnigen Anweisungen von oben zu widersprechen wissen: „Es gibt [...] Befehle des Herrschers, denen nicht gehorcht werden darf." „Siegen wird der, dessen Armee in allen Rängen vom gleichen Geist beseelt ist [...] und der nicht mit der Einmischung seines Herrschers rechnen muss." „Wenn sicher ist, dass der Kampf mit einem Sieg endet, dann musst du kämpfen, auch wenn der Herrscher es verbietet. Wenn der Kampf nicht mit einem Sieg enden wird, dann darfst du nicht kämpfen, auch wenn der Herrscher es befiehlt."

Einer unsinnigen Anweisung widersprechen ist in Ordnung, einen unangemeldeten Alleingang machen jedoch keineswegs. Hierzu folgende Anekdote: Ein unglaublich wagemutiger Soldat schleicht sich vor der Schlacht ins Lager des Feindes und entführt zwei Anführer. Sein General lässt den Mann sofort enthaupten. Sein Kommentar: „Ich bin überzeugt, dass er ein guter Soldat war, doch ich ließ ihn enthaupten, weil er ohne Befehl handelte."

Der General ließ sich seine Verantwortung nicht durch die Spontanaktion eines Einzelnen aus der Hand reißen, selbst wenn diese erfolgreich war. Denn was wäre gewesen, hätte der Mann mit seinem Alleingang keinen Erfolg gehabt? Dann wäre der Kopf des Generals gerollt.

Auf dem Weg zum Sieg

„Die größte Leistung besteht darin, den Widerstand des Feindes ohne einen Kampf zu brechen. [...] Die höchste Form der militärischen Führerschaft ist, die Pläne des Feindes zu durchkreuzen. [...] Der kluge Anführer unterwirft die Truppen des Feindes ohne Kampf."

„Dein großes Ziel im Krieg soll der Sieg sein und kein langwieriger Feldzug." Doch kein Sieg um jeden Preis ist hier gewünscht: „Es ist kein Beweis hervorragender Leistung, wenn du kämpfst und siegst und das ganze Königreich sagt: Gut gemacht!" Nur derjenige nämlich ist ein „kluger Kämpfer, der nicht nur siegt, sondern sich dadurch auszeichnet, dass er mit Leichtigkeit siegt, [...] und wenn sich der feindliche Staat unterwirft, ehe ein Tropfen Blut geflossen ist, so wird man ihn [vielleicht] nicht [einmal] für seinen Mut rühmen".

Ein wirklich guter General muss daher selbst dann siegen wollen, wenn er weiß, dass er keine Siegeslorbeeren dafür erhalten wird. „Der General, der angreift, ohne nach Ruhm zu schielen und sich zurückzieht, ohne Ungnade zu fürchten, dessen einziger Gedanke der Schutz des Landes und der Dienst für seinen Herrscher ist, dieser General ist ein Juwel des Königreichs."

Nicht Materialschlachten führen zum Erfolg, sondern Schläue. Hierzu zählen auch geschickt eingesetzte PR-Maßnahmen: „Jede Kriegsführung gründet auf Täuschung. Wenn wir also fähig sind, anzugreifen, müssen wir unfähig erscheinen; wenn wir unsere Streitkräfte einsetzen, müssen wir inaktiv erscheinen." „Wer also das Geschick besitzt, den Feind in Atem zu halten, baut Täuschungen auf, die den Feind zu handeln veranlasst. Er opfert etwas, damit der Feind danach greift." „Was viele nicht verstehen, ist, wie der Sieg mithilfe der Taktik des Feindes selbst errungen werden kann."

Verfügt man über Geduld und Klugheit, so lässt sich eine realisierbare Vision irgendwann einmal tatsächlich realisieren. Zeit spielt dabei eine nur untergeordnete Rolle. „Die guten Kämpfer der Vergangenheit schlossen jede Möglichkeit einer Niederlage aus und warteten dann auf eine Gelegenheit, den Feind zu schlagen. [...] Deshalb der Spruch: Man kann wissen, wie man siegt, ohne fähig zu sein, es zu tun."

Daten- und Situationsanalyse unabdingbar

In seinem Kapitel über Spionage kommt Sunzi auf das bekannte Prinzip „know before you go" zu sprechen: „Das Ziel und der Sinn der Spionage [...] ist es, Wissen über den Feind zu erlangen [...]. So wird der erleuchtete Herrscher und weise General die Intelligentesten seiner Armee als Spione einsetzen und auf diese Weise hervorragende Erfolge erzielen. Spione sind ein äußert wichtiges Element des Krieges, denn von ihnen hängt die Fähigkeit der Armee ab, sich zu bewegen."

Auf zivile Verhältnisse übertragen, hieße das: Oberste Priorität, noch vor jeder Aktion, wäre erstens, alles Erfahrbare über die anstehende Aufgabe, das Terrain und die Konkurrenz in Erfahrung zu bringen und zweitens, eine gründliche Situationsanalyse zu machen. Wobei tatsächlich zu empfehlen wäre, diese Aufgabe von den Intelligentesten im Land oder im Unternehmen durchführen zu lassen!

Sunzis Erfolgsrezept

„Wenn du den Feind und dich selbst kennst, besteht kein Zweifel an deinem Sieg; wenn du Himmel und Erde kennst, dann wird dein Sieg vollständig sein." Unter „Himmel und Erde" sind hier das Wetter und das Terrain zu verstehen.

Will heißen: Eine Führungsperson wahrt ihre persönliche Integrität, bleibt in engstem Kontakt mit dem Team, kombiniert emotionales Verständnis mit der Forderung nach unbedingter Pflichterfüllung, macht ordentliche Situationsanalysen und passt ihre Strategie den Verhältnissen an.

* Sunzi: Die Kunst des Krieges, Droemer Knaur 1988.

Lao Tse: „Tao-Te-King"

Die aufs Praktische ausgerichtete Lehre des Sunzi spiegelt sich in der durchgeistigten Philosophie des Lao Tse wieder. Er predigte Gewaltlosigkeit. Soweit man das angesichts des wenigen, was man über die beiden weiß, sagen kann, waren sie mehr oder weniger Zeitgenossen.

Lao Tse, sein Name bedeutet „der alte Meister", lebte im sechsten Jahrhundert vor unserer Zeitrechnung und war am Hof eines chinesischen Königs als Archivar beschäftigt. Der Legende nach fasste er die philosophische Essenz seines Wissens kurz vor seinem Tod im Tao-Te-King zusammen, ausgesprochen Dau-dö-djing, einem Werk von 81 Kapiteln. Jedes besteht aus nur wenigen knappen Feststellungen in poetischer Formulierung.*

Das Tao-Te-King stellt sozusagen die Bibel des Taoismus dar, einer religiösen Strömung des alten China, die nicht nur bis heute fortdauert, sondern auch schon seit Jahrhunderten auf den Westen inspirierend einwirkt. So regte der Philosoph Gottfried Wilhelm von Leibniz zu Beginn des 18. Jahrhunderts gar an, „dass man Missionare der Chinesen zu uns schickt, die uns Anwendung und Praxis einer natürlichen Theologie lehren können". Wesentlich für den Taoismus ist das ganzheitliche Erkennen und intuitive Sich-Einstimmen auf eine Situation und die ethische Forderung nach einvernehmlichen, optimalen Lösungen. Durch Mitgehen und Umlenken der in einer Situation wirkenden Kräfte und Gegenkräfte lässt sich Entspannung bewirken. Wirkt man ihnen aber entgegen, so steigert sich die Spannung bis ins Unerträgliche. Taoismus ist sozusagen „die Weisheit vom rechten Mittel im rechten Maß zur rechten Zeit".

Die im Tao-Te-King vermittelte Lebensphilosophie ließe sich als „Weg des Einklangs" beschreiben. „Tao" bedeutet „Weg", „te" bedeutet „Tugend". Diese ist nicht mit aufgesetzter Frömmelei zu verwechseln, sondern versteht sich als ein Handeln im Bewusstsein allseitiger Ethik. Tugendhaft ist somit derjenige, der seinen Weg im Einklang „mit Himmel und Erde" geht. Er sucht nicht auf Biegen und Brechen seinen privaten Egotrip durchzusetzen, sondern dient ohne selbstsüchtige Absichten dem Allgemeinwohl.

Lao Tses synergetische, auf situative Lösungen sich konzentrierende Ethik steht übrigens in vollem Widerspruch zur prinzipienstrengen, starren Ethik seines 20 Jahre jüngeren Zeitgenossen Konfuzius. Dieser war bestrebt, Fürsten wie auch Menschen die Rechtschaffenheit buchstäblich per Rezept zu verordnen, indem er für jede Situation eine besondere Regel erfand. Naturgemäß brachte dies eine Ritualisierung auch der einfachsten alltäglichen Verrichtungen und menschlichen Beziehungen mit sich. Bis ins heutige China klingt dies nach. So sehr sich die beiden Philosophen Lao Tse und Konfuzius in der Absicht einig sind, friedliches Zusammenleben herbeizuführen, könnten ihre Methoden jedoch gegensätzlicher nicht sein. Bei dem einen führt der Weg über freigeistiges Erkennen. Der andere zeigt sich paragrafenorientiert und trägt immer das Gesetzbuch unter dem Arm.

Der Führer: Weisheit und Demut

Ähnlich wie Sunzi erwartet auch Lao Tse von einem Führer übermenschliche Charaktergröße. Nicht umsonst nennt er ihn gerne den „Weisen": „Beim Denken ist die Tiefe wesentlich, beim Umgang mit anderen die Güte, beim Reden die Ehrlichkeit, beim Regieren die Gerechtigkeit, beim Arbeiten das Können, beim Handeln der richtige Zeitpunkt. Wo es keinen Streit gibt, da ist auch keine Schuld."

„Der Weise umfasst die Einheit und ist ein Vorbild für die Welt. Weil er sich nicht hervortut, fällt er besonders auf. Weil er sich für nichts zu rechtfertigen hat, wird er geehrt. Weil er sich nicht rühmt, wird er geachtet. Weil er nicht prahlt, kommt er nicht ins Straucheln. Weil er keinen Streit sucht, streitet auch niemand mit ihm. – Wenn unsere Vorfahren sagten: ‚Durch Nachgiebigkeit überwinden', so sind das keine leeren Worte gewesen."

„Ich habe drei Schätze, die ich hege und pflege. Der erste ist Mitgefühl, der zweite Genügsamkeit, der dritte Bescheidenheit. Aus dem Mitgefühl entsteht der Mut, aus der Genügsamkeit die Großzügigkeit, aus der Bescheidenheit die Führungskraft."

„Ein guter Soldat ist nicht gewalttätig, ein guter Kämpfer nicht ärgerlich, ein guter Sieger nicht rachsüchtig. Ein guter Arbeitgeber ist bescheiden. Dies ist die Tugend des Nicht-Strebens. Hierin liegt die Fähigkeit, andere zu führen. Es bedeutet, mit dem Himmel im Einklang zu sein."

Die Ethik des Nicht-Tuns

Geht jemand den Weg des Einklangs, so zeigt sich dies in seinem selbstlosen Wirken, nach Lao Tse im „Nicht-Tun". Nicht-Tun ist zu verstehen im Sinn von „es regnet" oder „es klappt", d. h. es läuft wie geschmiert ohne erkennbaren Urheber. Was immer der Weise anpackt, erscheint so passend, so sehr am Platze, so mühelos, dass es wie selbstverständlich wirkt und daher nicht einmal auffällt. „Ein wirklich tugendhafter Mensch ist sich seiner Tugend nicht bewusst und gerade darum ist er tugendhaft. Ein nur scheinbar tugendhafter Mensch bemüht sich dauernd um seine Tugend. Darum ist er nicht wirklich tugendhaft. Ein wirklich tugendhafter Mensch pflegt das Nicht-Tun und doch bleibt bei ihm nichts ungetan. Ein nur scheinbar tugendhafter Mensch ist ständig am Tun, dennoch bleibt vieles ungetan."

Je mehr einer tut, desto falscher liegt er am Ende: „Das Tun eines wirklich ethischen Menschen hat keinen Beweggrund. Das Tun eines gerechten Menschen aber hat einen Beweggrund. Das Tun eines moralischen Menschen, so es kein Echo findet, endet damit, dass er die Ärmel hochkrempelt und versucht, mit Gewalt Ordnung zu erzwingen." Kein guter Einfall, denn ein Führer darf „die Welt nie durch Waffengewalt einschüchtern, denn das könnte auf ihn zurückfallen. [...] Wenn der Starke dem Schwachen Gewalt antut, so heißt das: Er stellt sich gegen den Weg [des Einklangs]".

Die bösen Folgen der Moral

Allseitige Ethik heißt, wie selbstverständlich im Einklang mit den Erfordernissen der Situation handeln. Fühlt sich eine Gruppe einer allseitigen Ethik verpflichtet und strebt dementsprechende Idealvorstellungen an, so versteht sich vieles von selbst. Es wird wenig geredet und trotzdem das Richtige getan. Fällt eine Gruppe jedoch aus diesem intuitiven Einverständnis heraus, so verkommt Ethik zur Moralideologie: „Geht der Weg [des Einklangs] verloren, so entsteht [nur scheinbare] Tugendhaftigkeit. Geht die Tugendhaftigkeit verloren, so entsteht Güte. Geht die Güte verloren, so entsteht Gerechtigkeit. Geht die Gerechtigkeit verloren, so entsteht die Moral. – Die Moral ist nichts als die leere Hülse von Vertrauen und Treue und der Anfang von Verwirrung."

Diese Art Moral führt zum Krieg: „Folgt das Reich dem Weg [des Einklangs], so ziehen die Pferde Düngerkarren. Folgt das Reich diesem Weg jedoch nicht, so züchtet man vor den Stadtmauern Schlachtrosse."

Regierung mithilfe von Moral ist kein Spaß: „Je mehr Verbote und Regeln es gibt, desto ärmer werden die Leute. Je schärfer die Waffen, desto mehr Unruhe im Land. Je klüger und erfindungsreicher die Menschen, desto mehr eigenartige Vorfälle. Je mehr Regeln und Bestimmungen, desto mehr Diebe und Räuber." Daher: „Gib die Findigkeit auf und verzichte auf Gewinnsucht, und Räuber und Diebe werden verschwinden."

„Warum hungern die Menschen? Weil die Herrschenden das Geld in Form von Steuern fressen. Warum rebellieren die Menschen? Weil sich ihre Herrscher allzu sehr einmischen. Warum beeindruckt die Menschen der Tod so wenig? Weil die Herrscher zu viel von ihrem Leben verlangen. Also nehmen die Menschen den Tod leicht." (Letzteres eine interessante Bemerkung im Hinblick auf die Selbstmordattentäter unserer Tage.)

Was unternimmt man am besten gegen Rebellion? Nun, meint Lao Tse, satte Menschen ohne überzogene Ansprüche revoltieren nicht: „Wer um Menschen, die Ruhm und Ansehen genießen, keinen Rummel macht, bewirkt, dass das Volk nicht streitet. Wer keine Schätze aufhäuft, bewirkt, dass das Volk nicht stiehlt. Wer Begehrenswertes nicht zur Schau stellt, bewirkt, dass die Herzen des Volkes nicht in Verwirrung geraten. Deshalb regiert der Weise, indem er die Herzen [von Begehrlichkeit] leert und die Bäuche füllt, indem er den Ehrgeiz schwächt und die Knochen stärkt."

Mit Leichtigkeit führen

Siegen lässt sich nur durch Nachgiebigkeit, durch Mitgehen, durch Umlenken aggressiver Impulse in Richtung Einklang: „Wer die Welt regieren will, lässt den Dingen ihren Lauf und mischt sich nicht ein. Durch Einmischen lässt sie sich nicht regieren." „Wer erobern will, muss nachgeben können."

„Wird das Land mit leichter Hand regiert, so sind die Menschen einfach und bescheiden. Wird es aber mit Strenge regiert, so sind die Menschen hinterlistig."

„Dringe nicht in die Wohnungen der Menschen ein. Lass sie in Ruhe. Belästige sie nicht bei der Arbeit. Mischst du dich nicht ein, so fällst du ihnen auch nicht auf die Nerven."

Selbstloses Wirken ohne jede Egozentrik, das „Nicht-Tun" des Lao Tse, wirkt absichtslos und entspannt: „Der Weg [des Einklangs] verbleibt immer im Zustand des Nicht-Tuns, und dennoch bleibt nichts ungetan. Wenn sich die Könige und Fürsten dieser Welt daran hielten, würden sich die zehntausend Dinge wie von selbst entwickeln."

Um sich tatsächlich daran halten zu können, bedürften die „Könige und Fürsten dieser Welt" laut Lao Tse allerdings einer außergewöhnlichen Portion Demut und Barmherzigkeit: „Wer die Erniedrigung der Menschen auf sich nimmt, ist fähig, sie zu führen. Wer das Unglück des Landes auf sich nimmt, verdient es, König der Welt zu sein" – Worte, wie wir sie in unserem Kulturkreis allenfalls aus dem Neuen Testament kennen.

Auf die Geistesverwandtschaft zwischen Tao-Te-King und Neuem Testament verweist übrigens der einleitende Satz des Johannes-Evangeliums, wie er von christlichen Missionaren für den chinesischen Leser übersetzt wurde: „Am Anfang war das Tao [der Weg des Einklangs] und das Tao war mit Gott, und das Tao war Gott."

* Lao Tse: Tao Te Ching, London 1973

Raum für Ihre Notizen

Stichwortverzeichnis

Dr. h. c. Peter Jentschura · Josef Lohkämper

Gesundheit durch Entschlackung

Dr. h. c. Peter Jentschura

Josef Lohkämper

Interessieren Sie nicht Fragen wie: Was ist Altern? Was ist Genuss? Warum hat die Frau Cellulite? Warum hat der Mann Haarverlust? Was geschieht im Stoffwechsel der Frau in und nach den Wechseljahren? Was ist Wesen und Ursache der modernen Zivilisationskrankheiten?

Was ist Gesundheit? Was ist Krankheit? Wie erhalte ich meinen Körper gesund und schön? Wie kann ich mich entschlacken? Welche Säuren vergiften unseren Körper? Wie kann ich Schlacken lösen und Säuren neutralisieren? Wie kann ich während der Schwangerschaft Zahnverlust, Haarverlust, Hautverlust, Schwangerschaftsstreifen, Pickel, Hämorrhoiden und Diabetes vermeiden? Wie kann ich die geleerten Mineralstoffdepots der Haut, der Haare, des Haarbodens, der Zähne, Nägel, Knochen, Gefäße usw. wieder remineralisieren? Wie altert unser Körper? Wie altert unser Geist? Wie können wir Körper und Geist möglichst lange jung und gesund erhalten?

Wenn Sie dieses Buch gelesen haben, werden Sie Ihren Körper mit anderen Augen betrachten als bisher, jeden Menschen mit anderen Augen und neuem Wissen anschauen. Das Buch vermittelt verblüffende und völlig neue Erkenntnisse.

Dieses Buch betrachtet Krankheit und Gesundheit aus einer ganz neuen Perspektive und führt den Begriff der Zivilisatose in die öffentliche Diskussion ein. Moderne Zivilisationskrankheiten, die mittlerweile nach Tausenden gezählt werden, vereinfachen die Autoren auf wenige Gruppen. Gleichzeitig bieten sie in ihrem Buch eine völlig andere Sicht von Heilbarkeit und Heilung. Ein epochaler Durchbruch für die Gesundheit des Menschen.

Peter Jentschura wurde am 11. April 1941 in Breslau geboren. Nach seinem humanistischen Abitur war er Industriekaufmann und arbeitete von 1960 bis 1965 in der deutschen Stahlindustrie.

Der aus Schlesien überkommenen Tradition seiner Familie folgend, lernte er danach den Beruf des Drogisten und war für einige Jahrzehnte in dieser Branche selbstständig und auch für viele Jahre Vorsitzender seines Berufsverbandes. Mit seinem Kollegen Josef Lohkämper hat er 15 Jahre lang eine Gesundheitszeitschrift herausgegeben und sich von 1970 bis auf den heutigen Tag intensiv mit den Problemen der modernen Zivilisationskrankheiten beschäftigt. Heute ist Peter Jentschura Chef eines Industrieunternehmens, Verleger, Buchautor und Referent auf nationalen und internationalen Messen und Kongressen.

Josef Lohkämper wurde am 3. September 1930 in Essen geboren. Auch er absolvierte eine humanistische Schulausbildung mit anschließender Drogistenlehre. Von 1956 bis 1966 war er als Drogist und Fotokaufmann in Südamerika, bevor er 1966 nach Deutschland zurückkehrte und in Kleve bis 1996 erfolgreich eine gut frequentierte Drogerie betrieb. Zusammen mit Peter Jentschura hat er seit 1982 eine drogistische Fachzeitschrift herausgegeben, in welcher er das Ressort GESUNDHEIT betreute.

Josef Lohkämper ist ein bekannter Geopathologe, Radiästhesist und frei schaffender Referent, Seminarveranstalter und Buchautor.

Dr. h. c. Peter Jentschura · Josef Lohkämper
Gesundheit durch Entschlackung

320 Seiten, Taschenbuch
€ 14,50
ISBN: 978-3-933874-73-3

Das Buch „Gesundheit durch Entschlackung“ ist auch als Hörbuch erhältlich unter
ISBN 978-3-933874-03-0

Dr. h. c. Peter Jentschura · Josef Lohkämper

zivilisatoselos

leben - frei von den Zivilisationskrankheiten unserer Zeit

Dr. h. c. Peter Jentschura

Josef Lohkämper

Die modernen Zivilisationskrankheiten gelten z.Zt. als unheilbar. Geht es jedoch nach den Autoren dieses Buches, gibt es sehr wohl Möglichkeiten zu ihrer Vermeidung als auch zu ihrer Überwindung. Zivilisatose, so haben Peter Jentschura und Josef Lohkämper diese Krankheiten getauft und sie in drei große Gruppen eingeteilt: die Ausscheidungen, die Ablagerungen und die Strukturschäden. Mit dieser Darstellung bringen die Autoren Übersichtlichkeit und Verständnis in das Dickicht der mittlerweile nach Tausenden zählenden Zivilisationskrankheiten.

Am Beispiel der z.Zt. am häufigsten auftretenden 60 Krankheiten erklären die beiden Autoren logisch und verständlich deren Ursachen und weisen gleichzeitig anhand verblüffender Erkenntnisse und Erfolge der Naturheilkunde den Weg aus dem Irrgarten der Zivilisatose. In diesen Irrgarten werden wir hineingeboren. Wir verbleiben in ihm, an Allergien, Neurodermitis, Schuppenflechte, Asthma, Diabetes o.ä. leidend, bis wir viel zu früh an Parkinson, Alzheimer oder Demenz erkranken und an Krebs, Herzinfarkt, Schlaganfall o.ä. sterben.

Dieses Buch erklärt die Zusammenhänge zwischen den schädlichen Zivilisationseinflüssen und deren krankmachenden Wirkungen auf den menschlichen Organismus. Es hilft Ihnen, die Zusammenhänge zwischen Lebensweise, Umwelteinflüssen, Krankheit und Gesundheit zu verstehen und in Zukunft eigenständige Entscheidungen für Ihre Gesundheit zu treffen und

Schritt für Schritt den Irrgarten der Zivilisationskrankheiten zu verlassen.

Die Gesundheitsreformation

In Deutschland gibt es zu Beginn des dritten Jahrtausends kein Gesundheitssystem mehr, sondern ein perfektes Krankheitssystem. Es gibt seit Jahrzehnten keine einzige Gesundheitsreform, sondern jedes Jahr eine neue Krankheitsfinanzierungsreform. Am Ende des industriellen Zeitalters hat sich die Menschheit im Irrgarten der modernen Zivilisationskrankheiten verlaufen. Mann, Frau und Kind befinden sich nicht auf einem Höchststand körperlicher Gesundheit, sondern auf einem Höchststand von volkswirtschaftlich gerade noch vertretbarem Krankheitszustand. „Wir verlassen den Irrgarten der Zivilisationskrankheiten“, verkünden die beiden Autoren Dr. h. c. Peter Jentschura und Josef Lohkämper mit frohem Mut und ihrer Erfahrung aus jahrzehntelanger Gesundheitsberatung. Sie beschreiben dem staunenden Leser, wie sie oder er in eigener Verantwortung diesen Weg in eine Zukunft dauerhafter Gesundheit und wachsenden Wohlstandes gehen kann: „Meiden Sie Schädliches! Essen, tun und trinken Sie Nützliches! Scheiden Sie Schädliches aus! Sorgen Sie für die Reinheit und Reinhaltung Ihres Körpers! Bemühen Sie sich um seine Reinigung! Dann ist Ihnen der Erfolg von Erhaltung und Regenerierung Ihrer Schönheit und Gesundheit sicher.“ Nehmen Sie Ihre Gesundheit in Ihre eigenen Hände! Es ist einfacher und erfolgreicher als Sie glauben. Nach der Lektüre des Buches wird Ihnen die Entscheidung, in Zukunft einen eigenverantwortlichen Weg zur Gesundheit zu gehen, leicht fallen.

Dr. h. c. Peter Jentschura · Josef Lohkämper
zivilisatoselos

390 Seiten, Fadenheftung,
fester Einband
€ 39,50
ISBN: 978-3-933874-30-6

Dipl. Psych. Ulrich Kramer

MindWalking

Unbelastet in die Zukunft

Dieses Buch beschreibt an hunderten Fallbeispielen, wie in kurzer Zeit Ursprungserlebnisse aus z.T. weit entfernter Vergangenheit aufgedeckt werden, die in dem gegenwärtigen Leben zu spürbaren Einschränkungen der Lebensfreude, der Liebes- und Leistungsfähigkeit führen.

Nach der Lektüre und auch nach Sitzungen, die auf der Basis von MindWalking durchgeführt werden, erscheinen das Leben und seine Muster in einem völlig neuen, verständlichen Licht. Was sich in monate- oder jahrelangen Therapien hinziehen kann, ereignet sich hier in ein paar Tagen.

Es wird weder symbolhaft gedeutet, noch gewertet oder beurteilt. Im Gegenteil: Am Ende dieser Arbeit steht die Auflösung jener Erlebnisse, die lebenseinschränkend und hinderlich waren, sodass der Weg in die eigene Zukunft wieder unbelastet und frei ist!

Ulrich Kramer
MindWalking

400 Seiten, Fadenheftung,
fester Einband
€ 36,50
ISBN: 978-3-933874-55-9